Jorge Sáenz   Yves Nogier

VARIEDADES
DIFERENCIABLES

HIPOTENUSA
2017

VARIEDADES DIFERENCIABLES ©
Jorge Saenz, Yves Nogier

ISBN.: 978-1545035962

Editado y distribuido por:
Editorial Hipotenusa, C.A.
Rif: J-40036219-9
Telf.: (0251)2402273
E-mail: info@hipotenusaonline.com
Barquisimeto, Estado Lara, Venezuela
www.hipotenusaonline.com

Impresión:
Amazon.com
Segunda Edición, 2017

Derechos Reservados

La presente edición y sus características gráficas, son propiedad exclusiva de Editorial Hipotenusa, C.A. quedando prohibida su reproducción parcial o total sin la autorización del editor

CONTENIDO

PRÓLOGO   V

Capítulo 1. VARIEDADES DIFERENCIABLES   1

     Hermann Weyl   2
1.1. Variedades topológicas   3
1.2. Ejemplos de variedades topológicas   7
1.3. Estructuras Diferenciables   13
1.4. Ejemplos de Variedades Diferenciables   17
1.5. Funciones Diferenciables   22
1.6. Partición de la unidad   28
1.7. Los espacios proyectivos y las variedades de Grassmann   35
     1.7.1. Los Espacios Proyectivos Reales   37
     1.7.2. Variedades de Grassmann   39

Capítulo 2. EL ESPACIO TANGENTE Y LA DERIVADA   47

     SOPHUS LIE   48
2.1. El espacio tangente   49
2.2. Derivada de una función   59

Capítulo 3. SUBVARIEDADES   67

     HASSLER WHITNEY   68
3.1. Rango de una función   69
3.2. Inmersiones   75
3.3. Subvariedades   78

3.4.	Un teorema de Inmersión	87
3.5.	Subespacio tangente a una subvariedad	88
3.6.	Sumersiones	91
3.7.	Variedad cociente	94
3.8.	Valores regulares	97
3.9.	Transversalidad	106

Capítulo 4. EL FIBRADO TANGENTE — 113

ÉLIE CARTAN — 114

4.1.	Fibrados Vectoriales	115
4.2.	Variedades Definidas por una Familia de Inyecciones	119
4.3.	El Fibrado Tangente	121
4.4.	Campos Vectoriales	123
4.5.	Homomorfismo de Fibrado Vectoriales	127

Capítulo 5. FIBRADO COTANGENTE Y FIBRADOS TENSORIALES — 133

HENRI CARTAN — 134

5.1.	Construcción de Fibrados	135
5.2.	El Fibrado Cotangente	137
5.3.	Producto Tensorial	142
5.4.	Campos Tensoriales	146

Capítulo 6. FORMAS DIFERENCIABLES — 153

ALEXANDER GROTHENDIECK — 154

6.1.	Preliminares algebraicos		155
	6.1.1.	El producto cuña o producto exterior	158
	6.1.2.	Orientación en espacios vectoriales	163
6.2.	k-formas diferenciables		164
6.3.	La Derivada Exterior		167

Capítulo 7. INTEGRACIÓN DE FORMAS — 175

GEORGES DE RHAM — 176

7.1.	Variedades orientables	177
7.2.	Variedades con borde	180

7.3.	Integración de formas	183
7.4.	Teorema de Stokes	185

Capítulo 8. COHOMOLOGÍA DE LAS FORMAS DIFERENCIABLES — 191

JOHN MILNOR — 192

- **8.1.** Cohomología de complejos de cadena — 193
  - **8.1.1.** Complejos de cadena — 193
  - **8.1.2.** Cohomología de un complejo de cadenas — 195
  - **8.1.3.** Homomorfismo de conexión y la secuencia larga de homología — 197
  - **8.1.4.** Homotopía de cadenas — 199
- **8.2.** La cohomología de De Rham — 201
  - **8.2.1.** Operador de Homotopía y equivalencia homotópica — 202
  - **8.2.2.** Lema de Poincaré para la cohomología de De Rham — 204
  - **8.2.3.** La secuencia de Mayer-Vietoris para la cohomología de De Rham — 205
- **8.3.** Cohomología de De Rham a soporte compacto — 208
- **8.4.** Aplicaciones de la cohomología de De Rham — 213
  - **8.4.1.** El teorema de punto fijo de Brouwer — 218
  - **8.4.2.** El teorema de separación de Jordan — 218
  - **8.4.3.** El Teorema de invariancia de dominio de Brouwer — 220

PRÓLOGO

Este texto, en gran parte, es el resultado de mi experiencia en el curso de Variedades Diferenciables, dictado en el Decanato de Ciencias de la Universidad Centro Occidental Lisandro Alvarado. Dejo testimonio de mi agradecimiento a las autoridades de este Decanato y de la Universidad, por el apoyo que me han brindado, tanto en el dictado de mis clases como por la confección de la presente obra.

La exposición de los conceptos y teoremas ha sido hecha con todo detalle buscando siempre la claridad, aún con perjuicio de la brevedad. Cada tema es ilustrado con numerosos ejemplos y problemas.

El texto está dirigido a estudiantes de los últimos semestres de la Licenciatura en Matemáticas o Física, o a estudiantes que comienzan su postgrado, quienes deben estar familiarizados con la teoría de la diferenciación para funciones de varias variables y con los conceptos fundamentales de la Topología General.

El texto ha sido sustancialmente aumentado, añadiendo nuevos capítulos que vienen a complementar el curso de Variedades con el curso de Formas Diferenciables dictado en el Decanato de Ciencias por uno de los autores. Estos últimos tres capítulos tratan de hacer de este texto, lo más completo posible para satisfacer las necesidades de la Licenciatura en Matemáticas, como la preparación de los lectores para los tiempos modernos, en los cuales, el uso y técnicas de las Variedades se ha hecho común tanto en las matemáticas puras como aplicadas.

Queremos agradecer a los estudiantes del curso de Formas Diferenciables, Claudia, Celismar y Uvencio, por su valiosa ayuda en la transcripción LaTeX de los primeros capítulos del libro, así como la valiosa ayuda del prof. Henry Rojas, quien estuvo a cargo del formato del libro, que identifica la colección de Editorial Hipotenusa.

1

VARIEDADES DIFERENCIABLES

	Hermann Weyl	2
1.1.	Variedades topológicas	3
1.2.	Ejemplos de variedades topológicas	7
1.3.	Estructuras Diferenciables	13
1.4.	Ejemplos de Variedades Diferenciables	17
1.5.	Funciones Diferenciables	22
1.6.	Partición de la unidad	28
1.7.	Los espacios proyectivos y las variedades de Grassmann	35

Hermann Weyl
(1885–1955)

HERMANN KLAUS HUGO WEYL fue distinguido matemático alemán. En 1913 introdujo el concepto moderno de **variedad diferenciable** en su publicación *Die ideeder Riemannschen Flache* (El concepto de una superficie de Riemann) en el cual usa la topología general para dar un tratamiento unificado a las superficies de Riemann.

Hermann Weyl nació en Elmshorn, una pequeña ciudad cercana a Hamburgo. En 1904 entró a la Universidad de Munich a estudiar matemáticas y física. Luego pasó a la Universidad de Gotinga a estudiar las mismas ciencias. Allí, en 1908, obtuvo su doctorado bajo la supervisión de **David Hilbert**. Permaneció en esta misma universidad unos pocos años más, desempeñándose como docente.

En 1913, Weyl se mudó a Zurich, Suiza, a ocupar una cátedra en la Escuela Politécnica Federal de Zurich. Aquí tuvo como colega a **Albert Einstein**, quien, para ese entonces, estaba dando los toques finales de la **teoría de la relatividad general**. Einstein ejerció gran influencia sobre Weyl, quien tomó mucho interés por la física matemática.

En 1930, Weyl regresó a Gotinga para suceder a David Hilbert, quien se había jubilado. Aquí permaneció hasta principios de 1933. La esposa de Weyl era judía. Cuando los Nazis tomaron el poder de Alemania, Weyl se vio obligado a abandonar el país. Con este propósito aceptó una posición que le había ofrecido el Instituto de Estudios Avanzados de Princeton, Nueva Jersey, USA. Aquí permaneció hasta su retiro, en 1951.

VARIEDADES DIFERENCIABLES

Hablando en términos no precisos, una variedad diferenciable es un espacio topológico M con ciertas condiciones, cubierto por subconjuntos abiertos de $\mathbb{R}^n$. A estos homeomorfismos les exigiremos también cumplir con ciertas condiciones, las que nos permitirán extender la noción de diferenciabilidad para funciones definidas en M. Uno de los ejemplos más simples de variedades son las superficies encontradas en los cursos de cálculo. Así como a cada punto de la superficie se le asigna un plano tangente, a cada punto de una variedad le asignaremos un espacio vectorial, llamado espacio tangente de la variedad en ese punto.

Comenzamos estudiando las propiedades topológicas de las variedades.

1.1. Variedades topológicas

Definición 1.1. *Un espacio topológico M no vacío es un espacio* **localmente euclideano** *si para cada punto $p \in M$ existe una vecindad abierta U de p, un entero $n \geq 0$ y un homeomorfismo $x : U \longrightarrow x(U)$ de U sobre un subconjunto abierto $x(U)$ de $\mathbb{R}^n$. El entero $n \geq 0$ es la dimensión del espacio M en el punto p.*

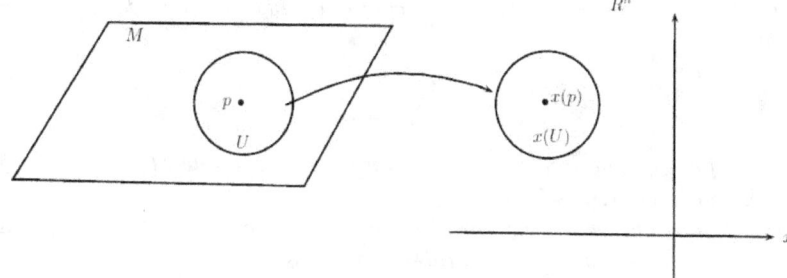

Figura 1.1: Espacio localmente euclidiano

Si $x : U \longrightarrow x(U) \subset \mathbb{R}^n$ es uno de los homeomorfismo que aparecen en la definición y si $\pi_i : \mathbb{R}^n \longrightarrow \mathbb{R}$, $i = 1, ..., n$, son las proyecciones, consideramos

las funciones continuas $x^i = \pi_i \circ x : U \longrightarrow \mathbb{R}$, $i = 1, ..., n$, y entonces tenemos que
$$x = (x^1, ..., x^n)$$
En consecuencia, para cada punto $q \in U$, el punto $x(q) \in \mathbb{R}^n$ queda expresado de la siguiente manera:
$$x(q) = \left(x^1(q), .., x^n(q)\right)$$

Por este motivo, al par (x, U) se le llama **sistema de coordenada local** o **carta local**. Usamos la palabra local para indicar que, en general, U es un subconjunto propio de M.

El ejemplo más simple de un espacio localmente euclideano es el mismo $\mathbb{R}^n$. En efecto, para cada punto $p \in \mathbb{R}^n$ escogemos como vecindad $U = \mathbb{R}^n$ y como homeomorfismo la función identidad $I : \mathbb{R}^n \longrightarrow \mathbb{R}^n$. en este ejemplo, la carta local $(\mathbb{R}^n, I)$ resulta una carta global y la dimensión de $\mathbb{R}^n$ es n en todos sus puntos.

La dimensión de un espacio localmente euclideano puede variar al tomar puntos distintos, como muestra el siguiente ejemplo:

Ejemplo 1.1.1. *Sea $M = M_1 \cup M_2$, donde M_1 es el plano de $\mathbb{R}^3$, $M_1 = \{(x, y, z) \in \mathbb{R}^3 \mid z = 1\}$ y M_2 es el eje X de $\mathbb{R}^3$, $M_2 = \{(x, y, z) \in \mathbb{R}^3 \mid y = 0, \ z = 0\}$.*

Al espacio M le damos la topología de subespacio de $\mathbb{R}^3$. Con esta topología M es un espacio localmente euclideano. En efecto, para cada punto $p \in M_1$ tomamos como vecindad de p el mismo M_1 y el homeomorfismo
$$M_1 \longrightarrow \mathbb{R}^2$$
$$(x, y, 1) \longrightarrow (x, y)$$

y para cada punto p de M_2 tomamos como vecindad de p a M_2 y el homeomorfismo
$$M_2 \longrightarrow \mathbb{R}^1$$
$$(x, 0, 0) \longrightarrow x$$

Vemos pues que la dimensión de M en cada punto p de M_1 es 2 y en cada punto de punto de M_2 es 1.

Observemos que M_1 y M_2 son componentes conexas de M y que en cada una de ellas la dimensión es constante. Queremos probar que esta observación siempre se cumple. Para esto necesitamos el siguiente teorema no elemental de topología conocido con el nombre de invariancia del dominio, cuya demostración se hará posteriormente y se conoce como el teorema de invariancia del dominio de Brower 8.11.

Teorema 1.1 (Invariancia del dominio). *Sea $U \subset \mathbb{R}^n$ abierto. Si $f : U \longrightarrow \mathbb{R}^n$ es continua e inyectiva, entonces $f(U)$ es abierto y f es un homeomorfismo de U sobre $f(U)$.*

Un subconjunto $U \subset \mathbb{R}^n$ se dice que es un dominio si U es abierto y conexo. Sabemos que la imagen de un conjunto conexo por una función continua también es conexo. En consecuencia, el teorema anterior nos dice que si U es un dominio entonces $f(U)$ también lo es. Este hecho justifica el nombre Invariancia del dominio dado a este teorema.

Corolario 1.1. *Si existen dos conjuntos abiertos no vacíos U y V de $\mathbb{R}^n$ y $\mathbb{R}^m$ respectivamente, que son homeomorfos entonces $n = m$.*

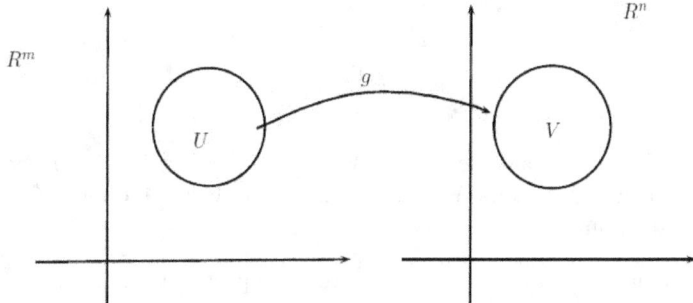

Figura 1.2: Invariancia del dominio

Demostración. La demostración es por el absurdo. Supongamos que $m < n$. La función
$$i : \mathbb{R}^m \longrightarrow \mathbb{R}^n$$
$$i(a^1, ..., a^m) = (a^1, ..., a^m, 0, ..., 0)$$
es continua, inyectiva y
$$i(\mathbb{R}^m) = \{(a^1, ..., a^n) \in \mathbb{R}^n \mid a^{m+1} = 0, ..., a^n = 0\}$$
Si $g : U \longrightarrow V$ es el homeomorfismo dado en la hipótesis, entonces la función compuesta $f = i \circ g : U \longrightarrow \mathbb{R}^n$ es continua e inyectiva. Por el teorema de la invariancia del dominio, $f(U) = i(g(U)) = i(v) \subset \mathbb{R}^n$ en un abierto de $\mathbb{R}^n$. Pero $i(V) \subset (\mathbb{R}^m)$, y es obvio que ningún subconjunto de $i(\mathbb{R}^m)$ puede ser abierto en $\mathbb{R}^n$. En consecuencia, tenemos que admitir que $m = n$.
□

Corolario 1.2. *Sea M un espacio localmente euclideano. Si $x : U \longrightarrow x(U) \subset \mathbb{R}^n$ e $y : V \longrightarrow y(V) \subset \mathbb{R}^m$ son dos cartas locales de M alrededor del punto p ($p \in U \cap V$), entonces $n = m$.*

Demostración. Siendo $x : U \longrightarrow x(U) \subset \mathbb{R}^n$ e $y : V \longrightarrow y(V) \subset \mathbb{R}^m$ homeomorfismos, también lo es la siguiente composición
$$y \circ x^{-1} : x(U \cap V) \longrightarrow y(U \cap V)$$

Además, $x(U \cap V)$ e $y(U \cap V)$ son abiertos no vacíos de $\mathbb{R}^n$ y $\mathbb{R}^m$ respectivamente. Luego, por el corolario anterior, $n = m$. □

Ahora ya estamos en condiciones de probar nuestra observación inicial (la dimensión es constante en cada componente conexa).

Teorema 1.2. *Si M es un espacio localmente euclideano y conexo, entonces M tiene la misma dimensión en cada uno de sus puntos.*

Demostración. Sea A_n el subconjunto de M formado por los puntos p para los cuales existe una carta (U, x) tal que $p \in U$ y $x : U \longrightarrow x(U) \subset \mathbb{R}^n$. Tenemos que A_n es abierto y

$$M = \bigcup_{n=0}^{\infty} A_n$$

Además, por el corolario anterior, $A_n \cap A_m = \emptyset$ si $n \neq m$. Siendo M conexo, existe un único $n \geq 0$ tal que $M = A_n$. Por tanto, M tiene dimensión n en cada uno de sus puntos. □

Este teorema nos enseña la moraleja de que para estudiar los espacios localmente euclideanos nos basta fijar nuestra atención en aquellos que tienen dimensión constante. Esto es lo que haremos de aquí en adelante. Aún más, queremos que los espacios localmente euclideanos que consideramos sean ricos en propiedades. Esto lo lograremos imponiéndoles las condiciones adicionales de ser Hausdorff y 2do enumerables. Estos espacios son las variedades topológicas.

Definición 1.2. *Una* **variedad topológica** *de dimensión n es un espacio topológico M no vacío (no necesariamente conexo) que cumple:*

a. *M es Hausdorff*

b. *M es 2do enumerable (la topología de M tiene una base enumerable).*

c. *M es localmente euclideano de dimensión n en todos sus puntos. Esto es, para cada punto $p \in M$ existe una vecindad abierta U de p y un homeomorfismo*

$$x : U \longrightarrow x(U) \subset \mathbb{R}^n$$

de U sobre un abierto de $x(U)$ de $\mathbb{R}^n$.

En cartografía, una colección de mapas en donde quedan representados todos los países de la tierra en un atlas. Inspirados en esta observación definimos el concepto atlas para un espacio euclideano. Un **atlas** para un espacio topológico M es una colección de cartas locales $A = \{U_\alpha, x_\alpha\}_{\alpha \in A}$ de M tales que los dominios U_α de estas cartas forman un cubrimiento abierto de M:

$$M = \bigcup_{\alpha \in A} U_\alpha$$

Un atlas es finito, enumerable o no enumerable según el conjunto de índices A es finito, enumerable o no enumerable respectivamente. Notar que la condición **c.** de la definición de variedad topológica de dimensión n es equivalente a decir que M tiene un atlas $A = \{(U_\alpha, x_\alpha)\}_{\alpha \in A}$ tal que el rango $x_\alpha(U_\alpha)$ de todas las cartas $x_\alpha : U_\alpha \longrightarrow x_\alpha(U_\alpha)$ son subconjuntos abiertos de $\mathbb{R}^n$. Para indicar que una variedad topológica tiene dimensión n escribiremos M^n.

1.2. Ejemplos de variedades topológicas

Ejemplo 1.2.1. *La variedad topológica de dimensión n más simple es $\mathbb{R}^n$ con su topología usual. En efecto, $\mathbb{R}^n$ es Hausdorff 2do enumerable y tiene el atlas $A = \{(\mathbb{R}^n, I)\}$ formado por una sola carta $I : \mathbb{R}^n \longrightarrow \mathbb{R}^n$, donde I es la función identidad.*

Ejemplo 1.2.2. *M es una variedad topológica de dimensión $n = 0$ si y sólo si M es un espacio discreto enumerable. Esto se debe a que $\mathbb{R}^0 = \{0\}$ y M es 2do enumerable.*

Ejemplo 1.2.3. *Un subconjunto abierto N no vacío de una variedad topológica M^n de dimensión n, con la topología de subespacio, es una variedad topológica de dimensión n (la misma dimensión que M). En efecto, N es Hausdorff y 2do enumerable. Además, si $A = \{(U_\alpha, x_\alpha)\}_{\alpha \in A}$ de M^n, entonces $\{(U_\alpha \cap N, x_\alpha \mid U_\alpha \cap N)\}_{\alpha \in A}$ es un atlas para N.*

Ejemplo 1.2.4. *Si M^m y N^n son dos variedades topológicas de dimensión m y n respectivamente, entonces $M \times N$, con la topología producto, es una variedad topológica de dimensión $m + n$. En efecto, $M \times N$ es Hausdorff y 2do enumerable. Además, si*

$$A = \{(U_\alpha, x_\alpha)\}_{\alpha \in A}$$

es un atlas de M^m y

$$B = \{(v_\beta, y_\beta)\}_{\beta \in B}$$

es un atlas de N^n, entonces

$$A \times B = \{(U_\alpha \times v_\beta, x_\alpha \times y_\beta)\}_{(\alpha,\beta) \in A \times B}$$

es un atlas para $M \times N$.

Ejemplo 1.2.5. *La esfera de dimensión n*

$$S^n = \{p \in \mathbb{R}^{n+1} \mid |p| = 1\}$$

con la topología de subespacio de $\mathbb{R}^{n+1}$ es una variedad topológica de dimensión n. Es obvio que S^n es Hausdorff y 2do enumerable. Un atlas para S^n es el siguiente, formado por $2(n+1)$ cartas:

$$A = \{(U_i, x_i), (U_{i+n+1}, x_{i+n+1})\}$$

$i = 1, ..., n+1$, donde

a) $U_i = \{(p_1, ..., p_{n+1}) \in S^n \mid p_1 > 0\}$

$$x_i : U_i \longrightarrow x_i(U_i) = B_1(0) \subset \mathbb{R}^n$$

$$x_i(p_1, ..., p_{n+1}) = (p_1, ..., p_{i-1}, \hat{p}_i, p_{i+1}, ..., p_{n+1})$$

donde $B_1(0)$ es la bola abierta de $\mathbb{R}^n$ de radio $r = 1$ y centro en 0. La notación $\hat{p}_i$ significa suprimir p_i.

b) $U_{i+n+1} = \{(p_1, ..., p_{n+1}) \in \mathbb{R}^{n+1} \mid p_i < 0\}$

$$x_{i+n+1} : U_{i+n+1} \longrightarrow B_1(0) \subset \mathbb{R}^n$$

$$x_{i+n+1}(p_1, ..., p_{n+1}) = (p_1, ..., p_{i-1}, \hat{p}_i, p_{i+1}, ..., p_{i+n+1})$$

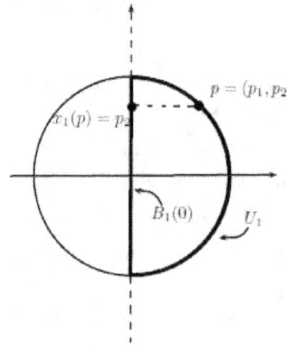

Dedicamos el resto de esta sección a estudiar las propiedades topológicas de las variedades.

Proposición 1.1. *Si M es un espacio de Hausdorff, 2do enumerable y no vacío, entonces M es una variedad topológica de dimensión n si y sólo si todo punto de M tiene una vecindad que es homeomorfa a $\mathbb{R}^n$.*

Demostración. ($\Leftarrow$) Inmediata.
($\Rightarrow$) Sea p un punto cualquiera de M y (U, x) una carta tal que $p \in U$. Por definición, $x(U)$ es un abierto de $\mathbb{R}^n$, el cual contiene a $x(p)$. Sea $B_r(x(p))$ una bola de $\mathbb{R}^n$ con centro en $x(p)$ contenida en $x(U)$. Puesto que $B_r(x(p))$ es homeomorfa a $\mathbb{R}^n$; $V = x^{-1}(B_r(x(p)))$ es una vecindad de p homeomorfa a $\mathbb{R}^n$. □

Recordemos que un espacio topológico es localmente compacto si todo punto del espacio tiene una vecindad cuya clausura es compacta.

Proposición 1.2. *Si M es una variedad topológica, entonces M es localmente compacto.*

Demostración. Sea p un punto arbitrario de M y (U,x) una carta tal que $p \in U$. Sea $B_r(x(p))$ una bola de $\mathbb{R}^n$ de centro en $x(p)$ y contenida en $x(U)$. Si $V = x^{-1}(B_r(x(p)))$, entonces $\overline{V}$ es una vecindad compacta de p ya que $\overline{V} = x^{-1}(\overline{B_r(x(p))})$. $\square$

Definición 1.3. *Un espacio topológico X se dice que es un espacio de Lindelöf si todo cubrimiento abierto de X tiene un subcubrimiento enumerable.*

Proposición 1.3. *Si M es una variedad topológica entonces M es un espacio de Lindelöf.*

Demostración. Esta proposición es consecuencia inmediata del Teorema de Lindelöf, el cual dice que todo espacio 2do enumerable es Lindelöf. Veamos su demostración.

Sea $\{U_\alpha\}_{\alpha \in A}$ un cubrimiento de M y $\{0_n\}_{n \in N}$ una base enumerable para su topología, definimos un subconjunto N' de N del modo siguiente:

$$N' = \{n \in N \mid \exists \alpha \in A \text{ tal que } 0_n \subset U_\alpha\}$$

Ahora, $\{0_n\}_{n \in N'}$ es un cubrimiento de M. Si para cada $n \in N'$ escogemos un solo $\alpha \in A$ tal que $0_n \subset U_\alpha$, y lo llamamos α_n, entonces $\{U_{\alpha_n}\}_{n \in N'}$ es un cubrimiento enumerable de M. $\square$

Corolario 1.3. *Toda variedad topológica tiene un atlas enumerable.*

Definición 1.4. *Un espacio topológico de X se dice que es σ-compacto, si X puede expresarse como unión enumerable de subconjuntos compactos.*

Proposición 1.4. *Si M es una variedad topológica, entonces M es σ-compacta.*

Demostración. Sabemos que M es localmente compacta. Para cada $p \in M$, sea U_p una vecindad abierta de p con $\overline{U}_p$ compacta. Luego $\{U_p\}_{p \in M}$ es un cubrimiento abierto de M. Como M es de Lindelöf, existe un conjunto enumerable $\{p_n\}_{n \in N}$ tal que $\{U_{p_n}\}_{n \in N}$ es un cubrimiento de M. Luego M es la reunión enumerable de los conjuntos compactos $\{\overline{U}_{p_n}\}_{n \in N}$. $\square$

Corolario 1.4. *Si M es una variedad topológica, entonces existe un conjunto enumerable $\{K_n\}_{n \in N}$ de subconjuntos compactos de M tal que*

1. $M = \bigcup_{n \in N} K_n$

2. $K_n \subset K_{n+1}$, $\forall n$.

Demostración. Por la proposición anterior, M es la reunión enumerable de conjuntos compactos $\{P_n\}_{n \in N}$. Si $K_n = \bigcup_{i=1}^{n} P_i$; entonces K_n es compacto, $K_n \subset K_{n+1}$ y $M = \bigcup_{n \in N} K_n$. $\square$

Definición 1.5. *Una familia $\{U_\alpha\}_{\alpha \in A}$ de subconjuntos de espacios topológico X se dice que es* **localmente finito** *si cada punto p de X tiene una vecindad V_p, tal que $V_p \cap U \neq \varnothing$ sólo para un número finito de índices $\alpha \in A$.*

Definición 1.6. *Sean $U = \{U_\alpha\}_{\alpha \in A}$ y $V = \{V_\beta\}_{\beta \in B}$ dos cubrimientos del espacio X. Se dice que $\{V_\beta\}_{\beta \in B}$ es un* **refinamiento** *de $\{U_\alpha\}_{\alpha \in A}$, si para cada índice β en B existe un índice α en A tal que $V_\beta \subset U_\alpha$.*

Definición 1.7. *Un espacio de Hausdorff X es* **paracompacto** *si todo cubrimiento abierto de X tiene un refinamiento abierto que es localmente finito.*

El concepto de paracompacidad fue introducido por Dieudonné en 1944 con el objeto de generalizar el concepto de compacidad.

Teorema 1.3. *Si M es una variedad topológica, entonces M es paracompacta.*

Demostración. Paso 1: Si K es un subespacio compacto de M, entonces existe un conjunto abierto V tal que $K \subset V$ y $\overline{V}$ es compacto. En efecto, para cada punto p de K tomemos una vecindad abierta F_p de p tal que $\overline{F}_p$ es compacto. Como K es compacto, existe un número finito de abiertos $F_{p_1}, ..., F_{p_n}$ que cubren K. Luego $V = \bigcup_{i=1}^{n} F_{p_i}$ cumple las condiciones requeridas ya que

$$\bar{V} = \bigcup \overline{F_p}$$

Ahora tomamos una familia enumerable de compactos $\{K_n\}_{n \in N}$ que cubren M y $K_n \subset K_{n+1}$, $\forall n$.

Paso 2: Existe un cubrimiento abierto enumerable $\{V_n\}_{n \in N}$ de M que cumple:

1. $\overline{V_n}$ es compacto
2. $\overline{V_n} \subset V_{n+1}$, $\forall n$
3. $K_n \subset V_n$, $\forall n$

En efecto, por el paso 1, existe un abierto V_1 tal que $\overline{V_1}$ es compacto y $K_1 \subset V_1$. Nuevamente por el paso 1, como $K_1 \cup \overline{V_1}$ es compacto, existe un abierto V_2 tal que $\overline{V_2}$ es compacto y contiene a $K_1 \cup V_1$. De esta manera, inductivamente, construimos $\{V_n\}_{n \in N}$

Paso 3 Definimos las familias enumerables: $\{0_n\}_{n \in N}$ y $\{V_n\}_{n \in N}$ del modo siguiente: $0_1 = V_2$, $0_2 = V_3$ y $0_n = V_{n+1} - V_{n-2}$ para $n \geq 3$ $W_1 = \overline{V_1}$ y $W_n = \overline{V_n} - V_{n-1}$ para $n \geq 2$. Tenemos entonces

1. 0_n es abierto, $\forall n$
2. W_n es compacto, $\forall n$

3. $0_n \subset W_n$, $\forall n$

4. $0_n \cap 0_m = \emptyset$, si $|n-m| \geq 3$

5. $M = \bigcup_{1}^{\infty} W_n$

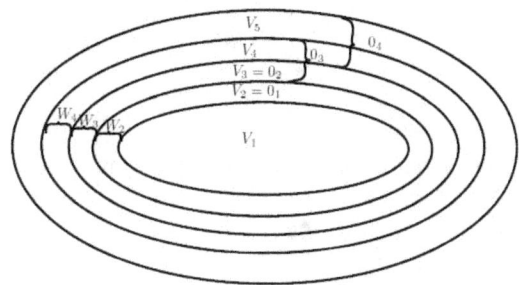

Paso 4 Finalmente probamos la paracompacidad de M. Sea $U = \{u_\alpha\}_{\alpha \in A}$ cualquier cubrimiento abierto de M. Fijemos por el momento un W_n. Para $p \in W_n$ tomemos un U_α que contenga p. Sea $U_p(n)$ una vecindad de p tal que $U_p(n) \subset U_\alpha \cap 0_n$. Como W_n es compacto, este puede ser cubierto por un número finito de estas vecindades $\{U_{p_i}(n)\}_{i=1,...,m_n}$. Hagamos lo mismo con todos los W_n. De este modo construimos un cubrimiento abierto $U' = \{U_{p_i}(n)\}_{n \in N}, i = 1, ..., m_n$ de M. Puesto que cada $U_{p_i}(n)$ está contenido en algún U_α, U' es un refinamiento de U. Por otro lado, $|n-m| \geq 3$ implica $0_n \cap 0_m = \emptyset$. Luego, como $U_{p_i}^{(n)} \subset 0_n$ y $U_{p_j}^{(m)} \subset 0_m$, tenemos $U_{p_i}(n) \cap U_{p_j}(m) = \emptyset$. En consecuencia, cada elemento de U' intersecta solamente un número finito de elementos de U'. Es decir, U' es localmente finito. Por tanto M es paracompacto.

□

Nota 1. *Se demuestra, sin mucha dificultad, que todo espacio paracompacto es normal, en particular, es regular. Más aún, se sabe que si un espacio es 2do enumerable, entonces ser regular es equivalente a ser metrizable, ver [3] pág 195. En consecuencia, toda variedad topológica es un espacio normal y metrizable. Más adelante dedicaremos un capítulo entero a estudiar ciertas métricas en las variedades, que son muy especiales y se llaman métricas riemannianas.*

Proposición 1.5. *Si $\{U_\alpha\}_{\alpha \in A}$ es un cubrimiento abierto de una variedad M, entonces existe un cubrimiento abierto $\{V_\alpha\}_{\alpha \in A}$ de M, que tiene el mismo conjunto de índices A, tal que $\bar{V}_\alpha \subset U_\alpha$, $\forall \alpha \in A$.*

Demostración. Para cada punto p de M tomemos una vecindad abierta W_p de p tal que:

1. W_p es compacta

2. $W_p \subset U_\alpha$, para algún $\alpha \in A$.

Puesto que M es paracompacta, el cubrimiento abierto $\{W_p\}_{p \in M}$ de M tiene un refinamiento localmente finito $\{W'_i\}_{i \in I}$, para cada $\alpha \in A$ definimos:

1. $I_\alpha = \{i \in I \mid \overline{W'_i} \subset U_\alpha\}$

2. $V_\alpha = \bigcup_{i \in I} W'_i$

Luego $\{V_\alpha\}_{\alpha \in A}$ es un cubrimiento abierto de M indexado por A. Solo falta probar que $\overline{V_\alpha} \subset U$. Para esto, puesto que cada W'_i con $i \in I$ está contenido en U_α, bastará probar que

$$\overline{V_\alpha} = \bigcup_{i \in I} \overline{W'_i}$$

Probemos esto último. Como para $i \in I_\alpha$, $W'_i \subset V_\alpha$, la inclusión $\bigcup_{i \in I} W'_i \subset \overline{V_\alpha}$ es obvia. En cuanto a la otra inclusión: Sea $p \in \overline{V_\alpha}$, puesto que $\{W'_i\}_{i \in I}$ es localmente finito, existe una vecindad G de p y un número finito de índices $i_1, ..., i_k \in I$ tales que $G \cap W'_{i_j} \neq \varnothing$, $\forall j = 1, ..., k$. Si suponemos que $p \notin \bigcup_{j=1}^{k} \overline{W'}_{i_j}$, debe existir una vecindad G^1 de p contenida en G tal que $G^1 \subset \bigcup_{j=1}^{k} \overline{W'_{i_j}} = \varnothing$. Si $i \in I_\alpha$ es distinto de $i_1, ..., i_k$, puesto que $G \cap W'_i = \varnothing$, también se cumple que $G^1 \cap W'_i = \varnothing$. En consecuencia, $G^1 \cap W'_i = \varnothing$, $\forall i \in I_\alpha$. Por tanto, debemos tener que $G^1 \cap V_\alpha = \varnothing$, lo cual es una contradicción. Tenemos que admitir, entonces $p \in \bigcup_{j=1}^{k} W_{i_j}$, lo que implica que $p \in \bigcup_{i \in I_\alpha} W'_i$, con lo que demostramos que $\overline{V_\alpha} \subset \bigcup_{i \in I_\alpha} \overline{W'_i}$. $\square$

Las proposiciones que acabamos de demostrar nos permitirán definir, en una variedad, conceptos fundamentales como los de partición de la unidad, métricas riemannianasm, etc. El lector habrá notado que estas proposiciones son consecuencia de haber impuesto en la definición de variedad las exigencias de ser espacios de Hausorff y 2do enumerables. Se pueden prescribir de estas condiciones, pero, entonces la teoría no iría muy lejos.

Problemas

Problema 1.2.1. *Probar que una variedad tiene a lo más un conjunto enumerable de componentes conexas.*

Problema 1.2.2. *Probar que toda variedad es localmente conexa por caminos y que una variedad conexa es conexa por caminos.*

Problema 1.2.3. *Probar que una variedad es localmente contractible. Esto es, todo punto de una variedad tiene una vecindad que homotópica a un punto.*

Problema 1.2.4. *Probar que una bola abierta de $\mathbb{R}^n$ es homeomorfa a $\mathbb{R}^n$. Sugerencia: Si B_r es la bola abierta de radio r y centro en el origen, probar que $f(x) = \frac{rx}{\sqrt{r^2-|x|^2}}$ es un homeomorfismo de B_r sobre $\mathbb{R}^n$.*

Problema 1.2.5. *Si un espacio topológico X tiene un cubrimiento enumerable $\{U_n\}_{n \in \mathbb{N}}$ tal que cada U_n es homeomorfa a un subconjunto abierto de $\mathbb{R}^n$, probar que X es 2do enumerable.*

Problema 1.2.6. *Probar que todo espacio paracompacto es normal. En consecuencia, toda variedad topológica es normal, si el problema da dificultades, ver [3] pág. 163.*

Problema 1.2.7. *Sea N un subespacio topológico de una variedad topológica M. Probar que N es una variedad topológica de dimensión m (la misma dimensión que M) si y solo si N es un subconjunto abierto de M.*

1.3. Estructuras Diferenciables

En una variedad topológica no podemos ir más allá de la continuidad. Nuestra intensión ahora es enriquecer la idea de variedad topológica en tal forma que nos permita hablar también de diferenciabilidad.

Dos cartas (U, x) y (V, y) de una variedad topológica M^m diremos que son C^k-relacionadas si $U \cap V = \varnothing$ ó si $U \cap V \neq \varnothing$, entonces las siguientes funciones deben ser de clase C^k.

1. $y \circ x^{-1} : x(U \cap V) \longrightarrow y(U \cap V)$

2. $x \circ y^{-1} : y(U \cap V) \longrightarrow x(U \cap V)$

Observar que $x(U \cap V)$ y $y(U \cap V)$ son dos conjuntos abiertos de $\mathbb{R}^m$. Por tanto, pedir que $y \circ x^{-1}$ y $x \circ y^{-1}$ sean de clase C^k tiene sentido.

Definición 1.8. *Un atlas $\mathcal{A}$ de una variedad topológica se dice que es de clase C^k si cualquier par de cartas de $\mathcal{A}$ son C^k-relacionadas.*

En dos cartas cualesquiera (U, x) y (V, y) de una variedad topológica, las funciones x e y son homeomorfismos, luego $y \circ x^{-1}$ y $x \circ y^{-1}$ son continuas. En consecuencia, todo atlas es de clase C^0 (por lo menos). Debido a que

$$(y \circ x^{-1})(x(p)) = y(p)$$

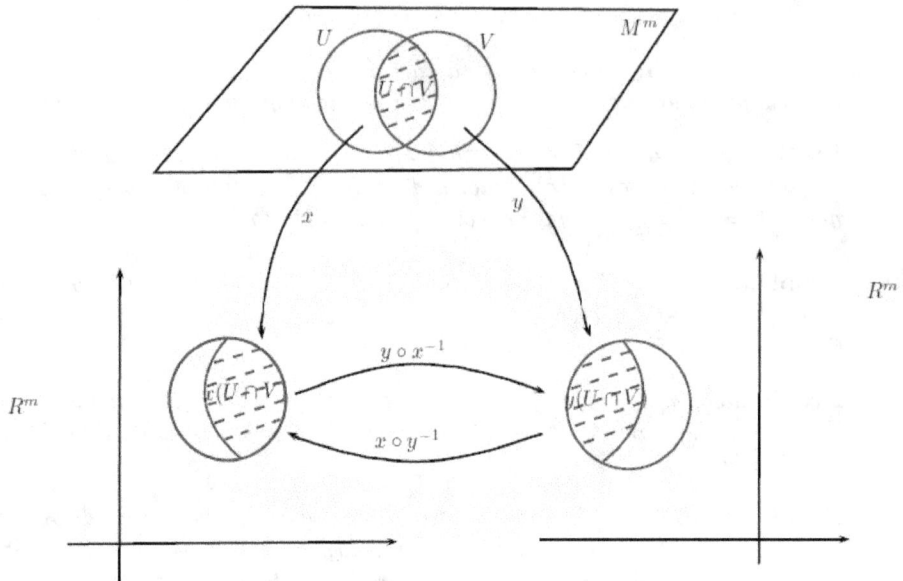

Figura 1.3: Cartas relacionadas o cambio de coordenadas

y
$$(x \circ y^{-1})(y(p)) = x(p)$$
a las funciones $y \circ x^{-1}$ y $x \circ y^{-1}$ se llaman funciones de cambio de coordenadas.

Ejemplo 1.3.1. *El atlas $\mathcal{A} = \{(\mathbb{R}^n, I)\}$ de $\mathbb{R}^n$ que consiste en la única carta $(\mathbb{R}^n, I)$, donde I es la función identidad de $\mathbb{R}^n$, es de clase C^∞. En efecto, el único cambio de coordenadas posible es: $I \circ I^{-1}$, el cual es de clase C^∞, ya que $I \circ I^{-1} = 1$.*

Ejemplo 1.3.2. *El atlas $\mathcal{B} = \{(\mathbb{R}, y)\}$ de $\mathbb{R}$ formada por la única carta $(\mathbb{R}, y)$, donde $y(t) = t^3$, es de clase C^∞. En efecto, el único cambio de cartas posibles es $y \circ y^{-1}$, que es la función identidad de $\mathbb{R}$.*

En general, cualquier atlas de una variedad topológica que tenga una sola carta debe ser, necesariamente de clase C^∞.

Ejemplo 1.3.3. *El atlas estereográfico de S^n, $\mathcal{B} = \{(V, \pi), (V', \pi)\}$ donde*
$$V = S^n - \{N\}, \pi : V \longrightarrow \mathbb{R}^n$$
$$\pi(p) = \left(\frac{P_1}{1 - P_{n+1}}, \ldots, \frac{P_n}{1 - P_{n+1}}\right)$$

$$V' = S^n - \{S\}, \pi' : V' \longrightarrow \mathbb{R}^n$$

$$\pi(p) = \left(\frac{P_1}{1+P_{n+1}}, \ldots, \frac{P_n}{1+P_{n+1}} \right)$$

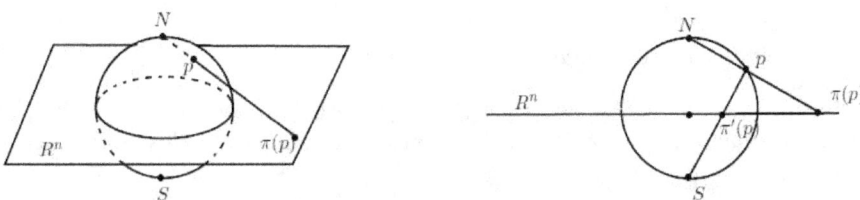

Figura 1.4: Proyección estereográfica

Tomando un lápiz y un papel se encuentra fácilmente que problema 1.4.1

1. $\pi' \circ \pi^{-1} : \mathbb{R}^n - \{0\} \longrightarrow \mathbb{R}^n - \{0\}$, $(\pi' \circ \pi^{-1})(a) = \dfrac{a}{|a|^2}$

2. $\pi \circ \pi^{-1} : \mathbb{R}^n - \{0\} \longrightarrow \mathbb{R}^n - \{0\}$, $(\pi \circ \pi^{-1})(a) = \dfrac{a}{|a|^2}$

En consecuencia, este atlas es de clase C^∞. Sean $\mathcal{A}$ y $\mathcal{B}$ dos atlas de clase C^k de una variedad topológica M. Diremos que $\mathcal{A}$ es equivalente a $\mathcal{B}$ si $\mathcal{A} \cup \mathcal{B}$ es también un atlas de clase C^k de M. En otras palabras, $\mathcal{A}$ es equivalente a $\mathcal{B}$ si toda carta de $\mathcal{A}$ es C^k-relacionada con toda carta $\mathcal{B}$. Esta relación es de equivalencia en el conjunto de todos los atlas de M de clase C^k (problema 1.4.1).

Ejemplo 1.3.4. *El atlas de S^n construido en el 1.3.3 de la sección anterior es de clase C^∞ 1.4.7 y es equivalente al atlas estereográfico B. Probamos esta afirmación para el caso $n = 1$. El caso general es similar. Tomemos la carta (U_1, x_1) de A y la carta (V, π) de B. Tenemos que las funciones de cambio de coordenadas*

a $\pi \circ X_1^{-1} : (-1, 1) - \{0\} \longrightarrow \mathbb{R} - [-1, 1]$

$$(\pi \circ x_1^{-1})(s) = \pi(x_1^{-1}(s)) = \pi((s, \sqrt{1-s^2})) = \frac{\sqrt{1-s^2}}{s}$$

b $x_1 \circ \pi^{-1} : \mathbb{R} - [-1, 1] \longrightarrow (-1, 1) - \{0\}$

$$(x_1 \circ \pi^{-1})(s) = x_1(\pi^{-1}(s)) = x_1((\frac{2s}{1+s^2}, \frac{s^2-1}{1+s^2})) = \frac{2s}{1+x^2}$$

son clase C^∞, y por tanto C^∞-relacionadas. Igual resultado se obtiene para cualquier otro par de cartas.

Ejemplo 1.3.5. *El atlas $\mathcal{A} = \{(\mathbb{R}, I)\}$ y el atlas $\mathcal{B} = \{(\mathbb{R}, y)\}$ donde $y(t) = t^3$, de $\mathbb{R}$ sabemos que es de clase C^∞. Estos no son equivalentes. En efecto, el cambio de cartas*
$$I \circ y^{-1} : \mathbb{R} \longrightarrow \mathbb{R},$$
$$(I \circ y^{-1})(t) = \sqrt[3]{t}$$
es apenas de clase 0. (¿Qué pasa en $t = 0$?)

Ejemplo 1.3.6. *Cualquier par de atlas de clase C^0 de una variedad topológica son equivalentes. En efecto, las funciones de cambio de cartas son siempre, por lo menos, de clase C^0.*

Definición 1.9. *Un atlas $\mathcal{A}$ de clase C^k de una variedad M se dice que es* **maximal** *si este no está contenido propiamente en otro atlas de clase C^k de M. Esto es, si $\mathcal{B}$ es otro atlas de clase C^k tal que $\mathcal{A} \subset \mathcal{B}$, entonces $\mathcal{A} = \mathcal{B}$.*

Proposición 1.6. *Si $\mathcal{A}$ es un atlas de clase C^k de una variedad topológica M, entonces existe un único atlas maximal $\mathcal{A}'$ de clase C^k que contiene a $\mathcal{A}$.*

Demostración. Sea $\mathcal{A}'$ el conjunto formado por todas las cartas de M que son C^k-relacionadas con todas las cartas de $\mathcal{A}$. Es obvio que $\mathcal{A}'$ es un atlas de clase C^k y que $\mathcal{A} \subset \mathcal{A}'$. Veamos que $\mathcal{A}'$ es maximal. Sea $\mathcal{B}$ otro atlas de M de clase C^k tal que $\mathcal{A}' \subset \mathcal{B}$. Como $\mathcal{A} \subset \mathcal{A}'$, tenemos que $\mathcal{A} \subset \mathcal{B}$. Luego si $(U, x) \in \mathcal{B}$, entonces (U, x) es C^k-relacionado con todas las cartas de $\mathcal{A}$ y por tanto $(U, x) \in \mathcal{A}'$. Esto prueba que $\mathcal{B} \subset \mathcal{A}'$. En consecuencia $\mathcal{B} = \mathcal{A}'$. $\mathcal{A}'$ es el único atlas maximal de clase C^k que contiene a $\mathcal{A}$. En efecto, sea $\mathcal{B}$ otro atlas maximal tal que $\mathcal{A} \subset \mathcal{B}$. Si $(U, x) \in \mathcal{B}$, $\mathcal{A} \subset \mathcal{B}$ implica que (U, x) es C^k-relacionada con todas las cartas de $\mathcal{A}$. Luego, $(U, x) \in \mathcal{A}'$. Esto nos dice que $\mathcal{B} \subset \mathcal{A}'$. Como $\mathcal{B}$ es maximal, debemos tener $\mathcal{B} = \mathcal{A}'$. $\square$

Una **estructura diferenciable** de clase C^k sobre una variedad topológica M^n es un atlas maximal de M. De acuerdo a la proposición anterior, una estructura diferenciable de clase C^k sobre M queda unívocamente determinada por un atlas de M de clase C^k. Si dos atlas son equivalentes, éstos determinan la misma estructura diferenciable y si no son equivalentes, estas determinan dos estructuras diferenciables diferentes. La siguiente proposición es obvia.

Proposición 1.7. *Existe una única estructura de clase C^0 sobre cualquier variedad topológica.*

Ahora introducimos el concepto más importante de nuestra materia.

Definición 1.10. *Una* **variedad diferenciable** *de clase C^k y dimensión n es un par (M, A) donde M es un variedad topológica de dimensión n y A es una estructura diferenciable de clase C^k sobre M (un atlas maximal).*

Una variedad diferenciable de clase C^0 no es sino una variedad topológica. Las variedades más importantes para nosotros son las de clase C^∞. Las variedades de clase C^w son variedades analíticas reales. También se tienen las variedades analíticas complejas, que se obtienen con cartas modeladas en C^n en lugar de $\mathbb{R}^n$ exigiéndose que las funciones de cambio de coordenadas sean funciones holomorfas.

1.4. Ejemplos de Variedades Diferenciables

Ejemplo 1.4.1. $(\mathbb{R}n, \mathbb{U})$ donde $\mathbb{U}$ es el atlas maximal que contiene al atlas $A = \{(\mathbb{R}^n, I)\}$, es una variedad diferenciable de clase C^∞ y dimensión n. $\mathbb{U}$ es la estructura usual de $\mathbb{R}^n$.

Ejemplo 1.4.2. $(\mathbb{R}, V)$, donde V es el atlas maximal que contiene al atlas $B = \{(\mathbb{R}, y)\}$, $y(t) = t^3$, es una variedad diferenciable de clase C^∞ y dimensión 1.

Sabemos que la estructura U del ejemplo 1.4.1 para el caso $n = 1$ y la estructura V del ejemplo 1.14, son distintos. Luego la variedad diferencial $(\mathbb{R}, U)$ es distinta de la variedad $(\mathbb{R}, V)$. Más adelante veremos que estas estructuras son la misma salvo un difeomorfismo.

Como todo atlas de clase C^k está contenido en un único atlas maximal de clase C^k, para determinar la estructura diferenciable de una variedad basta presentar un atlas, no necesariamente maximal, que esté contenido en la estructura. Esto es lo que haremos de aquí en adelante.

Ejemplo 1.4.3. S^n, con la estructura diferenciable determinado por el atlas estereográfico, es una variedad de clase C^∞ y dimensión n. Esta estructura es también determinada por el atlas dado en el ejemplo 1.6, ya que este atlas es equivalente al atlas estereográfico. De aquí en adelante, cuando digamos la variedad S^n, quedará entendido que a S^n le estamos dando esta estructura diferenciable.

Ejemplo 1.4.4. Un conjunto abierto $W \neq \varnothing$ de una variedad diferenciable M de dimensión n y clase C^k es una variedad de la misma dimensión y de la misma clase. En efecto, si $A = \{(U_\alpha, x_\alpha)\}_{\alpha \in A}$ es un atlas de M de clase C^k, entonces $A' = \{(V_\alpha, y_\alpha)\}_{\alpha \in A}$, donde $V_\alpha = U_\alpha \cap N$ y $y_\alpha = \dfrac{x_\alpha}{V_\alpha}$, es un atlas de clase C^k de N. A N le llamaremos una **subvariedad abierta** de M.

Ejemplo 1.4.5. Sea M un conjunto, N^n una variedad de clase C^k y dimensión n. Si $f : M \longrightarrow N$ es una función biyectiva, entonces M tiene una estructura diferenciable de la misma clase y dimensión que N.

En primer lugar, a M le damos la siguiente topología:

$$T = \{V \subset M \mid f(V) \text{ es abierto en } N\},$$

la cual hace de f un homeomorfismo. Luego, M, con esta topología es Hausdorff y 2do enumerable.

Si $x: U \longrightarrow x(U) \subset \mathbb{R}^n$ es una carta de N^n, entonces $f^{-1}(U)$ es abierto en M y $x \circ f: f^{-1}(U) \longrightarrow x(U) \subset \mathbb{R}^n$ es un homeomorfismo. Luego, $(f^{-1}(U), x \circ f)$ es una carta para M.

Ahora, si $B = \{(U_\alpha, x_\alpha)\}_{\alpha \in A}$ es un atlas de N^n de clase C^k, veamos que $A = \{(f^{-1}(U_\alpha), x_\alpha \circ f)\}_{\alpha \in A}$ es un atlas de clase C^k.

Es claro que $M = \bigcup_\alpha f^{-1}(U_\alpha)$. Por otro lado, las funciones de cambio de coordenadas son de clase C^k, ya que

$$(x_\beta \circ f) \circ (x_\alpha \circ f)^{-1} = x_\beta \circ f \circ f^{-1} \circ x_\alpha^{-1} = x_\beta \circ x_\alpha^{-1}$$

Ejemplo 1.4.6. *Sea M el siguiente conjunto al cual llamaremos la figura del ocho*

$$M = \{(\sin 2t, \sin t) \in \mathbb{R}^2 \mid 0 < t < 2\pi\}$$

Tenemos la siguiente biyección

$$x: M \longrightarrow (0, 2\pi)$$

$$x(\sin 2t, \sin t) = t$$

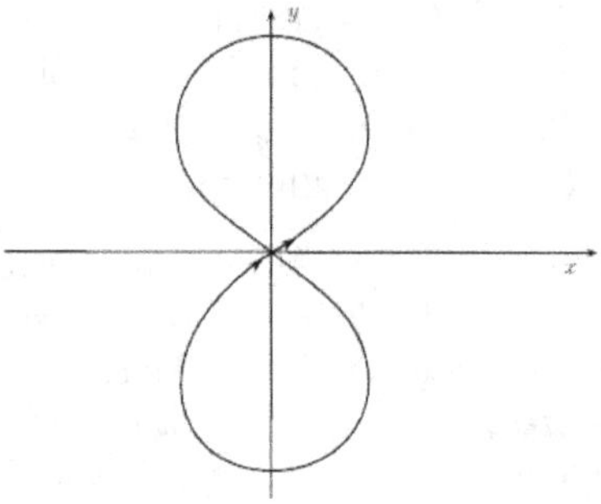

Figura 1.5: La figura del ocho del ejemplo 1.4.6

Así como en el ejemplo anterior, a la topología del intervalo abierto $(0, 2\pi)$ podemos trasladarla a M mediante x, convirtiendo a M en un espacio topológico y a x en un homeomorfismo. En consecuencia, (M, x) es una carta para M y $A = \{(M, x)\}$ es un atlas de clase C^∞. De este modo, la figura del ocho queda convertido en una variedad diferenciable de clase C^∞ y dimensión 1.

Observar que la figura del ocho cuenta con dos topologías: La topología de subespacio de $\mathbb{R}^2$ y la topología que le hemos dado mediante biyección x. Estas son distintas, ya que con la primera, M es compacto y con la segunda no lo es, por ser homeomorfa al intervalo abierto $(0, 2\pi)$.

Ejemplo 1.4.7. *Tomemos la misma figura del ocho definiéndolo esta vez, como*

$$M = \{(\sin 2t, \sin t) \in \mathbb{R}^2 \mid -\pi < t < \pi\}$$

Ahora tenemos la biyección

$$y : M \longrightarrow (-\pi, \pi)$$

$$y(\sin 2t, \sin t) = t$$

En la misma forma que en el caso anterior, obtenemos que $B = (M, y)$ hace

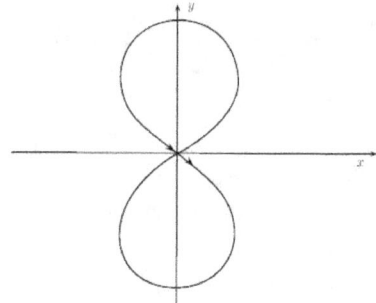

Figura 1.6: La figura del ocho del ejemplo 1.4.7

de M una variedad diferenciable de clase C^∞, y dimensión 1. Las atlas A y B no son equivalentes. En efecto, el cambio de coordenadas $y \circ x^{-1}$ está dado por

$$(y \circ x^{-1})(t) = \begin{cases} t, & si \quad 0 < t < \pi \\ 0, & si \quad t = \pi \\ t - 2\pi, & si \quad \pi < t < 2\pi \end{cases}$$

el cual ni siquiera es continuo. En consecuencia, sobre la figura del ocho hemos definido dos variedades distintas.

Ejemplo 1.4.8. *$M(m \times n, \mathbb{R})$, el conjunto formado por todas las matrices reales de orden $m \times n$, es una variedad diferenciable de clase C^∞ y dimensión $m \times n$. En efecto, extendiendo las entradas de cada matriz en una sola fila, podemos identificar a $M(m \times n, \mathbb{R})$ con $\mathbb{R}^{m \times n}$*

$$\begin{pmatrix} a_1^1 & \cdots & a_n^1 \\ \vdots & & \vdots \\ a_1^m & \cdots & a_n^m \end{pmatrix} \longrightarrow (a_1^1, ..., a_n^1, ..., a_1^m, ..., a_n^m)$$

Ejemplo 1.4.9. $GL(n, \mathbb{R})$, *el grupo lineal general formado por todas las matrices reales cuadradas de orden $n \times n$ invertibles, es una variedad diferenciable de clase C^∞ y dimensión n^2. En efecto, como*

$$GL(n, \mathbb{R}) = (\det)^{-1}(\mathbb{R} - \{0\})$$

tenemos que este es un subconjunto abierto de $M(n \times n, \mathbb{R})$. En consecuencia, $GL(n, \mathbb{R})$ es una subvariedad abierta de $M(n \times n, \mathbb{R})$.

Ejemplo 1.4.10. Las variedades de Stiefel. *Una k- referencia en $\mathbb{R}^{n+k}$ es un conjunto ordenado $v = (v_1, v_2, ..., v_k)$ de k vectores de $\mathbb{R}^{n+k}$ linealmente independiente. Sea*

$$V_k(\mathbb{R}^{n+k}) \subset \underbrace{(\mathbb{R}^{n+k} \times ... \times \mathbb{R}^{n+k})}_{k}$$

el conjunto formado por todas las referencias de $\mathbb{R}^{n+k}$. Si $v = \{v_1, v_2, ..., v_k\}$ es un elemento de $V_k(\mathbb{R}^{n+k})$, entonces este puede ser pensado como la matriz de orden $(n+k) \times k$ y rango k que se obtiene poniendo los componentes de v_i como columna:

$$\begin{pmatrix} v_1^1 & \cdots & v_k^1 \\ \vdots & & \vdots \\ v_1^{n+k} & \cdots & v_k^{n+k} \end{pmatrix}$$

Luego, identificando a $V_k(\mathbb{R}^{n+k})$ con el conjunto abierto de $M((n+k) \times k, \mathbb{R})$ formado por todas las matrices de orden $(n+k) \times k$ y rango k, le damos la estructura de subvariedad abierta, $V_k(\mathbb{R}^{n+k})$ con esta estructura diferenciable se llama variedad de Stiefel, la cual es de dimensión $(n+k) \times k$.

Ejemplo 1.4.11. Producto de Variedades. *Sea (M^m, A) y (N^n, B) dos variedades de clase C^k. Démosle a $M \times N$ la topología producto. El atlas de $M \times N$*

$$A \times B = \{(U \times V, x \times y) \mid (U, x) \in A, (V, y) \in B\}$$

es de clase C^k, ya que

$$(x_1 \times y_1) \circ (x \times y)^{-1} = (x_1 \circ x^{-1}) \times (y_1 \circ y^{-1})$$

Luego, $A \times B$ determina una estructura diferenciable de clase C^k en $M \times N$. A $M \times N$ con esta estructura le llamaremos variedad producto.

La construcción anterior puede hacerse para cualquier número finito de factores. Un ejemplo importante de este caso es el toro de dimensión n:

$$T^n = \underbrace{S^1 \times ... \times S^1}_{n},$$

donde S^1 tiene la estructura de clase C^∞ dada en el ejemplo 1.9

Es claro que si M es una variedad de clase C^k, entonces M también es una variedad de clase C^r para cualquier r tal que $r \leq k$. Recíprocamente, por un resultado no trivial de Whitney (1936) se sabe que cualquier variedad de clase C^k con $k \geq 1$, tiene una estructura de clase C^∞ que es compatible con la estructura de clase C^k de la variedad. Sin embargo el caso $k = 0$ es el caso patológico. En 1960, Kervaire [5] encontró una variedad de clase C^0 que no admite ninguna estructura de clase C^1.

Problemas

Problema 1.4.1. *Sea $Q^k(M)$ el conjunto formado por todos los atlas de clase C^k de una variedad topológica M.*

a) *Probar que la relación "A es equivalente a B", definida anteriormente para elementos de $Q^k(M)$, es una relación de equivalencia.*

b) *Si $[A]$ es la clase de equivalencia que contiene al atlas A, entonces*
$$A' = \bigcup_{B \in [A]} B$$
es el atlas maximal que contiene a A.

Problema 1.4.2. *Sea V un espacio vectorial real. Si $v_1, ..., v_n$ es una base de este espacio, entonces el isomorfismo*
$$v \longrightarrow \mathbb{R}^n$$
$$\sum_{i=1}^n a_i v_i \longrightarrow (a_1, ..., a_n)$$
define una carta, la cual determina una estructura diferenciable de clase C^∞ en V. Probar que cualquier otra base de V determina la misma estructura en V.

Problema 1.4.3. a) *Probar que el atlas A' para las subvariedad abierta N de M, construido en el ejemplo 1.16 es maximal.*

b) *Probar que A' también puede ser descrito como*
$$A' = \{(U, x) \in A \mid U \subset N\}$$

Problema 1.4.4. *Construir sobre $\mathbb{R}$ infinitas estructuras diferenciables de clase C^∞.*

Problema 1.4.5. *En S^1 construimos el siguiente atlas $\mathbb{O} = \{(W_1, \theta_1), (W_2, \theta_2)\}$, $W_1 = S^1 - \{(1, 0)\}$, $\theta_1 : W_1 \longrightarrow \mathbb{R}$ es una función que a cada punto de W_1 le asigna el ángulo de $(0, 1)$ al punto (en sentido anti-horario). $W_2 = S^1 - \{(0, 1)\}$, $\theta_2 : W_2 \longrightarrow \mathbb{R}$ es la función que a cada punto de W_2 le asigne un ángulo de $(0, 1)$ al punto.*

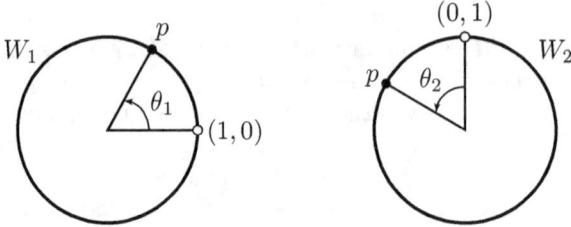

Figura 1.7: figura del problema

a) *Probar que $\mathbb{O}$ es un atlas de clase C^∞.*

b) *Probar que $\mathbb{O}$ es equivalente al atlas estereográfico de S^1.*

Problema 1.4.6. *Probar que para el atlas estereográfico de S^n se cumple:*

1) $\pi^{-1}(a_1, ..., a_n) = \left(\dfrac{2a_1}{1+|a|^2}, ..., \dfrac{2a_n}{1+|a|^2}, \dfrac{|a|^2-1}{1+|a|^2} \right)$

2) $\pi'^{-1}(a_1, ..., a_n) = \left(\dfrac{2a_1}{1+|a|^2}, ..., \dfrac{2a_n}{1+|a|^2}, \dfrac{1-|a|^2}{1+|a|^2} \right)$

3) $(\pi' \circ \pi^{-1})(a) = \dfrac{a}{|a|^2}$, $a \neq 0$

4) $(\pi \circ \pi'^{-1})(a) = \dfrac{a}{|a|}$, $a \neq 0$

Problema 1.4.7. *Probar que el atlas de S^n construido en el ejemplo 1.4.3 de la sección anterior es de clase C^∞.*

1.5. Funciones Diferenciables

En esta sección introducimos el concepto de diferenciabilidad para funciones definidas en variedades. Sean M^m y N^n dos variedades y $f : M \longrightarrow N$ una función. Supongamos que tenemos (U, x) y (V, y) cartas de M y N respectivamente, para las cuales se cumple que

$$f(U) \subset V$$

En este caso, en el conjunto abierto $x(U) \subset \mathbb{R}^n$ podemos definir la siguiente función (ver la figura que sigue):

$$f_{xy} = y \circ f \circ x^{-1} : x(U) \longrightarrow y(V) \subset \mathbb{R}^n$$

a la cual le llamaremos función representativa de f en las cartas (U, x) y (V, y).

Definición 1.11. *Sean M^m y N^n dos variedades diferenciables de clase C^k y $r \leq k$. Diremos que la función*

$$f : M^m \longrightarrow N^n$$

es **diferenciable** *de clase C^r en un punto $p \in M$, si existe una carta de M alrededor de p y (V,y), carta de N alrededor de $f(p)$, tales que $F(U) \subset V$ y la* **función representativa**

$$f_{xy} = y \circ f \circ x^{-1} : x(U) \longrightarrow y(V)$$

es diferenciable de clase C^r en el punto $x(p) \in x(U) \subset \mathbb{R}^m$

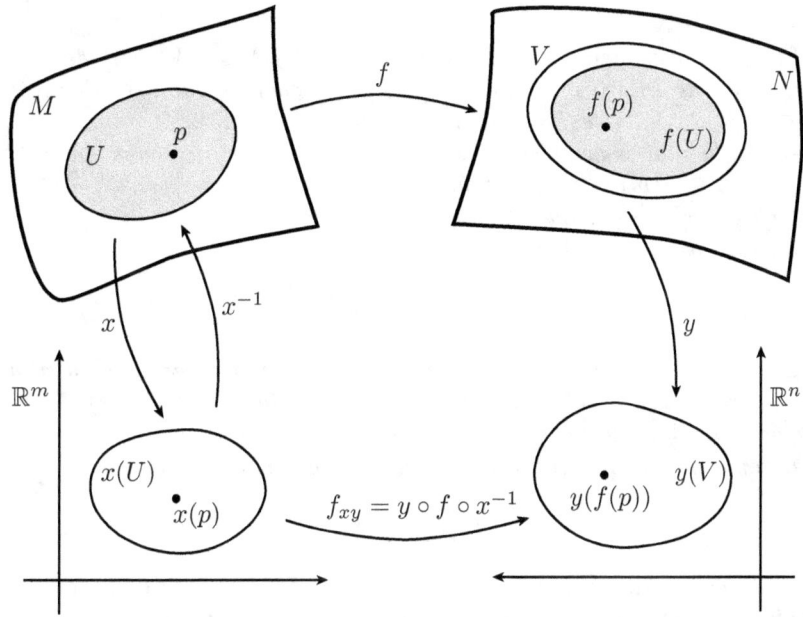

En esta definición es fundamental el hecho de que ésta es independiente de la representación de f. En efecto, si $f_{x'y'} = y' \circ f \circ x'^{-1}$ es otra representación de f según las cartas (U', x') y (V', y'), con $p \in U'$, entonces la siguiente igualdad muestra que $f_{x'y'}$ es de clase C^r en $x'(p)$ si y sólo si f_{xy} lo es en el punto $x(p)$:

$$f_{x'y'} = y' \circ f \circ x'^{-1} = y' \circ (y^{-1} \circ y) \circ f \circ (x^{-1} \circ x) \circ x^{-1} = (y' \circ y^{-1}) \circ f_{xy} \circ (x \circ x'^{-1}).$$

La función $f : M \longrightarrow N$ es de clase C^r si f es de clase C^k en todo punto de M.

Dejamos como ejercicio para el lector probar que si $f : M \longrightarrow N$ es de clase C^r, entonces f es continua (Ver problema 1.5.1)

Ejemplo 1.5.1. *Si M es una variedad de clase C^k, entonces la función identidad $I : M \longrightarrow M$ es de clase C^k. En efecto, sea $p \in M$ y (U,x) una carta de M alrededor de p. Tenemos que $I(U) = U$, y la función representativa I usando esta carta es la función identidad de $x(U)$:*

$$I_{xx} = x \circ I \circ x^{-1} = x \circ x^{-1} = I_{x(U)}$$

Luego es de clase C^k en el punto p. Por ser p arbitrario I es de clase C^k.

Ejemplo 1.5.2. *La función antípoda de S^n :*

$$A : S^n \longrightarrow S^n$$

es de clase C^∞.

En efecto, consideremos el atlas estereográfico $\{(V,\pi),(V',\pi')\}$ de s^n. Sea p un punto de M. Si p no es el polo norte, tenemos que $p \in V$, $A(p) = -p \in A(v) \subset V'$ t la función, representativa $\pi' \circ A \circ \pi^{-1}$ está dada por $a \longrightarrow -a$, la cual es de clase C^∞. Si p es el polo norte, tenemos que $p \in V'$, $A(p) = -p \in A(v') \subset V$ y la función representativa $\pi \circ A \circ \pi'^{-1}$ está dada también por $a \longrightarrow -a$. Luego, A es de clase C^∞.

Un caso particular importante es el siguiente $(N = \mathbb{R}^n)$:

$$f : M^m \longrightarrow \mathbb{R}^n$$

Considerando en $\mathbb{R}^n$ el atlas formado por la única carta, la identidad, tenemos que f es de clase C^r, $r \leq k$, si para toda carta (U,x) de M la función $f \circ x^{-1}$ es de clase C^r.

Entendemos ahora el concepto de diferenciabilidad a funciones:

$$f : D \longrightarrow N^n$$

donde D es un subconjunto de una variedad M^m de clase C^k, siendo N^n también la misma clase. Consideremos primero el caso en el que D es un abierto de M^n. En esta situación D es una subvariedad abierta de clase C^k. Luego, diremos que $f : D \longrightarrow N$ es de clase C^r si y sólo si f es de clase C^r considerando a D con la estructura de subvariedad abierta.

Si D es un conjunto cualquiera no vacío de M, entonces $f : D \longrightarrow N$ es de clase C^r si y sólo si f puede expresarse a una función de clase C^r sobre una vecindad abierta de D.

La demostración de las siguientes proposiciones son inmediatas:

Proposición 1.8. *Si $f : D \longrightarrow N$ es de clase C^r, entonces f es de clase C^l para todo $l \leq r$.*

Proposición 1.9. *Si $f : M \longrightarrow N$ y $f : N \longrightarrow Z$ son de clase C^r, entonces $g \circ f : M \longrightarrow Z$ es de clase C^r.*

Definición 1.12. *Sean M y N dos variedades de clase C^k, $0 \leq r \leq k$. La función $f : M \longrightarrow N$ es un **difeomorfismo** de clase C^r si f es biyectiva y si f y f^{-1} son de clase C^r. En este caso M y N son difeomorfas.*

Observar que un difeomorfismo de clase C^0 es simplemente un homeomorfismo.

Ejemplo 1.5.3. *La función identidad $I : M \longrightarrow M$ de una variedad de clase C^k es un difeomorfismo de clase C^k.*

Ejemplo 1.5.4. *La función antípoda $A : S^n \longrightarrow S^n$, $A(p) = -p$, es un difeomorfismo de clase C^∞. En efecto, ya sabemos que A es de clase C^∞. Además, como $A^{-1} = A$, A^{-1} es también de clase C^∞.*

Ejemplo 1.5.5. *Si M^m es una variedad de clase C^k y (U,x) es una carta, entonces*

$$x : U \longrightarrow x(U) \subset \mathbb{R}^m$$

es un difeomorfismo de clase C^k. En efecto, x y x^{-1} son de clase C^k ya que si tomamos la carta (U,x) y la carta identidad de $\mathbb{R}^m$, x y x^{-1} tiene por representación local la identidad de $x(U)$ y U respectivamente:

a) $x \circ x^{-1} = I_{x(U)}$

b) $x^{-1} \circ x = I_U$

Ejemplo 1.5.6. *Sea U la estructura diferenciable de clase C^∞ de B que contiene a la carta identidad $I : A \longrightarrow B$, y B la estructura diferenciable de clase C^∞ sobre R que contiene a la carta $y : R \longrightarrow R$, $y(t) = t^3$. Si $M = (R, U)$ y $N = (R, B)$, entonces la función:*

$$f : M \longrightarrow N$$

$$f(t) = \sqrt[3]{t}$$

es un difeomorfismo de clase C^∞. En efecto, las representaciones de f y f^{-1} en las cartas mencionadas están dadas por la identidad de R:

a) $y \circ f \circ I^{-1} = I$

b) $I \circ f^{-1} \circ y^{-1} = I$

Este ejemplo nos muestra el caso de dos variedades diferenciables de clase C^∞ definidas sobre un mismo espacio que son diferentes pero difeomorfas. Surge entonces la pregunta: ¿Existen variedades diferenciables de clase C^k, $k > 0$, definidas sobre un mismo espacio que son distintas y que no son difeomorfas?. Este fué un problema que permaneció sin solución hasta 1956, año en el que John Milnor, usando resultados fuertes de topología algebraica, probó [10] que S^7, además de su estructura usual, tiene otra, también de clase C^∞, que no es difeomorfa a la primera.

Ejemplo 1.5.7. *Un* **grupo de Lie** *es un grupo G (el producto de $a, b \in C$ la denotamos con ab) que además es una variedad diferenciable, tal que las siguientes funciones son diferenciables:*

1.
$$G \times G \longrightarrow G$$
$$(a, b) \longrightarrow ab$$

2.
$$G \longrightarrow G$$
$$a \longrightarrow a^{-1}$$

Los grupos de Lie son abundantes. Nosotros ya conocemos algunos de estos. Así, son los grupos de Lie $\mathbb{R}^n$ con la operación de adición y el grupo lineal general $\mathrm{GL}(n, R)$ con la operación de multiplicación de matrices. Además tenemos S^1 problema 1.5.9 y al toro $T^n = \underbrace{S^1 \times ... \times S^1}_{n}$ problema 1.5.10.

Dado un elemento a de un grupo de Lie G definimos la traslación a la izquierda L_a, y la traslación a la derecha R_a:

$$L_a : G \longrightarrow G$$
$$L_a(g) = ag$$
$$R_a : G \longrightarrow G$$
$$R_a(g) = ga$$

Afirmación: L_a y R_a son difeomorfismos. En efecto, como la operación de grupo es una función diferenciable sigue inmediatamente que L_a es diferenciable Además, tenemos que $(L_a)^{-1} = La^{-1}$, luego $(La)^{-1}$ también es diferenciable y por tanto, L_a es un difeomorfismo. El mismo argumento se aplica a R_a. La siguiente proposición es obvia.

Proposición 1.10. *Si $f : M \longrightarrow N$ y $h : N \longrightarrow Z$ son difeomorfismos, entonces $h \circ f : M \longrightarrow Z$ es un difeomorfismo.*

Ejemplo 1.5.8. *Si G es un grupo de Lie y $a \in G$, entonces el automorfismo interno*
$$f : G \longrightarrow G$$
$$f(g) = a^{-1}ga$$
es un difeomorfismo.

En efecto, $f = L_a^{-1} \circ R_a = R_a \circ L_a^{-1}$

Definición 1.13. *Sean M y N dos variedades de clase C^k y $0 < r \leq k$. Una función $f: M \longrightarrow N$ es un **difeomorfismo local** de clase C^r si para toso punto p de M existen vecindades abiertas U y V de p y $f(p)$ respectivamente, tales que*
$$f|_U : U \longrightarrow V$$
es un difeomorfismo de clase C^r.

Es claro que todo difeomorfismo es un difeomorfismo local. Lo recíproco no se cumple. Sin embargo $f: M \longrightarrow N$ es un difeomorfismo si y sólo si f es un difeomorfismo local biyectivo.

Problemas

Problema 1.5.1. *Si $f: M \longrightarrow N$ es de clase C^r, probar que f es continua.*

Problema 1.5.2. *Consideremos a $\mathbb{R}^n$ con su estructura usual de variedad. Sea $f: \mathbb{R}^n \longrightarrow \mathbb{R}$. Probar que f es de clase C^k ($\mathbb{R}^n$ como variedad) si y sólo si f es de clase C^k en el sentido corriente.*

Problema 1.5.3. *Probar que $f: M \longrightarrow N$ es de clase $C^r \iff g \circ f$ es de clase C^r para toda función $g: N \longrightarrow \mathbb{R}$ de clase C^r.*

Problema 1.5.4. a) *Sean M y N dos variedades de clase C^k con estructuras diferenciables A y B respectivamente. Si $f: M \longrightarrow N$ es biyectiva, probar que $f: (M, A) \longrightarrow (N, B)$ es un difeomorfismo de clase C^k si y sólo si $y \in B \iff y \circ f \in A$*

b) *Sean A y B dos estructuras diferenciables de clase C^k de N. Probar que la función identidad $I: (M, A) \longrightarrow (N, B)$ es un difeomorfismo de clase C^k si y sólo si $A = B$.*

Problema 1.5.5. *Si $f: M \longrightarrow N$ y $g: M^1 \longrightarrow N^1$ son de clase C^k, probar que la función producto*
$$f \times g : M \times M^1 \longrightarrow N \times N^1$$
$$(f \times g)(p, q) = (f(p), g(q))$$
es de clase C^k.

Problema 1.5.6. *Si M y N son variedades de clase C^k, probar que las proyecciones*

a)
$$\pi_1 : M \times N \longrightarrow M$$
$$\pi_1(p, q) = p$$

b)
$$\pi_2 : M \times N \longrightarrow N$$
$$\pi_2(p,q) = q$$

son de clase C^k.

Problema 1.5.7. **a)** *Probar que $f : M \longrightarrow N_1 \times N_2$ es de clase C^k si y sólo si $\pi_1 \circ f$ y $\pi_2 \circ f$ son de clase C^k.*

b) *Probar que la estructura producto de $N_1 \times N_2$ es la única que goza de la propiedad anterior.*

Problema 1.5.8. *Probar que la siguiente función es un difeomorfismo*
$$f : S^2 \longrightarrow S^2$$
$$f(x,y,z) = (x \sin z + y \cos z, x \cos z - y \sin z, z)$$

Problema 1.5.9. *Si consideramos a S^1 como el subconjunto de $\mathbb{C}$:*
$$S^1 = \{z \in \mathbb{C} \mid |z| = 1\}$$
entonces la multiplicación de complejos $\mathbb{C} \times \mathbb{C} \longrightarrow \mathbb{C}$ induce una multiplicación
$$m : S^1 \times S^1 \longrightarrow S^1$$
probar que S^1, con esta operación, es un grupo de Lie.

En forma similar al caso anterior, a S^3 lo podemos considerar como el conjunto de cuaterniones de norma 1, y entonces la multiplicación de cuaterniones induce una multiplicación
$$m : S^3 \times S^3 \longrightarrow S^3,$$
con la cual S^3 es un grupo de Lie. Para no perderse en cálculo sobre cartas, pedimos al lector esperar hasta el siguiente capítulo para probar este resultado.

Problema 1.5.10. *Probar que si G y H son grupos de Lie, entonces $G \times H$ es un grupo de Lie. Este resultado podemos extenderlo a un número finito de factores. De este modo vemos que el toro $T^n = \underbrace{S^1 \times ... \times S^1}_{n}$ es un grupo de Lie.*

1.6. Partición de la unidad

Como localmente una variedad se comporta como $\mathbb{R}^n$ en una vecindad de cada punto de la variedad, podemos trasladar usando cartas, ciertos objetos que se construyen en $\mathbb{R}^n$ (como la métrica euclideana). Surge entonces el problema de como extender a toda variedad estos objetos que sólo están definidos localmente. Aquí es cuando viene a nuestra ayuda el concepto de partición de la unidad, concepto que está íntimamente ligado al de paracompacidad.

Definición 1.14. *Se llama* **soporte de la función** $f : M \longrightarrow \mathbb{R}$ *a*
$$\operatorname{sop}(f) = \overline{\{p \in M \mid f(p) \neq 0\}}$$

Definición 1.15. *Sea M una variedad de clase C^k. Una* **partición de la unidad** *de clase C^r, $r \leq k$, en M es una familia $\{f_\beta\}_{\beta \in B}$ de funciones $f_\beta : M \longrightarrow \mathbb{R}$ de C^r tales que:*

1. $f_\beta \geq 0, \forall \beta \in B$

2. *La familia $\{\operatorname{sop}(f_\beta)\}_{\beta \in B}$ es localmente finita*

3. $\displaystyle\sum_{\beta \in B} f_\beta(p) = 1, \forall p \in M$

Observar que 1 y 3 implican que
$$0 \leq f_\beta \leq 1, \forall \beta$$

Además, por la propiedad 2 la sumatoria de la propiedad 3 tiene sentido, ya que $f_\beta(p) \neq 0$ solo para un finito de sumandos, siendo el resto nulos.

Sea $U = \{U_\alpha\}_{\alpha \in A}$ un cubrimiento de M. Una partición de la unidad $\{f_\beta\}_{\beta \in B}$ se dice que es subordinado a U, si la familia $\{\operatorname{sop}(f_\beta)\}_{\beta \in B}$ es un refinamiento de U. Esto es, si para cualquier $\beta \in B$ existe $\alpha \in A$ tal que $\operatorname{sop}(f_\beta) \subset U_\alpha$. Más aún, la partición se dice que es estrictamente subordinada a $U = \{U_\alpha\}_{\alpha \in A}$ si los conjuntos de índices, A y B son iguales y
$$\operatorname{sop}(f_\alpha) \subset U_\alpha, \forall \alpha \in A$$

Nos abocamos ahora a probar la existencia de particiones de la unidad.

Lema 1.1. *La siguiente función es de clase C^∞*
$$f(t) = \begin{cases} \exp{-\dfrac{1}{t^2}} & \text{si} \quad t > 0 \\ 0 & \text{si} \quad t \leq 0 \end{cases}$$

Demostración. Se deja para el lector revise sus cursos de análisis (Problema 1). Ver Fleming, funciones de varias variables. □

Lema 1.2. *Dados dos números reales positivos $a < b$, existe una función*
$$g : \mathbb{R} \longrightarrow \mathbb{R}$$
de clase C^∞ tal que:
$$g(t) = \begin{cases} 1, & \text{si} \quad |t| \leq a \\ 0 < g(t) < 1, & \text{si} \quad a < |t| < b \\ 0, & \text{si} \quad b \leq |t| \end{cases}$$

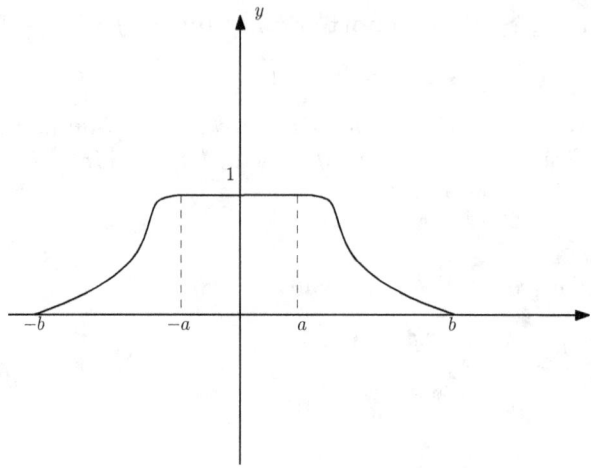

Figura 1.8: Función del lema 1.2

Demostración. Con la función f del lema anterior construimos la siguiente función
$$h : \mathbb{R} \longrightarrow \mathbb{R}$$
$$h(t) = \frac{f(t)}{f(t) + f(1-t)}$$
la cual es de clase C^∞ y satisface
$$h(t) = \begin{cases} 0, & \text{si } t \leq 0 \\ 0 < h(t) < 1, & \text{si } 0 < t < 1 \\ 1, & \text{si } b \geq t \end{cases}$$

Ahora, la siguiente función cumple las condiciones del lema
$$g(t) = h\left(\frac{b+t}{b-a}\right) h\left(\frac{b-t}{b-a}\right).$$

$\square$

Lema 1.3. *Sea M una variedad de clase C^k y $r \leq \min(k, \infty)$. Si W es una vecindad de $p \in M$, entonces existe otra vecindad V de p y una función $f : M \longrightarrow \mathbb{R}$ de clase C^r tal que*

a) $\overline{V} \subset W$

b) $0 \leq f \leq 1$

c) $f = 1$ *en* V

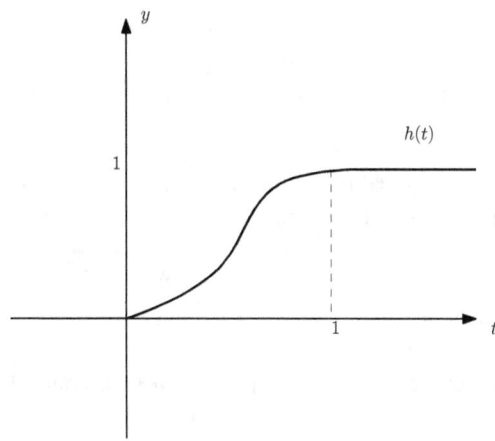

Figura 1.9: Función $h(t)$ del lema 1.2

d) $\text{sop}(f) \subset W$

Demostración. En $\mathbb{R}$ tomemos la norma $||(z^1,...,z^m)|| = \text{máx}\{|z^i|\}$. Sea (U,x) una carta tal que $p \in U$, $x(p) = 0$ y $U \subset W$. Sean a y b dos números reales positivos con $b > a$ y b suficientemente pequeño para que la clausura del conjunto
$$B = \{q \in U \mid ||x(a)|| < b\}$$
esté contenida en U.

Si $V = \{q \in U \mid ||x(q)|| < a\}$, entonces tenemos que $\overline{V} \subset \overline{B} \subset U \subset W$

Ahora, on la función g del lema anterior, construimos la función que buscamos:
$$f(q) = \begin{cases} g(x^1(q))...g(x^h(q)) & \text{si} \quad q \in U \\ 0 & \text{si} \quad q \in M - \overline{B} \end{cases}$$

□

Lema 1.4. *Sea M una variedad de clase C^k, $r \leq \text{mín}(k, \infty)$. Si K es un subconjunto compacto de M y U es una vecindad de K entonces existe una función $f : M \longrightarrow \mathbb{R}$ de clase C^r tal que*

a) $0 \leq f \leq 1$

b) $f = 1$ *en* K

c) $\text{sop}(f) \subset U$

Demostración. Por el lema anterior, para cada punto $p \in K$ existe una vecindad V_p de p y una función $f_p : M \longrightarrow \mathbb{R}$ de clase C^r tal que

a) $\overline{V}_p \subset U$

b) $0 \leq f_p \leq 1$

c) $f_p = 1$ en V_p

d) $\text{sop}(f_p) \subset U$

Como K es compacto, existe un número finito de puntos, $p_1, ..., p_n$ tales que $V_{p_1}, ..., V_{p_n}$ cubren K. La función buscada es

$$f = 1 - (1 - f_{p_1})(1 - f_{p_2})...(1 - f_{p_n})$$

$\square$

Por fin estamos en condiciones de probar la existencia de partición de la unidad.

Teorema 1.4. *Sea M una variedad de clase C^k y $r \leq \text{mín}\{k, \infty\}$. Si C es un cubrimiento abierto de M, entonces existe una partición de la unidad de clase C^r subordinada a C.*

Demostración. Si $p \in M$, entonces existe un $C_p \in C$ tal que $p \in C_p$. Como M es localmente compacto, existe una vecindad compacta K_p de p tal que $K_p \subset C_p$. por ser M paracompacto, el cubrimiento abierto

$$0 = \{K_p \mid p \in M\}$$

tiene un refinamiento localmente finito $U = \{U_\beta\}_{\beta \in B}$ de 0. Por ser 0 un refinamiento de C. U también lo es. Según la proposición 1.5, existe un cubrimiento abierto $V = \{V_\beta\}_{\beta \in B}$ de M tal que

$$\overline{V}_\beta \subset U_\beta, \forall \beta \in B$$

siendo $\overline{V}_\beta$ un subconjunto cerrado de algún conjunto compacto K_p, $\overline{V}_\beta$ es compacto. Poe el lema anterior, para cada $\beta \in B$ existe una función $\psi_\beta : M \longrightarrow \mathbb{R}$ de clase C^r tal que

- $0 \leq \psi_\beta \leq 1$

- $\psi_\beta = 1$ en $\overline{V}_\beta$

- $\text{sop}(\psi_\beta) \subset U_\beta$.

Siendo V un cubrimiento de M localmente finito podemos definir la función $\psi : M \longrightarrow \mathbb{R}$

$$\psi(p) = \sum_{\beta \in B} \psi_\beta(p)$$

la cual es de clase C^r y $\psi(p) \geq 1$, $\forall p \in M$.

Por último, para cada $\beta \in B$ definimos la función de clase $C^r : f_\beta : M \longrightarrow \mathbb{R}$, dada por $f_\beta = \dfrac{\psi_\beta}{\psi}$ Ahora tenemos que:

1. $f_\beta \geq 0$, $\forall \beta \in B$

2. La familia $\{\text{sop}(f_\beta)\}_{\beta \in B}$ es localmente finita, ya que $\text{sop}(f_\beta) \subset U_\beta$, $\forall \beta$ y $U = \{U_\beta\}_{\beta \in B}$ es localmente finito.

3. $\sum_\beta f_\beta = \sum_\beta \dfrac{\psi_\beta}{\psi} = \dfrac{\sum \psi_\beta}{\psi} = \dfrac{\psi}{\psi} = 1$

En consecuencia $\{f_\beta\}_{\beta \in B}$ es una partición de la unidad de clase C^r subordinada al cubrimiento. $\square$

Teorema 1.5. *Sea M una variedad de clase C^k y $r \leq \min\{k, \infty\}$. Si $C = \{C_\alpha\}_{\alpha \in A}$ es un cubrimiento abierto de M, entonces existe una partición de la unidad $\{g_\alpha\}_{\alpha \in A}$ de clase C^r que es estrictamente subordinada a C.*

Demostración. Tomemos cualquier partición de la unidad $\{f_\beta\}_{\beta \in B}$ de clase C^r subordinada a $C = \{C_\alpha\}_{\alpha \in A}$.

Para cada $\beta \in B$ existe $\alpha \in A$ tal que $\text{sop}(f_\beta) \subset C_\alpha$. Luego, podemos definir una función $h : B \longrightarrow A$ tal que

$$\text{sop}(f_\beta) \subset C_{h(\beta)}$$

Ahora, para cada $\alpha \in A$ definimos la siguiente función de clase C^r:

$$l_\alpha = \sum_{h(\beta)=\alpha} f_\beta$$

Siendo $\{\text{sop}(f_\beta)\}_{\beta \in B}$ un cubrimiento localmente finito, tenemos que

$$\overline{\bigcup_{h(\beta)=\alpha} \{p \in M \mid f_\beta(p) \neq 0\}} = \bigcup_{h(\beta)=\alpha} \overline{\{pM \mid f_\beta(p) \neq 0\}} = \bigcup_{h(\beta)=\alpha} \text{sop}(f_\beta)$$

Luego

$$\text{sop}(l_\alpha) = \bigcup_{h(\beta)=\alpha} \text{sop}(f_\beta)$$

Probemos que $\{\text{sop}(l_\alpha)\}_{\alpha \in A}$ es localmente finito. En efecto, sea p un punto de K. Como $\{\text{sop}(f_\beta)\}_{\beta \in B}$ es localmente finito, existe una vecindad V de p tal que sólo para el conjunto finito $B_0 = \{\beta_1, ..., \beta_n\}$ se cumple que

$$\text{sop}(f_{\beta_i}) \cap V \neq \varnothing, \ \beta_i \in B_0$$

Sea A_0 el conjunto finito de A definido por $A_0 = h(B_0)$. Supongamos que $\text{sop}(l_\alpha) \cap V \neq \varnothing$, entonces $\text{sop}(f_\beta) \cap V \neq \varnothing$ para algún $\beta \in B$ tal que $h(\beta) = \alpha$. Luego $\beta \in B_0$ y $\alpha = h(\beta) \in A_0$. O sea, $\text{sop}(l_\alpha) \cap V \neq \varnothing \Longrightarrow \alpha \in A$. Por tanto $\text{sop}(l_\alpha)_{\alpha \in A}$ es localmente finito.

Por último, si definimos $l = \sum_{\alpha \in A} l_\alpha$ y $g_\alpha = \dfrac{l_\alpha}{l}$ tenemos que $\{g_\alpha\}_{\alpha \in A}$ es una partición de unidad de clase C^r estrictamente subordinada a C. $\square$

Nota 2. *Los lemas 1.3 y 1.4 y los teoremas 1.4 y 1.5 no se cumplen para el caso $r = \omega$ (variedades analíticas reales). En efecto, si una función analítica $f : \mathbb{R}^m \longrightarrow \mathbb{R}$ se anula en un conjunto abierto de $\mathbb{R}^m$, entonces necesariamente se anula en todo $\mathbb{R}^n$. Problema 1.6.2*

Terminamos esta sección presentando algunas aplicaciones de la partición de la unidad. Más adelante veremos otras que son de fundamental importancia.

Lema 1.5 (Lema de Urysohn Diferenciable). *Sea M una variedad de clase C^k, $k \leq \infty$. Si F y G son dos conjuntos de M cerrados no vacíos y disjuntos, entonces existe na función de clase C^r, $f : M \longrightarrow [0,1]$ tal que $f(F) = 0$ y $f(G) = 1$.*

Demostración. $M - F$ y $M - G$ forman un cubrimiento abierto de M, si $\{f, g\}$ es una partición de la unidad subordinada a este cubrimiento, tenemos que $\text{sop}(F) \subset M - F$ y $\text{sop}(g) \subset M - G$. Luego, la función f cumple las condiciones requeridas. $\square$

Teorema 1.6 (Teorema de Tietze Diferenciable). *Si X es un subconjunto cerrado de una variedad diferenciable M de clase C^k, $k \leq \infty$, entonces toda función $f : X \longrightarrow \mathbb{R}^n$ de clase C^r, con $r \leq k$, puede ser extendida a una función $f : M \longrightarrow \mathbb{R}^n$ de clase C^r, definida en todo M.*

Demostración. Por definición, f es la restricción a X de una función $g : V \longrightarrow \mathbb{R}^n$ de clase C^r definida en una vecindad abierta V de X
Como M es un espacio normal, ya que toda variedad diferenciables es paracompacta, entonces existe un abierto U tal que $X \subset U \subset \overline{U} \subset V$. Sean $h : M \longrightarrow \mathbb{R}$ la función de clase C^k dada por el lema Urysohn tal que

$$h(X) = 1 \quad \text{y} \quad h(M - U) = 0$$

Definimos la función $f : M \longrightarrow \mathbb{R}^n$ del modo siguiente:

$$f(p) = \begin{cases} h(p)g(p) & \text{si} \quad p \in V \\ 0 & \text{si} \quad p \notin \overline{U} \end{cases}$$

$\square$

Problemas

Problema 1.6.1. *Probar el lema 1.1*

Problema 1.6.2. *Probar que si f es una función analítica $f : \mathbb{R}^n \longrightarrow \mathbb{R}$ se anula en un conjunto abierto $U \neq \emptyset$ de $\mathbb{R}^n$, entonces se anula en todo $\mathbb{R}^n$.*

Problema 1.6.3. *Probar que cualquier partición de unida de una variedad compacta debe ser finita.*

Problema 1.6.4. *Si $\{U_\alpha\}_{\alpha \in A}$ es un cubrimiento abierto de una variedad M de clase C^k. Probar que existe una familia de funciones $\{g_\alpha\}_{\alpha \in A}$ de clase C^k tales que:*

a) $0 \leq g_\alpha \leq 1$

b) $\text{sop}(g_\alpha) \subset U_\alpha$

c) $\displaystyle\sum_{\alpha \in A} g_\alpha^2 = 1$

Problema 1.6.5. *Si F es un subconjunto cerrado de una variedad M de clase C^k. Probar que existe a función $f: M \longrightarrow \mathbb{R}$ de clase C^k tal que $F = f^{-1}(0)$*

1.7. Los espacios proyectivos y las variedades de Grassmann

En esta sección presentamos a dos tipos de variedades diferenciables los cuales son de importancia fundamental. Estas son los espacios proyectivos y las variedades de Grassmann. Previamente, necesitamos algunos resultados topológicos. Sea X un espacio topológico y $\dfrac{X}{\sim}$ una relación de equivalencia en X. Denotamos con $\dfrac{X}{\sim}$ al conjunto cociente y con π a la proyección, esto es

a) $\dfrac{X}{\sim} = \{[x] \mid x \in X\}$

b) $\pi : X \longrightarrow \dfrac{X}{\sim}, \quad \pi(x) = [x]$

Ahora, $\dfrac{X}{\sim}$ es abierto si y sólo si $\pi^{-1}(U)$ es abierto en X. Al conjunto $\dfrac{X}{\sim}$, con esta topología, se le llama el espacio cociente. Es evidente que en este casa π es contínua. Más Aún:

Proposición 1.11. *Sea Y un espacio topológico y $g: \dfrac{X}{\sim} \longrightarrow Y$ una función, entonces g es contínua si y sólo si $g \circ \pi$ es contínua.*

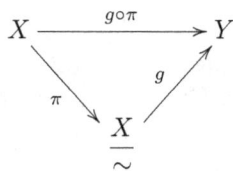

Demostración. ($\Rightarrow$) Obvio.
($\Leftarrow$) Si $V \subset Y$ es un abierto entonces $(g \circ \pi)^{-1}(V) = \pi^{-1}(g^{-1}(V))$ es abierto y por tanto, $g^{-1}(V)$ es abierto. Luego g es contínua. $\square$

Nosotros estamos interesados sólo en los espacios cocientes que, proviniendo de variedades, sea a su vez variedades. Con este objetivo en mente establecemos la siguiente definición:

Definición 1.16. *Una relación de equivalencia $\sim$ en el espacio topológico X es abierta si para todo abierto $D \subset X$ se tiene que $[D] \subset X$ es abierto, donde*

$$[D] = \bigcup_{x \in D} [x] = \pi^{-1}(\pi(D))$$

Lema 1.6. *Una relación de equivalencia $\sim$ es X es abierta si y sólo si $\pi : X \longrightarrow \dfrac{X}{\sim}$ es abierta.*

Demostración. Sigue inmediatamente de la igualdad

$$[A] = \pi^{-1}(\pi(A)).$$

$\square$

Lema 1.7. *Si $\pi : X \longrightarrow \dfrac{X}{\sim}$ es abierta y X es 2do enumerable, entonces $\dfrac{X}{\sim}$ es 2do enumerable.*

Demostración. Si $\{U_i\}_{i \in \mathbb{N}}$ es una base enumerable de X, afirmamos que $\{\pi(U_i)\}_{i \in \mathbb{N}}$ es una base (enumerable) de $\dfrac{X}{\sim}$. En efecto, si W es un abierto de $\dfrac{X}{\sim}$, entonces $\pi^{-1}(W)$ es abierto en X y

$$\pi^{-1}(W) = \bigcup_{i \in J} U_i.$$

Luego

$$W = \pi(\pi^{-1}(W)) = \bigcup_{i \in J} \pi(U_i).$$

$\square$

Ahora presentamos a los espacios proyectivos. Aunque estos son casos particulares de las variedades de Grassmann, por razones didácticas les damos un tratamiento separado.

1.7.1. Los Espacios Proyectivos Reales

En $\mathbb{R}^{n+1} - \{0\}$ definimos la siguiente relación de equivalencia:
$$p \sim q \iff \exists t \in \mathbb{R} - \{0\}/p = tq$$

Si $V \subset \mathbb{R}^{n+1} - \{0\}$ es abierto, entonces
$$[V] = \bigcup_{t=0} tV$$

es abierto. Luego, esta relación de equivalencia es abierta. Las clases de equivalencia son rectas de $\mathbb{R}^{n+1}$ que pasan por el origen a las cuales les quitamos el punt 0. Se llama espacio proyectivo real de dimensión n al espacio cociente

$$P^n(\mathbb{R}) = \frac{\mathbb{R}^{n+1} - \{0\}}{\sim}$$

Probemos que $P^n(\mathbb{R})$ es una variedad compacta de clase C^∞ y dimensión n. Por lo pronto, el lema anterior nos dice que $P^n(\mathbb{R})$ es 2do enumerable. $P^n(\mathbb{R})$ es Hausdorff: Sean $[p]$ y $[q]$ dos clases distintas de $P^n(\mathbb{R})$. $[q]$, como subconjunto de $\mathbb{R}^{n+1} - \{0\}$ es una recta que no contiene al punto p. Luego, $r = d(p, [q]) < 0$ y existe un único punto q_0 en $[q]$ tal que $r = d(p, q_0)$. Si B y B' son las bolas abiertas en $\mathbb{R}^{n+1} - \{0\}$ de radios $\dfrac{r}{3}$ y centros en p y q_0 respectivamente, tenemos que $[p] \in \pi(B)$ y $[q] \in \pi(B')$ y $\pi(B)$ y $\pi(B')$ son abiertos disjuntos.

Construyamos un atlas de clase C^∞ para $P^n(\mathbb{R})$. Consideremos los siguientes

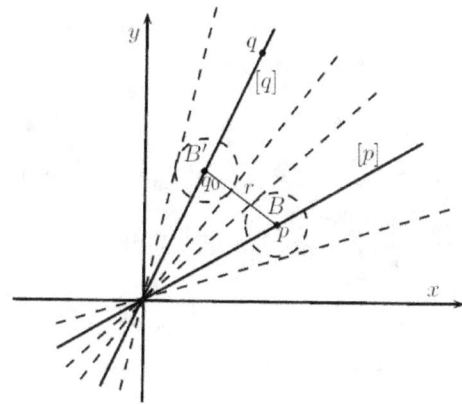

Figura 1.10: Condición de Hausdorff en $P^n(\mathbb{R})$

$n+1$ conjuntos
$$U_i = \{\pi(p) \in P^n(\mathbb{R}) \mid p^i \neq 0\}, \ i = 1, ..., n+1$$

Puesto que $\pi^{-1}(U_i) = \{p \in \mathbb{R}^{n+1} - \{0\} \mid p^i \neq 0\}$ es abierto en $\mathbb{R}^{n+1} - \{0\}$, tenemos que U_i es abierto en $P^n(\mathbb{R})$. En cada U_i definimos la siguiente función

$$x_i : U_i \longrightarrow \mathbb{R}^n$$

$$x_i(\pi(p)) = \frac{1}{p^i}(p^1, ..., \hat{p}^i, ..., p^{n+1})$$

La cual es contínua. En efecto, si consideramos la función racional

$$f_i : \pi^{-1}(U_i) \longrightarrow \mathbb{R}^n$$

$$f_i(p) = \frac{1}{p^i}(p^1, ..., \hat{p}^i, ..., p^{n+1})$$

Tenemos que $x_i = f_i \circ \pi$. Como f_i es contínua, por la proposición 1.11 x_i es contínua.

$$x_i : U_i \longrightarrow \mathbb{R}^n$$

Es biyectiva. En efecto, es fácil ver que x_i tiene por inversa a la función $\pi \circ h_i$, donde

$$h_i : \mathbb{R}^n \longrightarrow \pi^{-1}(U)$$

$$h_i(a) = (a^1, ..., a^{i-1}, 1, a^i, ..., a^n)$$

Además. como h_i es contínua y $x_i^{-1} = \pi \circ h_i$, obtenemos que x_i^{-1} es también contínua. Por tanto x_i es un homeomorfismo. En resumen, hasta este punto hemos probado que cada $(U_i, x_i), :: i = 1, ..., n+1$, es una carta. Además, como todos los U_i cubren a $P^n(\mathbb{R})$, ya tenemos que $P^n(\mathbb{R})$ es una variedad topológica. Veamos que sucede con los cambios de coordenadas $x_j \circ x_i^{-1} : x_i(U_i \cap U_j) \longrightarrow x_j(U_i \cap U_j)$.

Caso 1 $i > j$ Si $a \in x_i(U_i \cap U_j)$, entonces $a^j \neq 0$ y

$$\begin{aligned}(x_j \circ x_i)(a) &= x_j((\pi \circ h_i)(a)) \\ &= x_j(\pi(a^1, ..., a^j, ..., a^{i-1}, 1, a^i, ..., a^n)) \\ &= \frac{1}{a^j}(a^1, ..., a^j, ..., a^{i-1}, 1, a^i, ..., a^n)\end{aligned}$$

Caso 2 $i < j$ **Similar** En ambos casos obtenemos que $x_j \circ x_i^{-1}$ es de clase C^∞.

Con eso hemos concluído la demostración de que $P^n(\mathbb{R})$ es una variedad diferenciable de clase C^∞ y dimensión n. Por último, de $\pi(S^n) = P^n(\mathbb{R})$ obtenemos la compacidad de $P^n(\mathbb{R})$.

Ejemplo 1.7.1. *El atlas construido anteriormente para* $P^2(\mathbb{R}) = \dfrac{\mathbb{R}^3 - \{0\}}{\sim}$ *está formando por tres cartas:*

(1) (U_1, x_1) donde $U_1 = \{\pi(p) \in P^2(\mathbb{R}) \mid p^1 \neq 0\}$, $x_1 : U_1 \longrightarrow \mathbb{R}^2$

$$x_1(\pi(p)) = \left(\frac{p^2}{p^1}, \frac{p^3}{p^1}\right)$$

(2) (U_2, x_2) donde $U_2 = \{\pi(p) \in P^2(\mathbb{R}) \mid p^2 \neq 0\}$, $x_2 : U_2 \longrightarrow \mathbb{R}^2$

$$x_2(\pi(p)) = \left(\frac{p^1}{p^2}, \frac{p^3}{p^2}\right)$$

(3) (U_3, x_3) donde $U_3 = \{\pi(p) \in P^2(\mathbb{R}) \mid p^3 \neq 0\}$, $x_3 : U_3 \longrightarrow \mathbb{R}^2$

$$x_3(\pi(p)) = \left(\frac{p^1}{p^3}, \frac{p^2}{p^3}\right)$$

y por ejemplo,

$$(x_2 \circ x_1^{-1})(a^1, a^2) = x_2(\pi(1, a^1, a^2)) = \left(\frac{1}{a^1}, \frac{a^2}{a^1}\right)$$

$$(x_3 \circ x_1^{-1})(a^1, a^2) = x_3(\pi(1, a^1, a^2)) = \left(\frac{1}{a^2}, \frac{1}{a^2}\right), etc.$$

1.7.2. Variedades de Grassmann

Los espacios proyectivos que acabamos de construir constituyen un caso particular de las llamadas variedades de Grassmann. Un elemento de $P^r(\mathbb{R})$ es una clase de equivalencia $[p]$ donde $p \in \mathbb{R}^{n+1} - \{0\}$. Pero $[p]$ no es sino la recta de $\mathbb{R}^{n+1} - \{0\}$ determinada por el origen y el punto p (excepto el origen). Luego a $[p]$ podemos pensarlo como un subespacio vectorial de $\mathbb{R}^{n+1}$ de dimensión 1, y $P^n(\mathbb{R})$ como el conjunto formado por todos estos subespacios unidimensionales tomamos subespacios de dimensión $k \geq 1$, lo que obtenemos son las variedades de Grassmann. Sea $G_k(\mathbb{R}^{n+k})$ el conjunto formado por todos los subespacios de $\mathbb{R}^{n+k}$ de dimensión $k \geq 1$ (k-planos que pasan por el origen). A este conjunto, con la estructura diferenciable que le vamos a dar a continuación, se le conoce con el nombre de variedad de Grassmann. Observar que

$$P^n(\mathbb{R}) = G_1(\mathbb{R}^{n+1})$$

Probemos que $G_k(\mathbb{R}^{n+k})$ es una variedad compacta de clase C^∞ y dimensión $n \times k$. Consideremos la variedad de Stiefel $V_k(\mathbb{R}^{n+k})$. Recordemos que los elementos de esta variedad son las k-referencias de $\mathbb{R}^{n+k}$. Si $\overline{v} = (v_1, ..., v_k)$ es una k-referencia y $A = (a_j^i)$ es una matriz invertible de orden $k \times k$, entonces los k vectores siguientes

$$w_j = \sum_{i=1}^k a_j^i v_i, j = 1, ..., k \qquad (1.1)$$

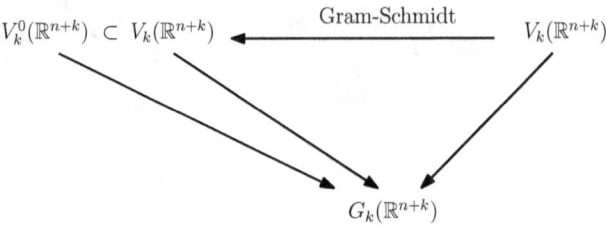

Figura 1.11: Proceso Gram-Schmidt

Son linealmente independientes, en consecuencia $\overline{w} = (w_1, ..., w_k)$ también es una k-referencia. La expresión (1.1) la podemos escribir también como

$$(w_1, ..., w_k) = (v_1, ..., v_k)A$$

o, en la forma más abreviada, $\overline{w} = \overline{v}A$. Las observaciones anteriores nos permiten definir en $V_k(\mathbb{R}^{n+k})$ la siguiente relación de equivalencia:

$$\overline{w} \sim \overline{v} \iff \exists A \in GL(k, \mathbb{R})/\overline{w} = \overline{v}A.$$

Por otro lado, cada k-referencia $\overline{v} = (v_1, ..., v_k)$ genera un único subespacio k-dimensional $H \in G_k(\mathbb{R}^{n+k})$, y si $\overline{w}$ es otra k-referencia que también genera H, entonces $\overline{v} \sim \overline{w}$. En consecuencia podemos hacer la siguiente identificación

$$G_k(\mathbb{R}^{n+k}) = \frac{V_k(\mathbb{R}^{n+k})}{\sim}$$

Demos a $G_k(\mathbb{R}^{n+k}) = \dfrac{V_k(\mathbb{R}^{n+k})}{\sim}$ la topología cociente y sea

$$\pi : V_k(\mathbb{R}^{n+k}) \longrightarrow G_k(\mathbb{R}^{n+k})$$

proyección canónica. De manera similar que en los espacios proyectivos se prueba que Problema 1.7.1 la relación de equivalencia anterior es abierta. Luego, por el lema 1.6 $G_k(\mathbb{R}^{n+k})$ es 2do enumerable. Sea $V_k \circ (\mathbb{R}^{n+k})$ el subconjunto de $V_k(\mathbb{R}^{n+k})$ formado por todas las k-referencias ortonormadas, al cual le damos la topología fr subespacio. Tenemos que $V_k \circ (\mathbb{R}^{n+k})$ es compacto $\pi(V_k \circ (\mathbb{R}^{n+k})) = G_k(\mathbb{R}^{n+k})$. Luego, $G_k(\mathbb{R}^{n+k})$ es compacto. El proceso de ortonormalización de Gram-Schmidt nos proporciona una función contínua y sobreyectiva.

$$V_k(\mathbb{R}^{n+k}) \longrightarrow (V_k^0(\mathbb{R}^{n+k}))$$

Si π_0 es ta restricción de π a $V_k^0(\mathbb{R}^{n+k})$, del siguiente diagrama

Obtenemos que un subconjunto $U \subset G_k(\mathbb{R}^{n+k})$ es abierto si y sólo si $\pi_0^{-1} \circ (U) \subset V_k^0(\mathbb{R}^{n+k})$ es abierto. En consecuencia, la proposición 1.11 es válida para la función

$$\pi_0 : V_k^0(\mathbb{R}^{n+k}) \longrightarrow G_k(\mathbb{R}^{n+k})$$

es decir, $g : G_k(\mathbb{R}^{n+k}) \longrightarrow Y$ es contínua si y sólo si $g \circ \pi_0$ es contínua. Este resultado lo usaremos para probar que $G_k(\mathbb{R}^{n+k})$ es Hausdorff. Para esto es suficiente probar que cualquier par de puntos distinto pueden ser separados po una función real contínua, es decir, si H y L son dos puntos distintos de $G_k(\mathbb{R}^{n+k})$, entonces existe $f : G_k(\mathbb{R}^{n+k}) \longrightarrow \mathbb{R}$ contínua, tal que $f(H) \neq f(L)$. En efecto, si esto sucede y si $f(H) < r < f(L)$ tenemos que $f^{-1}((-\infty, r))$ y $f^{-1}((r, \infty))$ son dos vecindades disjuntas que contienen a H y L respectivamente. Veamos, pues que podemos separar puntos. Para un punto fijo v de $\mathbb{R}^{n+k}$ definimos la función

$$f_v : G_k(\mathbb{R}^{n+k}) \longrightarrow \mathbb{R}$$

$$f_v(S) = (distancia\ de\ v\ a\ S)^2$$

Si $e_1, ..., e_k$ es una base ortonormada de S y si $u = V - \sum_{i=1}^{k}(v \cdot e_i)e_i$ tenemos que

$$f_v(S) = |u|^2 = |v|^2 - \sum_{i=1}^{k}(v \cdot e_i)^2$$

o, lo que es lo mismo,

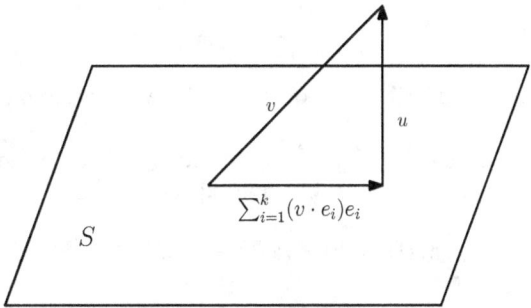

Figura 1.12: Función distancia a un plano

$$f_v(\pi \circ (v_1, ..., v_k)) = v^2 - \sum_{i=1}^{k}(v \cdot e_i)^2$$

Esta última igualdad nos dice que la función

$$f_v \circ \pi_0 : V_k(\mathbb{R}^{n+k}) \longrightarrow \mathbb{R}$$

es contínua. Por tanto, f_v es contínua. Ahora, si H y L son dos puntos distintos de $G_k(\mathbb{R}^{n+k})$, tomando $v \in H - L$, tenemos que $f_v(H) = 0$ y $f_v(L) > 0$. Es decir, $f_v(H) \neq f_v(L)$. Construyamos un atlas para $G_k(\mathbb{R}^{n+k})$. Para esto pasamos al lenguaje matricial. A cada elemento de $G_k(\mathbb{R}^{n+k})$ lo hemos identificado con una clase de equivalencia de k-referencias. A su vez, cada k-referencia

$\overline{v} = (v_1, ..., v_k)$ lo podemos pensar como la matriz de orden $(n+k) \times k$ y rango k que se obtiene poniendo los componentes de cada vector v_i como columna:

$$\overline{v} = P = \begin{pmatrix} v_1^1 & & v_k^1 \\ & & \\ v_1^n & & v_k^n \end{pmatrix}$$

Si las k-referencias $\overline{v}$ y $\overline{w}$ son representadas por las matrices P y Q respectivamente, entonces

$$\overline{v} \sim \overline{w} \iff P \sim Q,$$

donde

$$P \sim Q \iff \exists A \in \mathrm{GL}(k, \mathbb{R}) / P = QA$$

Dado un subconjunto $\alpha = \{i_1 < i_2 < ... < i_k\}$ de k elementos de $\{1, 2, 3, ..., n+k\}$, éste induce la siguiente función, también denotada con α,

$$\alpha : M(n+k) \times k, \mathbb{R} \longrightarrow M(k \times k, \mathbb{R})$$

$$P = \begin{pmatrix} v_1^1 & \cdots & v_k^1 \\ \vdots & & \vdots \\ v_1^{n+k} & \cdots & v_k^{n+k} \end{pmatrix} \longrightarrow \alpha(F) = \begin{pmatrix} v_1^{i_1} & \cdots & v_k^{i_1} \\ \vdots & & \vdots \\ v_1^{i_k} & \cdots & v_k^{i_k} \end{pmatrix}$$

O sea, $\alpha(P)$ es la submatriz $k \times k$ que se obtiene tomando en P sólo las filas $i_1, ..., i_k$.

De igual forma, si $\alpha^* = \{j_1 < j_2 < ... < j_n\}$ es el complemento de $\alpha = \{i_1 < 1_2 < ... < i_k\}$ en $\{1, 2, 3, ..., n+k\}$, ésta induce la función

$$\alpha^* : M((n+k) \times k, \mathbb{R}) \longrightarrow M(n \times k, \mathbb{R})$$

$$P = \begin{pmatrix} v_1^1 & \cdots & v_k^1 \\ \vdots & & \vdots \\ v_1^{n+k} & \cdots & v_k^{n+k} \end{pmatrix} \longrightarrow \alpha^*(P) = \begin{pmatrix} v_1^{j_1} & \cdots & v_k^{j_1} \\ \vdots & & \vdots \\ v_1^{j_n} & \cdots & v_k^{j_n} \end{pmatrix}$$

Es fácil ver que, para cualquier matriz A de orden $k \times k$,

1. $\alpha(PA) = \alpha(P)A$

2. $\alpha^*(PA) = \alpha^*(P)A$

Sea V_α el subconjunto abierto de $V_k(\mathbb{R}^{n+k})$ formado por todas las matrices (k-referencias pensadas como matrices) P tales que $\alpha(P) \in \mathrm{GL}(k, \mathbb{R})$. Esto es,

$$V_\alpha = \alpha^{-1}\mathrm{GL}(k, \mathbb{R})$$

Proyectando a V_α obtenemos el conjunto U_α abierto en $G_k(\mathbb{R}^{n+k})$

$$U_\alpha = \pi(v_\alpha)$$

Ahora, definimos la función

$$x_\alpha : U_\alpha \longrightarrow M(x \times k, \mathbb{R}) = \mathbb{R}^{n \times k}$$

$$x_\alpha(\pi(P)) = \alpha^*(P\alpha(P)^{-1}) = \alpha^*(P)\alpha(P)^{-1}$$

Por supuesto que tenemos que probar que $x_\alpha(\pi(P))$ está bien definido. Esto es, $x(\pi(P))$ depende sólo de la clase $\pi(P)$ y no del representante P. En efecto, si $Q \in \pi(P)$, entonces $Q = PA$ para algún $A \in \text{GL}(k, \mathbb{R})$ y

$$\begin{aligned} x_\alpha(\pi(Q)) &= \alpha^*(Q)\alpha(Q)^{-1} \\ &= \alpha^*(PA)\alpha(PA)^{-1} \\ &= (\alpha^*(P)A)(\alpha(P)A)^{-1} \\ &= \alpha^*(P)\alpha(P)^{-1} \\ &= x_\alpha(\pi(P)). \end{aligned}$$

Observar que si $P \in V_\alpha$, la matriz $P_0 = P\alpha(P)^{-1}$ es tl que su submatriz formada por las filas $i_1, ..., i_k$ es precisamente la matriz identidad $I_{k \times k}$. En efecto,

$$\alpha(P\alpha(P)^{-1}) = \alpha(P)\alpha(P)^{-1} = I_{k \times k}$$

Más aún, $P_0 = P\alpha(P)^{-1}$ es la única matriz en la clase $\pi(P) \in U_\alpha$ que cumple con esta propiedad, motivo por el cual la llamaremos la matriz canónica de la clase $\pi(P)$ respecto a α. De acuerdo a esto, para hallar $x_\alpha(\pi(P))$ lo que hacemos es encontrar la matriz canónica de $\pi(P)$ respecto a α y de ésta eliminamos $I_{k \times k}$. Así, si $\alpha = \{1, 2, ..., k\}$, la matriz canónica respecto a α de $\pi(P)$ es de la forma

$$P_0 = P\alpha(P)^{-1} = \begin{pmatrix} i_{k \times k} \\ B \end{pmatrix}$$

Luego, $x_\alpha(\pi(P)) = B$, ya que $x_\alpha(\pi(P)) = x_\alpha(\pi(P_0)) = \alpha^*(P_0) = B$. La función $x_\alpha : U_\alpha \longrightarrow M(n \times k, \mathbb{R})$ es contínua. En efecto, la siguiente función contínua

$$f_\alpha : V_\alpha = \pi^{-1}(U_\alpha) \longrightarrow M(n \times k, \mathbb{R})$$

$$f_\alpha(P) = \alpha^*(P)\alpha(P)^{-1}$$

satisface $x_\alpha \circ \pi = f_\alpha$. Luego x_α es contína.

La función $x_\alpha : U_\alpha \longrightarrow M(n \times k, \mathbb{R})$ es biyectiva: Consideremos la siguiente función

$$\overline{\alpha} : M(n \times k, \mathbb{R}) = \mathbb{R}^{n \times k} \longrightarrow V_\alpha \subset M((n \times k) \times k, \mathbb{R})$$

$$B \longrightarrow \overline{\alpha}(B)$$

donde $\overline{\alpha}(B)$ es la única matriz de orden $(n \times k) \times k$ tal que

3. $\alpha(\overline{\alpha}(B)) = I_{k \times k}$

4. $\alpha^*(\overline{\alpha}(B)) = B$

En otras palabras, $\overline{\alpha}(B)$ se obtiene completando a B con la matriz identidad $I_{k \times k}$, poniendo a las filas de ésta como las filas $i_1, ..., i_k$ de $\overline{\alpha}(B)$. De acuerdo a esto, es fácil ve si $P_0 = P\alpha(P)^{-1}$ es la matriz canónica de $\pi(P) \in U_\alpha$, entonces

$$\overline{\alpha}(\alpha^*(P_0)) = P_0$$

Ahora tenemos las siguientes igualdades:

1. $(x_\alpha \circ \pi \circ \overline{\alpha})(B) = x_\alpha(\pi(\overline{\alpha}(B))) = \alpha^*(\overline{\alpha}(B))(\overline{\alpha}(B))^{-1} = B(I_{k \times k})^{-1} = B$

2. $(\pi \circ \overline{\alpha} \circ x_\alpha) = (\pi \circ \overline{\alpha} \circ x_\alpha)(\pi(P_0)) = \pi(\overline{\alpha}(\alpha^*(P_0))) = \pi(P_0) = \pi(P)$,

que nos muestran que $\pi \circ \overline{\alpha}$ es la función inversa de x_α, es decir $x_\alpha^{-1} = \pi \circ \overline{\alpha}$. En particular, hemos probado que x_α es biyectiva.

Más aún, siendo $\overline{\alpha}$ contínua (es una inclusión), la igualdad $x_\alpha^{-1} = \pi \circ \overline{\alpha}$ nos prueba que X_α^{-1} es contínua. En consecuencia $x_\alpha : U_\alpha \longrightarrow M(n \times k, \mathbb{R}) = \mathbb{R}^{n \times k}$ es un homeomorfismo y (U_α, x_α) es una carta.

Haciendo variar $\alpha = \{i_1 < i_2 < ... < i_k\}$ entre todos los subconjuntos de $\{1, 2, ..., n+k\}$ obtenemos un atlas $\{(U_\alpha, x_\alpha)\}$ para $G_k(\mathbb{R}^{n+k})$, que tiene $\binom{n+k}{k}$ cartas.

Analicemos las funciones de cambio de coordenadas:

$$x_\beta \circ x_\alpha^{-1} : x_\alpha(U_\alpha \cap U_\beta) \longrightarrow x_\beta(U_\alpha \cap U_\beta)$$

$$(x_\beta \circ x_\alpha^{-1})(B) = x_\beta(x_\alpha^{-1}(B)) = x_\beta(\pi(\overline{\alpha}(B))) = \beta^*(\overline{\alpha}(B))(\beta(\overline{\alpha}(B))^{-1})$$

Veamos que $x_\beta \circ x_\alpha^{-1}$ es una función racional y en consecuencia, de clase C^∞.

En conclusión, $G_k(\mathbb{R}^{n+k})$ es una variedad compacta de clase C^∞ y dimensión $n \times k$.

Ejemplo 1.7.2. *Para ilustrar la presentación general (y kilométrica) que hemos hecho de $G_k(\mathbb{R}^{n+k})$ desarrollemos el caso particular $G_2(\mathbb{R}^3)$.*

Los elementos de $G_2(\mathbb{R}^3)$ son los subespacios de $\mathbb{R}^3$ de dimensión 2(2 − planos). El atlas para $G_2(\mathbb{R}^3)$ tiene $\binom{3}{2} = 3$ cartas: (U_α, x_α), (U_β, x_β), (U_λ, x_λ) que corresponden a los subconjuntos $\alpha = \{1, 2\}$, $\beta = \{1, 3\}$ y $\lambda\{2, 3\}$ de $\{1, 2, 3\}$. La matriz canónica de $\pi(P) \in U_\alpha$ respecto a α es de la forma

$$P_\alpha(P)^{-1} = \begin{pmatrix} 1 & 0 \\ 0 & 1 \\ a & b \end{pmatrix}$$

donde $a, b \in \mathbb{R}$ y $x_\alpha(\pi(P)) = (a, b)$

En forma similar las matrices canónicas de $\pi(P) \in U_\beta$ y $\pi(P) \in U_\lambda$ respecto a β y λ son de la forma

$$P_\beta(P)^{-1} = \begin{pmatrix} 1 & 0 \\ a & b \\ 0 & 1 \end{pmatrix}$$

y

$$P_\lambda(P)^{-1} = \begin{pmatrix} a & b \\ 1 & 0 \\ 0 & 1 \end{pmatrix}$$

y $X_\beta(\pi(P)) = (a, b)$, $x_\lambda(\pi(P)) = (a, b)$

Calculemos, por ejemplo, $x :_\beta \circ x_\alpha^{-1} : x_\alpha(U_\alpha \cap U_\beta) \longrightarrow x_\beta(U_\alpha \cap U_\beta)$. Si $(a, b) \in x_\alpha(U_\alpha \cap U_\beta)$ entonces

$$(x_\alpha^{-1})(a, b) = \pi \circ \overline{\alpha}(a, b) = \begin{pmatrix} 1 & 0 \\ 0 & 1 \\ a & b \end{pmatrix}$$

Como $\pi \begin{pmatrix} 1 & 0 \\ 0 & 1 \\ a & b \end{pmatrix}$ está en $U_\alpha \cap U_\beta$, entonces el determinante de $\beta \begin{pmatrix} 1 & 0 \\ 0 & 1 \\ a & b \end{pmatrix} = \begin{pmatrix} 1 & 0 \\ a & b \end{pmatrix}$ debe ser no nulo. Esto es, $b \neq 0$. Ahora, la matriz canónica de $(x_\alpha^{-1})(a, b) = \pi \begin{pmatrix} 1 & 0 \\ 0 & 1 \\ a & b \end{pmatrix}$ respecto a β es

$$\begin{pmatrix} 1 & 0 \\ 0 & 1 \\ a & b \end{pmatrix} \left(\beta \begin{pmatrix} 1 & 0 \\ 0 & 1 \\ a & b \end{pmatrix} \right)^{-1} = \begin{pmatrix} 1 & 0 \\ 0 & 1 \\ a & b \end{pmatrix} \begin{pmatrix} 1 & 0 \\ a & b \end{pmatrix}^{-1}$$

$$= \begin{pmatrix} 1 & 0 \\ 0 & 1 \\ a & b \end{pmatrix} \begin{pmatrix} 1 & 0 \\ \frac{-a}{b} & \frac{1}{b} \end{pmatrix}$$

$$= \begin{pmatrix} 1 & 0 \\ \frac{-a}{b} & \frac{1}{b} \\ 0 & 1 \end{pmatrix}$$

De donde

$$x_\beta \left(\pi \begin{pmatrix} 1 & 0 \\ 0 & 1 \\ a & b \end{pmatrix} \right) = \left(\frac{-a}{b}, \frac{1}{b} \right)$$

En conclusión

$$(x_\beta \circ x_\alpha^{-1})(a, b) = \left(\frac{-a}{b}, \frac{1}{b} \right)$$

Problemas

Problema 1.7.1. *Probar que la relación de equivalencia que determina las variedades de Grassmann es abierta.*

Problema 1.7.2. *Si $\mathbb{C}$ es el campo de los números complejos en $\mathbb{C}^{n+1} - \{0\}$ definimos la siguiente relación de equivalencia $v \sim w \iff \exists \lambda \in \mathbb{C} - \{0\}$ tal que $v = \lambda w$. El espacio cociente*

$$P^n(\mathbb{C}) = \frac{\mathbb{C}^{n+1} - \{0\}}{\sim}$$

es el espacio proyectivo complejo de dimensión n. Probar que $P^n(\mathbb{C})$ es una variedad de clase C^∞ y de dimensión (real) $2n$.
Nota: *$P^n(\mathbb{C})$ no sólo es de clase C^∞ sino que es una variedad analítica (compleja). El estudio de las variedades analíticas (complejas) constituye una parte muy importante de la Geometría Diferencial.*

Problema 1.7.3. *Si Q es el subconjunto de los cuaterniones, reemplazando por Q en el problema anterior definir $P^n(Q)$, el espacio proyectivo cuaterniónico de dimensión n. Probar que $P^n(Q)$ es una variedad de clase C^∞ y dimensión (real) $4n$.*

Problema 1.7.4. *Probar que $P^1(\mathbb{R})$ es difeomorfo a S^1.*
Sugerencia: *construir un difeomorfismo de $P^1(\mathbb{R})$ sobre S^1 usando el atlas definido en $P^1(\mathbb{R})$ y el atlas estereográfico de S^1.*

Problema 1.7.5. *Probar que $P^1(\mathbb{C})$ es difeomorfo a S^2.*
Sugerencia: *usar el mismo método del problema anterior.*

Problema 1.7.6. *Probar que $P^1(Q)$ es difeomorfo a S^1.*

Problema 1.7.7. *Si M es un elemento de $G_k(\mathbb{R}^{n+k})$ entonces H^1, es subespacio ortonormal a H, es un elemento de $G_n(\mathbb{R}^{n+k})$. Esta correspondencia*

$$G_k(\mathbb{R}^{n+k}) \longrightarrow G_n(\mathbb{R}^{n+k})$$

$$H \longrightarrow H^1$$

resulta ser un difeomorfismo. Probar esta afirmación para el caso simple:

$$G_1(\mathbb{R}^3) \longrightarrow G_2(\mathbb{R}^3)$$

y si hay mucho entusiasmo, tratar el caso general.

2

EL ESPACIO TANGENTE Y LA DERIVADA

	SOHPUS LIE	48
2.1.	El espacio tangente	49
2.2.	Derivada de una función	59

SOHPUS LIE
(1842–1899)

SOPHUS MARIUS LIE es un notable matemático noruego, fundador de la teoría de los grupos continuos de transformaciones, que dieron origen a la moderna teoría de grupos de Lie y álgebras de Lie. Un grupo de Lie es una variedad diferenciable que también es un grupo, donde la función operación de grupo y la función inversión son diferenciables. Sophus Lie y Niels Henrik Abel son de los más sobresalientes matemáticos que Noruega ha aportado al mundo de la ciencia. Más aún, Lie fue uno de los más prolíficos matemáticos, que se puede comparar, en este aspecto, con **Leonardo Euler**.

Inicialmente, Sophus Lie había decidido seguir una carrera militar, pero una deficiencia en sus ojos impidieron seguir ese camino. Entre 1859 y 1865 estudió ciencias, mayormente matemáticas, en la Universidad de Christiania (actualmente Oslo, la capital de Noruega). En 1969 le otorgaron una beca para estudiar en el extranjero. Lie viajó a proseguir con sus estudios a la Universidad de Berlín. Allí conoció a otro brillante estudiante alemán de matemática, **Felix Klein**, con quien cultivó una gran amistad. Ambos compartían su preferencia por la geometría. En 1870, los dos viajaron juntos a París. Unos meses más estalló la guerra Franco–Alemana y se vieron obligados a abandonar Francia. En 1871 fue nombrado profesor asistente de la Universidad de Christiania. Un año más tarde, de esta universidad, obtuvo su doctorado en ciencias.

EL ESPACIO TANGENTE Y LA DERIVADA

En este capítulo presentamos la teoría de la derivación para funciones diferenciables definidas e variedades. En primer lugar, para cada punto de una variedad dada construimos un espacio tangente, el cual resultará ser un espacio vectorial de la misma dimensión que la variedad. Luego, definimos la derivada de una función como cierta función lineal entre espacios tangentes. Terminamos mostrando que en esta teoría también contamos con el teorema de la función inversa.

De aquí en adelante trabajaremos solamente, salvo mención de lo contrario, con variedades y funciones de clase C^∞, a los cuales les llamamos simplemente variedades y funciones diferenciables, respectivamente.

2.1. El espacio tangente

Sea M^m una variedad diferenciable y p un punto fijo de M. Sea $C^\infty(p)$ el conjunto formado por todas las funciones reales, diferenciables cuyos dominios son vecindades abiertas del punto p.

Si $\alpha \in \mathbb{R}$ y $f \in C^\infty(p)$, con dominios V y W respectivamente, definimos $f+g, fg$ y αf:

1. $f+g : V \cap W \longrightarrow \mathbb{R}$, $(f+g)(q) = f(q) + g(q)$

2. $fg : V \cap W \longrightarrow \mathbb{R}$, $(fg)(q) = f(q)g(q)$

3. $\alpha f : V \longrightarrow \mathbb{R}$, $(\alpha f)(q) = \alpha f(q)$

Es claro que $f+g$, fg, αf también son elementos de $C^\infty(p)$.

Definición 2.1. *Un* **vector tangente** *a M en el punto p es una función $v : C^\infty(p) \longrightarrow \mathbb{R}$ que cumple*

1. v es lineal. Es decir,

$$v(\alpha f + \beta g) = \alpha v(f) + \beta v(f), \quad \forall \alpha, \beta \in \mathbb{R}; \forall f, g \in C^\infty(p)$$

2. v es una derivación. Es decir,

$$v(fg) = v(f)g(p) + f(p)v(g), \quad \forall f, g \in C^\infty(p)$$

Esta definición está inspirada en las propiedades de nuestras conocidas derivadas direccionales en $\mathbb{R}^m$. Es de esperar, por tanto, que los vectores tangentes satisfagan propiedades similares a las derivadas direccionales. Así, por ejemplo $v(f)$ debe depender únicamente del comportamiento local de f. En particular, si f es constante en una vecindad de p, se debe cumplir que $v(f) = 0$. Probemos estos hechos:

Lema 2.1. *Sea v un vector tangente a M en el punto p y $f : V \longrightarrow \mathbb{R}$ un elemento de $C^\infty(p)$. Si $U \subset V$ es una vecindad de p, entonces,*

$$v(f) = v(f|_U)$$

Demostración. Tenemos que $f - f|_U = 0 \cdot (f - f|_U)$. Luego

$$v(f) - v(f|_U) = v(f - f|_U) = v(0 \cdot (f - f|_U)) = 0 \cdot v(f - f|_U) = 0$$

$\square$

Proposición 2.1. *Sea v un vector tangente a M en p. Si $f, g \in C^\infty(p)$ coinciden en una vecindad de p, entonces*

$$v(f) = v(g)$$

en otras palabras v es un operador local.

Demostración. Sea U la vecindad de p tal que $f|_U = g|_U$. Usando el lema anterior tenemos
$$v(f) = v(f|_U) = v(g|_U) = v(g)$$

$\square$

Proposición 2.2. *Si v es un vector tangente de M en p y si $f \in C^\infty(p)$ es constante en una vecindad de p, entonces*

$$v(f) = 0$$

Demostración. En primer lugar que $v(1) = 0$, donde 1 es la función constante que a cada punto de M le hace corresponder el real 1. En efecto, de

$$v(1) = v(1 \cdot 1) = v(1)1 + 1v(1) = 2v(1)$$

tenemos que $v(1) = 0$. Ahora supongamos que f tiene el valor c en una vecindad de p. Luego f es igual a $c \cdot 1$ en una vecindad de p. Por tanto

$$v(f) = v(c \cdot 1) = cv(1) = c \cdot 0 = 0$$

$\square$

Nota 3. *En general el conjunto $C^\infty(p)$ no es un espacio vectorial. En efecto, tomemos dos elementos cualesquiera $f: V \to \mathbb{R}$ y $g: W \to \mathbb{R}$ de $C^\infty(p)$ tales que $V \neq W$. Tenemos que $f - f = 0|_V$ y $g - g = 0|_W$. Si $C^\infty(p)$ fuese un espacio vectorial deberiamos tener que $0|_V = 0|_W$. Pero esta igualdad no tiene sentido a menos que $V = W$. Algunos autores, sintiéndose incómodos por esta situación en lugar de $C^\infty(p)$ consideran el conjunto cociente $C^\infty(p)/\sim$, donde $\sim$ es la siguiente relación de equivalencia*

$$f \sim g \iff \exists U, \text{vecindad de } P, \text{ tal que } f|_U = g|_U$$

es decir dos funciones son equivalentes si ambas coinciden en una vecindad de p. La adición, multiplicación por escalares y la multiplicación de funciones ya definidas en $C^\infty(p)$ inducen en $C^\infty(P)/\sim$ sus correspondientes operaciones, las cuales si hacen de $C^\infty(p)/\sim$ un álgebra sobre $\mathbb{R}$, llamada el álgebra de gérmenes de funciones (diferenciables) en el punto p (problema 2.1.3). Un germen en el punto p es una clase de equivalencia, es decir un elemento de $C^\infty(p)/\sim$. Ahora, entonces, un vector tangente de M en el punto p es una función lineal

$$v: \frac{C^\infty}{\sim} \longrightarrow \mathbb{R}$$

que además es una derivación. Esto es, v cumple las mismas condiciones exigidas en nuestra primera definición. De acuerdo a nuestros resultados anteriores, el valor $v(f)$ sólo depende del comportamiento local de f. En consecuencia, ambas definiciones son en esencia, coincidentes.

Cumplimos ahora, con nuestra promesa de asignar a p un espacio tangente: Sea

$$T_pM = \{v \mid v \text{ es un vector tangente a } M \text{ en el punto } p\}$$

Sobre T_pM definimos las operaciones de adición y multiplicación por escalares(reales):

1. Si $v, w \in T_pM$, entonces $v + w$ es el vector tangente definido por

$$(v+w)(f) = v(f) + v(f), \quad \forall f \in C^\infty(p)$$

2. Si $v \in T_pM$ y $\alpha \in \mathbb{R}$, entonces αv es el vector tangente definido por

$$(\alpha v)(f) = \alpha v(f), \quad \forall f \in C^\infty(p)$$

Es de rutina probar que T_pM, con estas dos operaciones, es un espacio vectorial de sobre $\mathbb{R}$, el cual le llamaremos espacio tangente de M en el punto p.

Nota 4. *Si N es un subconjunto abierto de M al cual le damos la estructura de subvariedad abierta de M, entonces para cada $p \in N \subset M$ tenemos dos espacios tangentes, T_pN y T_pM. Si v es un vector tangente en T_pM, actúa*

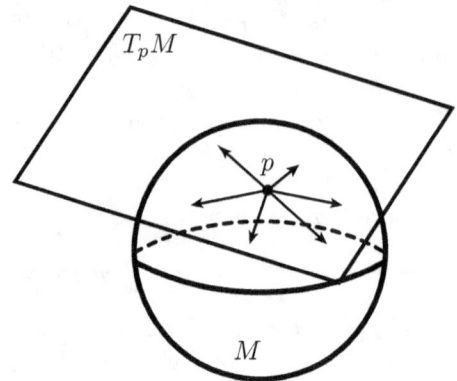

Figura 2.1: Espacio tangente T_pM

sobre funciones diferenciables $f : V \longrightarrow \mathbb{R}$ donde $p \in V$ y V es un abierto de M. Pero $V \cap N$ es un abierto en M y en N y $v(f) = v(f|_{V \cap N})$. En consecuencia, v puede ser considerado como elemento de T_pN. En forma similar, cada elemento de T_pN puede considerarse como un elemento de T_pM. Debido a estas consideraciones podemos hacer la identificación $T_pM = T_pN$.

Nuestra siguiente inquietud es hallar bases para el espacio T_pM. Sea m la dimensión y (U, x) una carta de M^m alrededor del punto p. Si $f : V \to \mathbb{R}$ es cualquier elemento de $C^\infty(p)$, entonces $x(U \cap V)$ es un abierto de $\mathbb{R}^m$ que contiene al punto $x(p)$ y la función

$$f \circ x^{-1} : x(U \cap V) \longrightarrow \mathbb{R}$$

es diferenciable. En consecuencia tenemos a nuestra disposición las derivadas parciales, $D_i(f \circ x^{-1})(x(p))$, $i = 1, \ldots m$, de esta función calculada en el punto $x(p) \in \mathbb{R}^m$. Esto se cumple para cualquier elemento de $C^\infty(p)$, lo que nos permite definir las siguientes m funciones:

$$\left.\frac{\partial}{\partial x^i}\right|_p : C^\infty(p) \longrightarrow \mathbb{R}$$

$$\left.\frac{\partial}{\partial x^i}\right|_p (f) = D_i(f \circ x^{-1})(x(p))$$

a las funciones $\left.\frac{\partial}{\partial x^i}\right|_p (f)$ las denotaremos con $\frac{\partial f}{\partial x^i}(p)$. Esto es

$$\frac{\partial f}{\partial x^i}(p) = \left.\frac{\partial}{\partial x^i}\right|_p (f) = D_i(f \circ x^{-1})(x(p))$$

Por la forma en que hemos definido a $\left.\frac{\partial}{\partial x^1}\right|_p, \ldots, \left.\frac{\partial}{\partial x^m}\right|_p$, es de esperar que estos sean buenos candidatos para ser vectores tangentes. En efecto:

Proposición 2.3. *Las funciones*

$$\left.\frac{\partial}{\partial x^i}\right|_p : C^\infty(p) \longrightarrow \mathbb{R}, \quad i = 1, \ldots, m \tag{2.1}$$

son vectores tangentes de M en p.

Demostración. 1) Linealidad.

$$\left.\frac{\partial}{\partial x^i}\right|_p (\alpha f + \beta g) = D_i((\alpha f + \beta g) \circ x^{-1})(x(p))$$
$$= D_i(\alpha(f \circ x^{-1}) + \beta(g \circ x^{-1}))(x(p))$$
$$= \alpha D_i(f \circ x^{-1})(x(p)) + \beta D_i(g \circ x^{-1})(x(p))$$
$$= \alpha \left.\frac{\partial}{\partial x^i}\right|_p (f) + \beta \left.\frac{\partial}{\partial x^i}\right|_p (g)$$

2) Derivación

$$\left.\frac{\partial}{\partial x^i}\right|_p (fg) = D_i((fg) \circ x^{-1})(x(p))$$
$$= D_i((f \circ x^{-1})(g \circ x^{-1})(x(p))$$
$$= D_i(f \circ x^{-1})(x(p))g(p) + f(p)D_i(g \circ x^{-1})(x(p))$$
$$= \left.\frac{\partial}{\partial x^i}\right|_p (f) \cdot g(p) + f(p) \cdot \left.\frac{\partial}{\partial x^i}\right|_p (g)$$

$\square$

Bueno, ya es difícil resitir la tentación de anunciar que nuestros vectores tangentes $\left.\frac{\partial}{\partial x^1}\right|_p, \ldots, \left.\frac{\partial}{\partial x^m}\right|_p$, constituyen una base para el espacio tangente T_pM. Trabajemos para demostrar este sorpresivo anuncio.

Lema 2.2. *Si $f \in C^\infty(p)$ y (U,x) es una carta alrededor de p tal que $x(p) = c = (c^1, \ldots, c^m)$, entonces existen m funciones $f_1, \ldots, f_m \in C^\infty(p)$ tales que*

$$f = f(p) + \sum_{i=1}^{m}(x^i - c^i)f_i, \quad \text{en una veciondad de } p$$

Demostración. Si $y = x - c$, entonces (U, y) es una carta de M tal que $y(p) = 0$. Sea B una bola abierta de $\mathbb{R}^m$ de centro 0 y contenida en $y(U)$. La función

$$F = f \circ y^{-1} : B \longrightarrow \mathbb{R}$$

es diferenciable. Para todo $a \in B$, por el teorema fundamental del cálculo, tenemos que

$$F(a^1,\ldots,a^m) - F(0,\ldots,0) = \int_0^1 \frac{d}{dt} F(ta^1,\ldots,ta^m)\,dt$$

$$= \int_0^1 \sum_{i=1}^m D_i F(ta^1,\ldots,ta^m)\,dt$$

$$= \sum_{i=1}^m \int_0^1 D_i F(ta^1,\ldots,ta^m)\,dt$$

Si F_i es la función $F_i : B \longrightarrow \mathbb{R}$ dada por

$$F_i(a^1,\ldots,a^m) = \int_0^1 D_i F(ta^1,\ldots,ta^m)\,dt$$

entonces

$$F(a^1,\ldots,a^m) = F(0,\ldots,0) + \sum_{i=1}^m a^i F(a^1,\ldots,a^m),\ \forall a \in B$$

Ahora definimos las funciones $f_i : y^{-1}(B \longrightarrow \mathbb{R})$ como $f_i = F_i \circ y$ y obtenemos:

$$(f\circ y^{-1})(a^1,\ldots,a^m) = (f\circ y^{-1})(0,\ldots,0) + \sum_{i=1}^m a^i (f\circ y^{-1})(a^1,\ldots,a^m),\ \forall a \in B$$

Si para $a \in B$, $y^{-1}(a) = q$, entonces $q \in y^{-1}(B)$ y $a = y(q) = x(q) - c$. Luego

$$f(q) = f(p) + \sum_{i=1}^m (x^i(q) - c^i) f_i(q),\ \forall q \in y^{-1}(B)$$

$\square$

Observación importante: Si f fuera de clase C^k con $1 \leq k < \infty$, entonces las funciones f_i logradas en el lema anterior no son de clase C^k, sino de clase C^{k-1}. Este hecho es obstáculo insalvable para definir, en la forma como lo hemos hecho, vector tangente a una variedad de clase C^k, $1 \leq k < \infty$. Más adelante volveremos sobre este asunto.

Teorema 2.1. *Si (U,x) es una carta de M^m alrededor del punto p y $v \in T_p M$, entonces*

$$v = \sum_{i=1}^m v(x^i) \left.\frac{\partial}{\partial x^i}\right|_p$$

Demostración. Sea $x(p) = c \in \mathbb{R}^m$. Si $f \in C^\infty(p)$, por el lema anterior y por las proposiciones 2.1 y 2.2, tenemos

$$v(f) = v(f(p) + \sum_{i=1}^{m}(x^i - c^i)f_i)$$

$$= v(f(p)) + \sum_{i=1}^{m} v((x^i - c^i)f_i)$$

$$= 0 + \sum_{i=1}^{m} v((x^i - c^i))f_i(p) + (x^i(p) - c^i)v(f_i)$$

$$= \sum_{i=1}^{m} v(x^i - c^i)f_i(p) + 0$$

$$= \sum_{i=1}^{m} v(x^i)f_i(p)$$

En particular, si tomamos $v = \frac{\partial}{\partial x^i}\big|_p$ y usando el resultado $\frac{\partial}{\partial x^j}\big|_p (x^i) = \delta_j^i$, (problema 2.1.1) tenemos

$$\frac{\partial}{\partial x^j}\bigg|_p (f) = \sum_{i=1}^{m} \frac{\partial}{\partial x^j}\bigg|_p (x^i) f_i(p) = f_j(p)$$

Luego,

$$v(f) = \sum_{i=1}^{m} v(x^i) \frac{\partial}{\partial x^i}\bigg|_p (f)$$

De donde,

$$v = \sum_{i=1}^{m} v(x^i) \frac{\partial}{\partial x^i}\bigg|_p$$

$\square$

Corolario 2.1. *Si (U, x) y (V, y) son cartas de M^m tales que $p \in U \cap V$, entonces*

$$\frac{\partial}{\partial y^j}\bigg|_p = \sum_{i=1}^{m} \frac{\partial x^i}{\partial y^j}(p) \frac{\partial}{\partial x^i}\bigg|_p$$

Teorema 2.2. *Si (U, x) es una carta de M^m tal que $p \in U$, entonces*

$$\frac{\partial}{\partial x^1}\bigg|_p, \ldots, \frac{\partial}{\partial x^m}\bigg|_p$$

es una base para $T_p M$

Demostración. El teorema 2.1 nos dice que $\frac{\partial}{\partial x^1}\big|_p, \ldots, \frac{\partial}{\partial x^m}\big|_p$ generan a T_pM. Sólo falta ver que estos son linealmente independientes. Supongamos que

$$0 = \sum_{i=1}^{m} \alpha^i \frac{\partial}{\partial x^i}\bigg|_p$$

aplicando ambos mienbros de esta igualdad a la función x^j tenemos,

$$0 = \sum_{i=1}^{m} \alpha^i \frac{\partial}{\partial x^i}\bigg|_p (x^j) = \sum_{i=1}^{m} \alpha^i \delta_i^j = \alpha^j$$

□

Corolario 2.2. *La dimensión de T_pM es igual a la dimensión de M.*

Ejemplo 2.1.1. *Sea $\mathbb{R}^m$ con su estructura usual. Si $x = (x^1, \ldots, x^m)$ es la función identidad de $\mathbb{R}^m$, entonces, para cualquier punto p de $\mathbb{R}^m$, $\frac{\partial}{\partial x^1}\big|_p, \ldots, \frac{\partial}{\partial x^m}\big|_p$ es una base para $T_p\mathbb{R}^m$, y si*

$$\frac{\partial}{\partial x^i}\bigg|_p (f) = D_i(f \circ x^{-1})(x(p)) = D_i(f)(p)$$

es decir, $\frac{\partial}{\partial x^i}\big|_p$ no es otra cosa que el operador derivada parcial i-esima calculada en el punto p.

En el caso especial $\mathbb{R} = \mathbb{R}^1$, es costumbre denotar con t a la función identidad de $\mathbb{R}$ y con $\frac{\partial}{\partial t}\big|_{t_0}$ a su correspondiente vector básico en $T_t\mathbb{R}$. De acuerdo con el ejemplo anterior, tenemos que

$$\frac{\partial}{\partial t}\bigg|_{t_0} (f) = \frac{df}{dt}(t_0) = f'(t_0)$$

Observación: La definición que hemos dado de vector tangente para una variedad diferenciable C^∞ no es satisfactoria para una variedad M^m de clase C^k con $1 \leq k < \infty$. En efecto, si $C^k(p)$ es el conjunto formado por todas las funciones de clase C^k cuyos dominios son vecindades abiertas del punto $p \in M$, entonces el lema 2.2 nos dice todavía que para $f \in C^k(p)$ tenemos que

$$f = f(p) + \sum_{i=1}^{m}(x^i - c^i)f_i$$

pero ahora las funciones f_i ya no están en $C^\infty(p)$, sino en $C^{k-1}(p)$. Este hecho invalida inmediatamente la emostración del teorema 2.1 y entonces tendríamos dificultades en determinar la dimensión de T_pM.

De hecho, W. Newns y A. Walker [12] han probado que si $1 \leq k < \infty$, entonces el espacio vectorial sobre $\mathbb{R}$

$$D(p) = \{X : C^k(p) \to \mathbb{R} \mid X \text{ es lineal y una derivación}\}$$

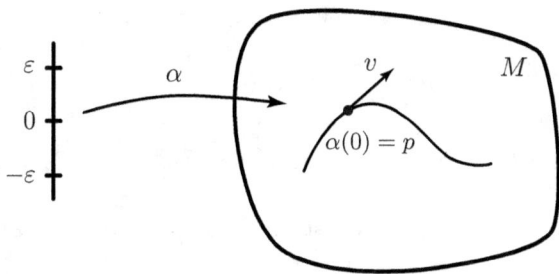

Figura 2.2: Vector tangente a una curva en M

tiene dimensión infinita igual a la potencia del contínuo. Por tanto, debemos definir el espacio tangente en otra forma. A continuación bosquejamos una. Los problemas 2.1.5 y 2.1.6 nos dan otras maneras.

Definición 2.2. *Sea M^m una variedad diferenciable de clase C^k ($k \geq 1$), p un punto de M y*

$$\alpha : (-\varepsilon, \varepsilon) \longrightarrow M$$

una curva de clase C^k tal que $\alpha(0) = p$. Se llama vector tangente a la curva en el punto p a la función $v : C^k(p) \longrightarrow \mathbb{R}$ dada por $v(f) = (f \circ \alpha)'(0)$

Es fácil ver que v es lineal y que es una derivación. Es decir, $v \in D(p)$. Definimos T_pM como el conjunto formado por los vectores que son tangentes a todas las curvas $\alpha : (-\varepsilon, \varepsilon) \longrightarrow M$ de clase C^k tales que $\alpha(0) = p$. Tenemos que

$$T_pM \subseteq D(p)$$

y secretamente guardamos la esperanza de que T_pM sea un subespacio vectorial de $D(p)$ de dimensión m. Veamos que efectivamente es así:

Afirmación 1. Si (U, x) es una carta de M^m alrededor del punto p, entonces $\frac{\partial}{\partial x^1}\big|_p, \ldots, \frac{\partial}{\partial x^m}\big|_p \in T_pM$. En efecto $\frac{\partial}{\partial x^i}\big|_p$ es tangente en el punto p a la curva $c : (-\varepsilon, \varepsilon) \to M$, $\alpha(t) = x^{-1}(x(p) + te_i)$, (problema 2.1.5-a).

Afirmación 2. Si $v \in T_pM$, entonces v es una combinación lineal de $\frac{\partial}{\partial x^1}\big|_p, \ldots, \frac{\partial}{\partial x^m}\big|_p$. En efecto, sea $\alpha : (-\varepsilon, \varepsilon) :\to M$ la curva para la cual v es un vector tangente en p. Si $f \in C^k(p)$, entonces

$$v(f) = (f \circ \alpha)'(0) = ((f \circ x^{-1}) \circ (x \circ \alpha))'(0)$$
$$= \sum_{i=1}^{m} D_i(f \circ x^{-1})(x(p))(x^i \circ \alpha)'(0)$$
$$= \sum_{i=1}^{m} (x^i \circ \alpha)'(0) \frac{\partial}{\partial x^i}\bigg|_p (f)$$

luego

$$v = \sum_{i=1}^{m} (x^i \circ \alpha)'(0) \left.\frac{\partial}{\partial x^i}\right|_p$$

Afirmación 3. Si v es combinación lineal de $\left.\frac{\partial}{\partial x^1}\right|_p, \ldots, \left.\frac{\partial}{\partial x^m}\right|_p$, entonces $v \in T_pM$.

En efecto, si $v = \sum_{i=1}^{m} v^i \left.\frac{\partial}{\partial x^i}\right|_p$ construimos la curva $\alpha : (-\varepsilon, \varepsilon) :\to M$ dada por

$$\alpha(t) = x^{-1}(x(p) + t(v^1, \ldots, v^m))$$

y tenemos que v es el vector tangente a esta curva en p. (problema 2.1.4-b).
En conclusión, las tres afirmaciones anteriores nos muestran que T_pM es el subespacio de $D(p)$ de dimensión m, generado por los vectores $\left.\frac{\partial}{\partial x^1}\right|_p, \ldots, \left.\frac{\partial}{\partial x^m}\right|_p$.
Además, que si $1 \leq k < \infty$, entonces $T_pM \subsetneq D(p)$ y si $k = \infty$, $T_pM = D(p)$.

Problemas

Problema 2.1.1. *Probar que* $\left.\frac{\partial}{\partial x^j}\right|_p (x^i) = \frac{\partial x^i}{\partial x^j}(p) = \delta^i_j$

Problema 2.1.2. *Sea $C_o^\infty(p)$ el subconjunto de $C^\infty(p)$ formado por las funciones $f \in C^\infty(p)$ del tipo siguiente:*

$$f = c + \sum_{i=1}^{n} f_i g_i$$

donde c es una constante, $f_i, g_i \in C^\infty(p)$ y $f_i(p) = g_i(p) = 0$. Probar que una función lineaql $v : C^\infty(p) \to \mathbb{R}$ es una derivación si y sólo si v se anula en $C_o^\infty(p)$. Sugerencia: $fg = (f - f(p))(g - g(p)) + f(p)g + g(p)f - f(p)g(p)$.

Problema 2.1.3. *a) Probar que $C^\infty(p)/\sim$, el álgebra de gérmenes en el punto p, efectivamente es un álgebra sobre $\mathbb{R}$.
b) Si $p, q \in M$, probar que $C^\infty(p)/\sim$ y $C^\infty(q)/\sim$ son isomorfos.*

Problema 2.1.4. *Sea (U, x) una carta de M^m alrededor del punto p.
a) Probar que $\left.\frac{\partial}{\partial x^i}\right|_p$ es un vector tangente a la curva $\alpha(t) = x^{-1}(x(p) + te_i)$ en el punto p.
b) Si $v = \sum_{i=1}^{m} v^i \left.\frac{\partial}{\partial x^i}\right|_p$, probar que v es el vector tangente a la curva*

$$\alpha(t) = x^{-1}(x(p) + t(v^1, \ldots, v^m))$$

*en el punto p.
Observar que si $M^m = \mathbb{R}^m$ y $(U, x) = (\mathbb{R}^m, \text{Id})$, entonces $\left.\frac{\partial}{\partial x^i}\right|_p$ es el vector tangente a la curva $\alpha(t) = p + te_i$ en el punto p y $v = \sum_{i=1}^{m} v^i \left.\frac{\partial}{\partial x^i}\right|_p$ es el vector tangente a $\alpha(t) = p + t(v^1, \ldots, v^m)$ en el punto p.*

Problema 2.1.5 (Definición de vector tangente según Spivak, Differential Geometry V.I, pág. 318). Sea M^m una variedad de clase C^k con $k \geq 1$. Dado $p \in M$ consideremos el conjunto:

$$V(p) = \{(x,a) \mid x \text{ es una carta con } p \in \text{ dominio de } x \text{ y } a \in \mathbb{R}^m\}$$

En $V(p)$ definimos la relación

$$(x,a) \sim (y,b) \iff a = (J_{x \circ x^{-1}}(y(p)))b$$

Probar que $\sim$ es una relación de equivalencia. Definir en $V(p)/\sim$ una estructura de espacio vectorial en tal forma que la función

$$\frac{V(p)}{\sim} \longrightarrow T_p M$$

$$[(x,a)] \mapsto \sum_{i=1}^{m} a^i \left.\frac{\partial}{\partial x^i}\right|_p$$

sea un isomorfismo. Luego, podemos identificar $T_p M = V(p)/\sim$.

Problema 2.1.6 (Definición de un vector tangente según E. Lima, Introducao as variedades Diferenciabeis, pág. 164). Sea M^m una variedad de clase C^k, con $k \geq 1$. Dado $p \in M$ consideremos el conjunto:

$$C_p = \{\alpha : (-\varepsilon, \varepsilon) \to M \mid \alpha \text{ es diferenciable y } \alpha(0) = p\}$$

En C_p definimos la relación:

$$\alpha \sim \beta \iff \exists (U,x) \text{ carta alrededor de } p \text{ tal que } (x \circ \alpha)'(0) = (x \circ \beta)'(0)$$

a) Probar que si $\alpha \sim \beta$, entonces para toda carta (V,y) alrededor de p se cumple que $(y \circ \alpha)'(0) = (y \circ \beta)'(0)$.
b) Probar que $\sim$ es una relación de equivalencia.
c) Definir en $C_p/\sim$ una estructura de espacio vectorial en tal forma que la función

$$\frac{C_p}{\sim} \longrightarrow T_p M$$

$$[\alpha] \mapsto \sum_{i=1}^{m} (x^i \circ \alpha)'(0) \left.\frac{\partial}{\partial x^i}\right|_p$$

sea un isomorfismo. Luego, podemos identificar $T_p M$ con $C_p/\sim$.

2.2. Derivada de una función

Sean M^m y N^n dos variedades diferenciables y $\psi : M \to N$ una función diferenciable. Observar que si $p \in M$ y $f \in C^{\infty}(\psi(p))$, entonces tenemos que

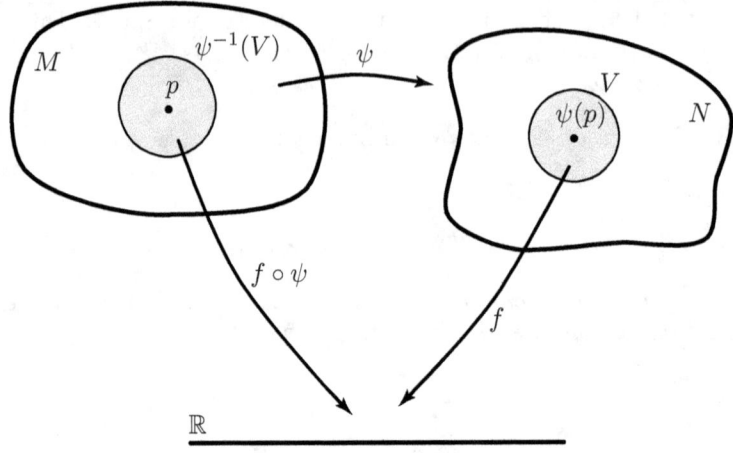

Figura 2.3: Buena definición de (2.2)

$f \circ \psi \in C^\infty(p)$.
Esta observación nos permite definir la siguiente función:

$$\psi_{*p} : T_pM \longrightarrow T_{\psi(p)}N$$
$$v \mapsto \psi_{*p}(v)$$

donde $\psi_{*p}(v)$ es la función:

$$\psi_{*p}(v) : C^\infty(\psi(p)) \longrightarrow \mathbb{R}$$
$$(\psi_{*p}(v))(f) = v(f \circ \psi) \qquad (2.2)$$

Veamos que efectivamente $\psi_{*p}(v)$ es un elemento de $T_{\psi(p)}N$. Para esto debemos probar que $\psi_{*p}(v)$ 1) es lineal y 2) que es una derivación.
1)
$$\psi_{*p}(v)(f + \alpha g) = v((f + \alpha g) \circ \psi) = v(f \circ \psi + \alpha g \circ \psi)$$
$$= v(f \circ \psi) + \alpha v(g \circ \psi)$$
$$= \psi_{*p}(v)(f) + \alpha \psi_{*p}(v)(g)$$

2)
$$(\psi_{*p}(v))(fg) = v((fg)\psi) = v((f \circ \psi)(g \circ \psi))$$
$$= v(f \circ \psi)g(\psi(p)) + f(\psi(p))v(g \circ \psi)$$
$$= (\psi_{*p}(v))(f)g(\psi(p)) + f(\psi(p))(\psi_{*p}(v))(g)$$

A la función $\psi_{*p} : T_pM \longrightarrow T_{\psi(p)}N$ la llamaremos la derivada de ψ en el punto p. Este nombre no es en vano. Veremos a continuación que ψ_{*p} satisface las mismas propiedades que la derivada usual y que ambas coinciden en el caso particular $M = \mathbb{R}^m$ y $N = \mathbb{R}^n$.

Ejemplo 2.2.1. *Sea* $\alpha : (-\varepsilon, \varepsilon) \to \mathbb{R}$ *una curva diferenciable. Si* $\alpha(0) = p$, *tenemos la derivada:*

$$\alpha_{*0} : T_0\mathbb{R} \longrightarrow T_pM$$

Resulta que $\alpha_{*0}(\frac{\partial}{\partial t}|_0) \in T_pM$ *es el vector tangente a la curav* α *en el punto* p. *En efecto, si* $f \in C^\infty(p)$ *tenemos*

$$\alpha_{*0}(\left.\frac{\partial}{\partial t}\right|_0)(f) = \left.\frac{\partial}{\partial t}\right|_0 (f \circ \alpha) = \left.\frac{d}{dt}\right|_{t=0} (f(\alpha(t))) = (f \circ \alpha)'(0)$$

Proposición 2.4. $\psi_{*p} : T_pM \longrightarrow T_{\psi(p)}N$ *es una transformación lineal.*

Demostración.

$$\begin{aligned}(\psi_{*p}(v + \alpha w))(f) &= (v + \alpha w)(f \circ \psi) \\ &= v(f \circ \psi) + \alpha w(f \circ \psi) \\ &= \psi_{*p}(v)(f) + \alpha \psi_{*p}(w)(f)\end{aligned}$$

$\square$

Sea (U, x) una carta de M^m alrededor del punto p y (V, y) una carta de N alrededor del punto $\psi(p) \in N$. Estas cartas determinan bases para T_pM y $T_{\psi(p)}N$ respectivamente. Nos preguntamos entonces ¿Como es la matriz de ψ_{*p} respecto a estas bases?. La respuesta es muy halagadora:

Teorema 2.3. *La matriz de la derivada* $\psi_{*p} : T_p \longrightarrow T_{\psi(p)}N$ *respecto de las bases* $\{\frac{\partial}{\partial x^i}|_p\}$, $i = 1, \ldots m$ *y* $\{\frac{\partial}{\partial y^j}|_{\psi(p)}\}$, $j = 1, \ldots, n$ *es la matriz jacobiana*, $J_{\psi_{xy}}(x(p))$, *de la función representativa*

$$\psi_{xy} = y \circ \psi \circ x^{-1}$$

calculada en el punto $x(p) \in \mathbb{R}^m$.

Demostración. De acuerdo al teorema 2.1 tenemos que

$$\psi_{*p}(v) = \sum_{j=1}^n (\psi_{*p}(v))(y^j) \left.\frac{\partial}{\partial y^j}\right|_{\psi(p)}$$

ahora, por la definición de ψ_{*p},

$$\psi_{*p}(v) = \sum_{j=1}^n v(y^j \circ \psi) \left.\frac{\partial}{\partial y^j}\right|_{\psi(p)}$$

En particular, si $v = \left.\frac{\partial}{\partial x^i}\right|_p$,

$$\psi_{*p}(\left.\frac{\partial}{\partial x^i}\right|_p) = \sum_{j=1}^n \frac{\partial y^j \circ \psi}{\partial x^i}(p) \left.\frac{\partial}{\partial y^j}\right|_{\psi(p)}$$

pero $\frac{\partial y^j \circ \psi}{\partial x^i}(p) = D_i(y^j \circ \psi \xi^{-1})(x(p))$ Luego, la matriz de ψ_{*p} en las bases mencionadas es

$$\left[\frac{\partial y^j \circ \psi}{\partial x^i}(p)\right] = \left[D_i(y^j \circ \psi \xi^{-1})(x(p))\right] = J_{\psi_{xy}}(x(p))$$

□

Notar que en el caso $M = \mathbb{R}^m$ y $N = \mathbb{R}^n$, siendo x la identidad de $\mathbb{R}^m$ e y la identidad de $\mathbb{R}^n$, tenemos que $\psi_{xy} = \psi$. Luego, la matriz de ψ_{*p} es precisamente $J_{\psi(p)}$, la matriz jacobiana de la misma ψ en el punto p. Podemos concluir, entonces que la derivada en los espacios euclidianos es una caso particular de la derivada en variedades.

Frecuentemente, por razones de comodidad y para conservar la tradición, a ψ_{*p} también lo denotaremos con $\psi'(p)$.

Proposición 2.5 (Regla de la cadena). *Si $\psi : M \longrightarrow N$ y $\phi : N \longrightarrow Z$ son diferenciables, entonces, para todo punto p de M se tiene*

$$(\phi \circ \psi)_{*p} = \phi_{*\psi(p)} \circ \psi_{*p}$$

Con la otra notación la regla de la cadena queda como

$$(\phi \circ \psi)'(p) = \phi'(\psi(p)) \circ \psi'(p)$$

Los diagramas conmutativos siguientes ilustran la regla de la cadena.

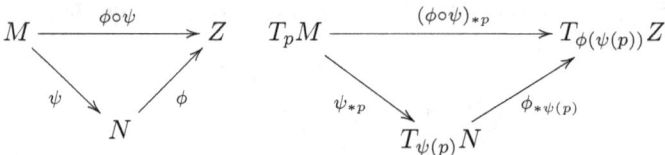

Demostración. Sea $v \in T_pM$ y $f \in C^\infty(p)$, entonces

$$(\phi \circ \psi)_{*p}(v)(f) = v(f \circ (\phi \circ \psi)) = v((f \circ \phi) \circ \psi)$$
$$= \psi_{*p}(v)(f \circ \psi)$$
$$= \phi_{*\psi(p)}(\psi_{*p}(v))(f)$$

□

Proposición 2.6. *Si $I : M \longrightarrow M$ es la función identidad de M, entonces, para todo $p \in M$ se tiene que*

$$I_{*p} : T_pM \longrightarrow T_pM$$

es la función identidad de T_pM, es decir

$$I_{*p} = I_{T_pM}$$

Demostración. Sea $v \in T_pM$ y $f \in C^\infty(p)$, entonces $I_{*p}(v)(f) = v(f \circ I) = v(f)$. $\square$

Proposición 2.7. *Si $\psi : M \longrightarrow N$ es un difeomorfismo, entonces, para todo $p \in M$, $\psi_{*p} : T_pM \longrightarrow T_{\psi(p)}N$ es un isomorfismo y además*

$$(\psi^{-1})_{*\psi(p)} = (\psi_{*p})^{-1}$$

o, con la otra notación,

$$(\psi^{-1})'(\psi(p)) = (\psi'(p))^{-1}$$

Demostración. Tenemos que
1) $\psi \circ \psi = \text{Id} : M$ y 2) $\psi \circ \psi^{-1} = \text{Id}_N$.
Aplicando a estas igualdades la regla de la cadena se tienen las siguientes igualdades, de las que siguen inmediatamente las proposiciones
3) $(\psi^{-1})_{*\psi(p)} \circ \psi_{*p} = \text{Id}_{T_pM}$ y 4) $\psi_{*p} \circ (\psi^{-1})_{\psi(p)} = \text{Id}_{T_{\Psi(p)}N}$ $\square$

Teorema 2.4 (Teorema de la función inversa). *Sea $\psi : M \longrightarrow N$ una función diferenciable. La función $\psi_{*p} : T_pM \longrightarrow T_{\Psi(p)}N$ es isomorfismo si y sólo si existe una vencidad abierta W de p tal que $\psi : W \longrightarrow \psi(W)$ es un difeomorfismo.*

Demostración. Sea (U, x) y (V, y) cartas de M y N respectivamente, tales que $p \in U$ y $\psi(U) \subset V$. Por el teorema 2.3, la matriz de ψ_{*p}, en las bases determinadas por estas cartas, es la matriz jacobiana $J_{\psi_{xy}}(x(p))$ de la representativa $\psi_{xy} = \psi \circ x^{-1}$. Ahora, ψ_{*p} es un isomorfismo si y sólo si $\det[J_{\psi_{xy}}(x(p))] \neq 0$. Por el teorema de la función inversa en $\mathbb{R}^n$, se tiene que: $\det[J_{\psi_{xy}}(x(p))] \neq 0$ sy sólo si existe una vecindad abierta $W' \subset x(U)$ de $x(p)$ tal que $\psi_{xy} : W' \longrightarrow \psi_{xy}(W')$ es un difeomorfismo. Por último, tomando $W = x^{-1}(W')$ y considerando que x e y son difeomorfismos, tenemos que ψ_{xy} es un difeomorfismo si y sólo si $\psi = y^{-1} \circ \psi_{xy} \circ x : W \longrightarrow \psi(W)$ es un difeomorfismo. $\square$

Corolario 2.3. *Sea $\psi : M \longrightarrow N$ una función diferenciable. ψ_{*p} es un isomorfismo para todo $p \in M$ si y sólo si ψ es un difeomorfismo local.*

Sean M y N dos variedades diferenciables y $(p, q) \in M \times N$. Terminamos este capítulo hallando el isomorfismo de $T_{(p,q)}M \times N$ sobre $T_pM \oplus T_qN$. Para esto consideremos las proyecciones $\pi_1 : M \times N \longrightarrow M$ y $\pi_2 : M \times N \longrightarrow N$ y sus correspondientes derivadas:

$$\pi_1'(p, q) : T_{(p,q)}M \times N \longrightarrow T_pM \qquad \pi_2'(p, q) : T_{(p,q)}M \times N \longrightarrow T_pN$$

Proposición 2.8. *La función*

$$\lambda : T_{(p,q)}(M \times N) \longrightarrow T_pM \oplus T_qN$$
$$\lambda(v) = (\pi_1'(p, q)(v), \pi_2'(p, q)(v))$$

es un isomorfismo.

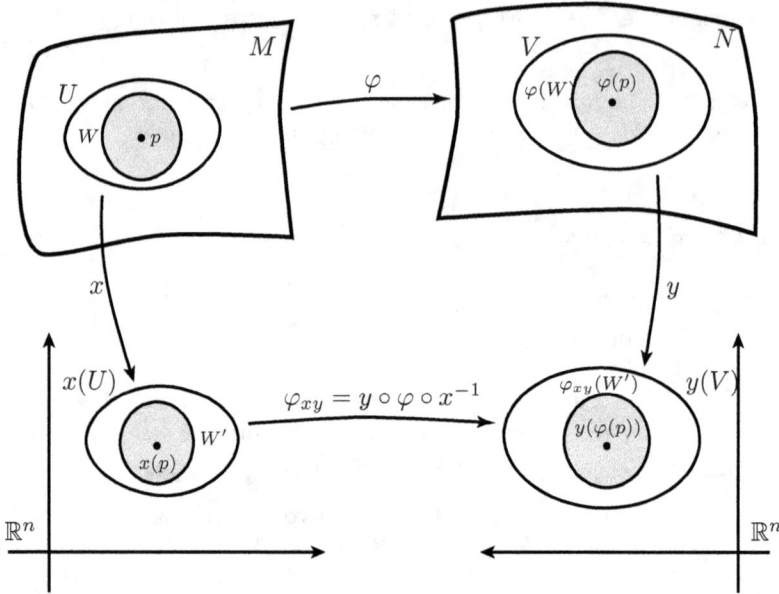

Figura 2.4: Prueba del teorema de función inversa

Demostración. Mediante las inclusiones $\alpha_q : M \longrightarrow M \times N$ y $\beta : N \longrightarrow M \times N$ dadas por $\alpha(a) = (a, q)$ y $\beta_p(b) = (p, b)$ respectivamente, definimos el siguiente homomorfismo

$$\rho : T_pM \times T_qN \longrightarrow T_{(p,q)}M \times N$$
$$\rho(u, v) = \alpha'_q(p)(u) + \beta'_p(q)(w)$$

Bastará probar que ρ es la inversa de λ. Observamos que 1) $\pi_1 \circ \alpha = I_M$, 2) $\pi_2 \circ \beta = I_M$, 3) $\pi_1 \circ \beta = p$, 4) $\pi_2 \circ \alpha = q$
Ahora tenemos la igualdad:

$$\begin{aligned}(\lambda \circ \rho)(u, v) &= \lambda(\alpha'(p)(u) + \beta'(q)(w)) \\ &= (\pi'_1(p,q)(\alpha'(p)(u) + \beta'(q)(w)), \pi'_2(p,q)(\alpha'(p)(u) + \beta'(q)(w))) \\ &= ((\pi_1 \circ \alpha)'(p)(u) + (\pi_1 \circ \beta)'(q)(w), (\pi_2 \circ \alpha)'(p)(u) + (\pi_2 \circ \beta)'(q)(w)) \\ &= (u + 0, 0 + w) = (u, w)\end{aligned}$$

que nos dice que $\lambda \circ \rho$ es la función identidad de $T_{(p,q)}(M \times N)$. Como este espacio y $T_pM \oplus T_qN$ tienen igual dimensión, se concluye que $\rho = \lambda^{-1}$. □

Problemas

Problema 2.2.1. *Sea $\psi : M \to N$ una función diferenciable y $\alpha : (-\varepsilon, \varepsilon) \to M$ una curva diferenciable tal que $\alpha(0) = p \in M$. Si $v \in T_pM$ es el vector* tangente a la curva α en el punto p, probar que $\psi_{*p}(v)$ es el vector tangente a la curva $\beta = \psi \circ \alpha$ en el punto $\psi(p)$.

Problema 2.2.2. *Sea M una variedad conexa y $\psi : M \to N$ una función diferenciable. Si $\psi_{*p} = 0$, $\forall p \in M$, probar que ψ es constante.*

Problema 2.2.3 (Fórmula de Leibniz). *Sea $\psi : M \times N \to Z$ una función diferenciable, (p,q) un punto de $M \times N$ y ψ_1, ψ_2 las funciones*

$$\psi_1 : M \to Z$$
$$\psi_1(a) = (a,q)$$

$$\psi_2 : N \to Z$$
$$\psi_2(b) = (p,b)$$

probar que
$$\psi'(p,q) : T_{(p,q)}(M \times N) \longrightarrow T_{\psi(p,q)} Z$$
está dada por
$$(\psi'(p,q))(v) = \psi'_1(p)(u) + \psi'_2(q)(w)$$
donde $\lambda(v) = (u,w)$ es el isomorfismo de la proposición 2.8.

3

SUBVARIEDADES

	HASSLER WHITNEY	68
3.1.	Rango de una función	69
3.2.	Inmersiones	75
3.3.	Subvariedades	78
3.4.	Un teorema de Inmersión	87
3.5.	Subespacio tangente a una subvariedad	88
3.6.	Sumersiones	91
3.7.	Variedad cociente	94
3.8.	Valores regulares	97
3.9.	Transversalidad	106

HASSLER WHITNEY
(1904–1989)

HASSLER WHITNEY fue un matemático Americano cuyos campos de investigación, entre otros, fueron la teoría de grafos y la geometría diferencial. En 1936 probó que cualquier variedad diferenciable de dimensión n puede ser inmersa regularmente en $\mathbb{R}^{2n+1}$ Este resultado, ahora conocido con el nombre de primer teorema de inmersión de Whitney, nos permite considerar a cualquier variedad diferenciable M^n como una subvariedad de regular de $\mathbb{R}^{2n+1}$.

Whitney nació en Nueva York. Estudió en la Universidad de Yale, donde recibió dos títulos, licenciatura en física y licenciatura en música. Prosiguió sus estudios en la Universidad de Harvard, donde obtuvo su doctorado en 1932, con una tesis bajo la supervisión de **George Birkhoff**.

En 1930, entró a formar parte de la plana docente se la Universidad de Harvard hasta el año 1952. Este mismo año pasó a ser profesor del Instituto de Estudios Avanzados de Princeton, Whitney también estuvo involucrado en la enseñanza de las matemáticas, especialmente a nivel de educación primaria y secundaria. Dedicó mucho enseñando cursos elementales.

Whitney, por sus trabajos en variedades, recibió La Medalla Nacional de Ciencias en 1976, el Premio Wolf en 1982 y el Premio Leroy P. Steele en 1985.

SUBVARIEDADES

La materia de este capítulo son las subvariedades. Una subvariedad es un subconjunto de una variedad que a su vez es también una variedad, cumpliendo cierta condición adicional. Ligados al concepto de subvariedad están los conceptos de inmersión, sumersión, valor regular y transversalidad, a cada uno de los cuales dedicaremos una sección.

3.1. Rango de una función

Definición 3.1. *Sea $f : M^m \longrightarrow N^n$ una función diferenciable.* **El rango** *de f en $p \in M$ es el rango de la función lineal*

$$f_{\star p} = f'(p) : T_p(M) \longrightarrow T_{f(p)} N$$

Si el rango de $f'(p)$ es k $\forall p \in D \subset M$ diremos que f tiene rango constante k en D.

Ejemplo 3.1.1. *la función diferenciable*

$$G : \mathbb{R}^{n+1} - 0 \longrightarrow S^n$$

definida por $G(p) = \dfrac{p}{\|p\|}$ tiene rango constante igual a n en S^n.

En efecto, considerando el siguiente diagrama conmutativo

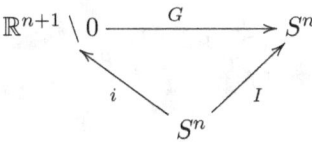

donde i es la función inclusión e I es la identidad de S^n, se tiene que

$$G \circ i = I$$

luego, para cualquier punto $p \in S^n$, se tiene que

$$G'(p) \circ i'(p) = I_{T_p(S^n)}$$

donde $I_{T_p(S^n)}$ es la función identidad de $T_p(S^n)$. Luego $G'(p)$ es sobreyectiva y, por tanto, rango de $G'(p)$ es n.

Por otro lado, teniendo que

$$G'(p) : T_p(\mathbb{R}^{n+1} - \{0\}) \longrightarrow T_{G(p)}S^n$$

es sobreyectiva, el núcleo de $G'(p)$ tiene dimensión 1. Afirmamos que una base para este núcleo es el vector $\lambda_p(p)$, donde λ_p es el isomorfismo

$$\lambda_p : \mathbb{R}^{n+1} \longrightarrow T_p\mathbb{R}^{n+1}$$

definida por

$$\lambda_p(v) = \sum_{i=1}^{n+1} v^i \left.\frac{\partial}{\partial x^i}\right|_p$$

En efecto, siendo $p \in S^n$, $\lambda_p(p) \neq 0$. Luego, para ser base del núcleo solo necesitamos probar que $G'(p)(\lambda_p(p)) = 0$. Bien, si (v, y) es una carta del atlas de S^n construido en el ejemplo 5 de la sección 1.1, que contiene el punto p, tenemos

$$G'(p)(\lambda_p(p)) = G'(p)\left(\sum_{i=1}^{n+1} p_i \left.\frac{\partial}{\partial x^i}\right|_p\right)$$

$$= \sum_{i=1}^{n+1} p_i G'(p) \left.\frac{\partial}{\partial x^i}\right|_p$$

$$= \sum_{i=1}^{n+1} p_i \left(\sum_{j=1}^{n} \frac{\partial y^j \circ G}{\partial x^i}(p) \left.\frac{\partial}{\partial y^j}\right|_{G(p)}\right)$$

$$= \sum_{j=1}^{n} \left(\sum_{i=1}^{n+1} p_i \frac{\partial y^j \circ G}{\partial x^i}(p)\right) \left.\frac{\partial}{\partial y^j}\right|_{G(p)}$$

pero, siendo $y^j \circ G$ una función homogénea positivamente de grado 0, tenemos que (ver problema 3.1.3)

$$\sum_{i=1}^{n+1} p_i \frac{\partial y^j \circ G}{\partial x^i}(p) = 0$$

en consecuencia $G'(p)(\lambda_p(p)) = 0$.

Definición 3.2. *Si $f : M^m \longrightarrow N^n$ es una función diferenciable, definimos la función* **rango**

$$rang(f) : M \longrightarrow \mathbb{R}$$

por

$$rang(f)(p) = rango\ de\ f'(p)$$

Esta función es semicontinua inferiormente. Esto es, si $rang(f)(p) = r$, entonces existe una vecindad W de p tal que

$$rang(f)(q) \geq r, \forall q \in W$$

En efecto, si $rang(f)(p) = r$, entonces la matriz de $f'(p)$ tiene un menor de orden $r \times r$ no nulo, por continuidad, este menor no se anula en una vecindad W de p. Luego, en esta vecindad tendremos que

$$rang(f)(q) \geq r, \forall q \in W$$

Observemos además que

1. $rang(f) \leq min\{m,n\}$
2. $rang(f)(p) = m \Leftrightarrow f'(p)$ es inyectiva
3. $rang(f)(p) = n \Leftrightarrow f'(p)$ es sobreyectiva
4. $rang(f)(p) = n = m \Leftrightarrow f'(p)$ es biyectiva

Las dos siguientes proposiciones, de demostración tediosa, serán muy útiles.

Proposición 3.1. *Sea $f : M^m \longrightarrow N^n$ una función diferenciable. Si f tiene rango constante k en el punto $p \in M$, entonces existen cartas (U,x) de M y (V,y) de N tales que $p \in U$, $f(U) \subset V$ y la función representativa*

$$f_{xy} = y \circ f \circ x^{-1} : x(U) \longrightarrow y(V)$$

es de la forma

$$f_{xy}(a^1,\cdots,a^m) = (a^1,\cdots,a^k,\varphi^{k+1}(a),\cdots,\varphi^n(a))$$

donde $\varphi^{k+1},\cdots,\varphi^n : x(U) \longrightarrow \mathbb{R}$ son funciones diferenciables.

Demostración. Sea (Z,z) una carta de M y (V,v) una carta de N tales que $p \in Z$ y $f(Z) \subset V$. Como f tiene rango k en p, entonces la matriz

$$\left[\frac{\partial v^i \circ f}{\partial z^j}(p)\right]$$

tiene un menor $k \times k$ no nulo. Supongamos que

$$\det \begin{bmatrix} \frac{\partial v^{i_1} \circ f}{\partial z^{j_1}}(p) & \cdots & \frac{\partial v^{i_1} \circ f}{\partial z^{j_k}}(p) \\ \cdot & & \cdot \\ \cdot & & \cdot \\ \cdot & & \cdot \\ \frac{\partial v^{i_k} \circ f}{\partial z^{j_1}}(p) & \cdots & \frac{\partial v^{i_k} \circ f}{\partial z^{j_k}}(p) \end{bmatrix} \neq 0$$

tomemos los siguientes difeomorfismos
1) $\pi : \mathbb{R}^m \longrightarrow \mathbb{R}^m$
2) $\pi' : \mathbb{R}^n \longrightarrow \mathbb{R}^n$
definidos respectivamente por

$$\pi(a^1,\cdots,a^m) = (a^{j_1},\cdots,a^{j_k},a^{j_{k+1}},\cdots,a^{j_m})$$
$$\pi'(a^1,\cdots,a^n) = (a^{i_1},\cdots,a^{i_k},a^{i_{k+1}},\cdots,a^{i_n})$$

Ahora, si $\bar{z} = \pi \circ z$ y $y = \pi' \circ v$, entonces $(Z,\bar{z})$ y (V,y) son cartas de M y N respectivamente, para las cuales se cumple que

$$\det \begin{bmatrix} \dfrac{\partial y^1 \circ f}{\partial \bar{z}^1}(p) & \cdots & \dfrac{\partial y^1 \circ f}{\partial \bar{z}^k}(p) \\ \vdots & & \vdots \\ \dfrac{\partial y^k \circ f}{\partial \bar{z}^1}(p) & \cdots & \dfrac{\partial y^k \circ f}{\partial \bar{z}^k}(p) \end{bmatrix} \neq 0$$

Introducimos la función

$$x : Z \longrightarrow \mathbb{R}^m$$

definida por

$$x(q) = (y^1 \circ f(q), \cdots, y^k \circ f(q), \bar{z}^{k+1}(q), \cdots, \bar{z}^m(q))$$

El jacobiano de $x \circ \bar{z}^{-1}$ en $\bar{z}(p)$ es no nulo. En efecto,

$$\det J(x \circ \bar{z}^{-1})(\bar{z}(p)) =$$

$$\det \begin{bmatrix} \dfrac{\partial y^1 \circ f}{\partial \bar{z}^1}(p) & \cdots & \dfrac{\partial y^1 \circ f}{\partial \bar{z}^k}(p) & \Big| & & & \\ \vdots & & \vdots & \Big| & & X & \\ \dfrac{\partial y^k \circ f}{\partial \bar{z}^1}(p) & \cdots & \dfrac{\partial y^k \circ f}{\partial \bar{z}^k}(p) & \Big| & & & \\ \hline & & & \Big| & 1 & & 0 \\ & 0 & & \Big| & & \ddots & \\ & & & \Big| & 0 & & 1 \end{bmatrix}$$

$$= \det \begin{bmatrix} \dfrac{\partial y^1 \circ f}{\partial \bar{z}^1}(p) & \cdots & \dfrac{\partial y^1 \circ f}{\partial \bar{z}^k}(p) \\ \vdots & & \vdots \\ \dfrac{\partial y^k \circ f}{\partial \bar{z}^1}(p) & \cdots & \dfrac{\partial y^k \circ f}{\partial \bar{z}^k}(p) \end{bmatrix} \neq 0$$

Por el teorema de la función inversa, $x \circ \bar{z}^{-1}$ es un difeomorfismo de una vecindad $D \subset z(Z)$ de $z(p)$ sobre una vecindad de $x(p)$. Luego, si $U = z^{-1}(D) \subset Z$ entonces (U,x) es una carta de M tal que $p \in U$ y $f(u) \subset V$.

Las cartas (U, x) y (V, y) satisfacen la propiedad deseada. En efecto, si $q \in U$ y $x(q) = (a^1, \cdots, a^m)$, entonces

$$\begin{aligned}(y \circ f \circ x^{-1})(a^1, \cdots, a^m) &= (y \circ f)(x^{-1}(a^1, \cdots, a^m)) \\ &= (y \circ f)(q) \\ &= ((y^1 \circ f)(q), \cdots, (y^k \circ f)(q), (y^{k+1} \circ f)(q), \cdots, (y^n \circ f)(q)) \\ &= (x^1(q), \cdots, x^k(q), (y^{k+1} \circ f)(q), \cdots, (y^n \circ f)(q)) \\ &= (a^1, \cdots, a^k, \varphi^{k+1}(a), \cdots, \varphi^n(a))\end{aligned}$$

donde $\varphi^{k+1} = y^{k+1} \circ f \circ x^{-1}, \cdots, \varphi^n = y^n \circ f \circ x^{-1}$. $\square$

Teorema 3.1 (Teorema del rango constante). *Sea* $f : M^m \longrightarrow N^n$ *una función diferenciable. Si f tiene rango constante k en una vecindad de $p \in M$, entonces existen cartas (U, x) de M y (V, y) de N tales que $p \in U$, $f(U) \subset V$ y la función representativa*

$$f_{xy} = y \circ f \circ x^{-1} : x(U) \longrightarrow y(V)$$

es de la forma

$$f_{xy}(a^1, \cdots, a^m) = (a^1, \cdots, a^k, 0, \cdots, 0)$$

Demostración. Por la proposición anterior existen cartas (U, x) de M y (Z, z) de N tales que $f(U) \subset Z$ y la representativa de f

$$f_{xz} : x(U) \longrightarrow z(Z)$$

es de la forma

$$f_{xz}(a^1, \cdots, a^m) = (a^1, \cdots, a^k, \varphi^{k+1}(a), \cdots, \varphi^n(a))$$

Podemos suponer que U esta contenida en la vecindad de p donde f tiene rango constante k.
Si $a = x(q)$ con $q \in U$, tenemos que

$$\left[\frac{\partial z^i \circ f}{\partial x^j}(q)\right] = [D_j(z^i \circ f \circ x^{-1})(a)]$$

$$= \begin{bmatrix} I_{k \times k} & | & & 0 & \\ - & - & - & - & - \\ & | & D_{k+1}\varphi^{k+1}(a) & \cdots & D_m\varphi^{k+1}(a) \\ & | & \cdot & & \cdot \\ X & | & \cdot & & \cdot \\ & | & \cdot & & \cdot \\ & | & D_{k+1}\varphi^n(a) & \cdots & D_m\varphi^n(a) \end{bmatrix}$$

es de rango k. Luego
$D_j \varphi^i(a) = 0$ $\forall a \in x(U)$ y $k+1 \leq j \leq m$, $k+1 \leq i \leq n$. Lo que nos dice que la función φ^i depende únicamente de las k primeras variables. Por tanto, podemos escribir

$$\varphi^i(a^1, \cdots, a^m) = \psi^i(a^1, \cdots, a^k)$$

donde ψ^i es diferenciable $\forall k+1 \leq i \leq n$.
Sea la función $y : Z \longrightarrow \mathbb{R}^n$ definida por

$$y(q) = (z^1(q), \cdots, z^k(q), z^{k+1}(q) - \psi^{k+1}(z^1(q), \cdots, z^k(q)), \cdots, z^n(q) - \psi^n(z^1(q), \cdots, z^k(q)))$$

Ahora, para $a \in z(Z)$ tenemos que

$$(y \circ z^{-1})(a^1, \cdots, a^n) = (a^1, \cdots, a^k, a^{k+1} - \psi^{k+1}(a^1, \cdots, a^k), \cdots, a^n - \psi^n(a^1, \cdots, a^k))$$

y su matriz jacobiana es de la forma

$$J(y \circ z^{-1})(z(q)) = \begin{bmatrix} I & | & 0 \\ - & - & - \\ X & | & I \end{bmatrix} \forall q \in Z$$

la cual tiene rango n. Luego, por el teorema de la función inversa, se tiene que $y \circ z^{-1}$ es un difeomorfismo de una vecindad $D \subset z(Z)$ de $z(f(p))$ sobre una vecindad de $y(f(p))$. Luego, si $V = z^{-1}(D)$ entonces (V, y) es una carta de N con $f(p) \in V$. Las cartas (U, x) y (V, y), achicando a U si es necesario, es lo que buscamos. En efecto,

$$\begin{aligned}
(y \circ f \circ x^{-1})(a^1, \cdots, a^m) &= (y \circ z^{-1} \circ z \circ f \circ x^{-1})(a^1, \cdots, a^m) \\
&= (y \circ z^{-1})(a^1, \cdots, a^k, \varphi^{k+1}(a), \cdots, \varphi^n(a)) \\
&= (a^1, \cdots, a^k, \varphi^{k+1}(a) - \psi^{k+1}(a^1, \cdots, a^k), \cdots, \\
&\quad \varphi^n(a) - \psi^n(a^1, \cdots, a^k)) \\
&= (a^1, \cdots, a^k, 0, \cdots, 0).
\end{aligned}$$

$\square$

Problemas

Problema 3.1.1. *Sean las funciones diferenciables $f : M \longrightarrow N$ y $g : N \longrightarrow Z$.*

a) Si el rango de g en el punto $f(p)$ es igual a $\dim(N)$, probar que $g \circ f$ y f tienen el mismo rango en el punto p.

b) Si el rango de f en el punto p es igual a $\dim(N)$, probar que el rango de $g \circ f$ en el punto p es igual al rango de g en el punto $f(p)$.

Problema 3.1.2. *Sea $f : S^2 \longrightarrow P^2(\mathbb{R})$ la función $f(p) = [p]$. Probar que f tiene rango constante igual a 2 en todo S^2. (Por tanto f es un difeomorfismo local).*

Problema 3.1.3. *Se dice que una función $f : \mathbb{R}^m \longrightarrow \mathbb{R}$ es homogénea positivamente de grado n si $f(tx) = t^n f(x)$ $\forall t \in \mathbb{R}$, $t > 0$.*
Si f es homogénea positivamente de grado n, probar que

$$\sum_{i=1}^{m} x^i \frac{\partial f}{\partial x^i}(x) = nf(x)$$

en particular, si $n = 0$ entonces

$$\sum_{i=1}^{m} x^i \frac{\partial f}{\partial x^i}(x) = 0$$

3.2. Inmersiones

Entre las funciones $f : M^m \longrightarrow N^n$ de rango constante se encuentran dos tipos que revisten especial importancia: Las que tienen rango constante igual a m y las que tienen rango constante igual a n. Las primeras son llamadas inmersiones y son materia de esta sección. Las segundas son las sumersiones y de ellas nos ocuparemos mas adelante.
Como el rango de cualquier función diferenciable de M^m en N^n esta acotado superiormente por el $min\{m, n\}$, las inmersiones y sumersiones son funciones de rango máximo.

Definición 3.3. *Una función diferenciable $f : M^m \longrightarrow N^n$ es una **inmersión** si f tiene rango constante igual a m en toda la variedad M. En otras palabras, si $\forall p \in M$, la derivada $f'(p) : T_p M \longrightarrow T_{f(p)} N$ es inyectiva.*

Ejemplo 3.2.1. *La función $f : \mathbb{R} - \{0\} \longrightarrow \mathbb{R}^2$ definida por $f(t) = (t^2, t^3)$ es una inmersión.*

en efecto, $f'(t) = \begin{bmatrix} 2t \\ 3t^2 \end{bmatrix}$ y por tanto, $f'(t)$ es inyectiva $\forall t \neq 0$. Observar que la misma función definida en todo $\mathbb{R}$ no es una inmersión, ya que $f'(0) = 0$
Si $m > n$ entonces no existe $f : M^m \longrightarrow N^n$ que sea una inmersión.

Nota 5. *La definición de inmersión solo exige la inyectividad de la derivada f', mas no la de f. En consecuencia existen inmersiones no inyectivas, como muestra el siguiente ejemplo.*

Ejemplo 3.2.2. *Sea $g : \mathbb{R} \longrightarrow \mathbb{R}^2$ definida por $g(t) = (2\cos t + t, \sen t)$ Entonces g es una inmersión no inyectiva. En efecto, las filas de*

$$g'(t) = \begin{bmatrix} -2\sen t + 1 \\ \cos t \end{bmatrix}$$

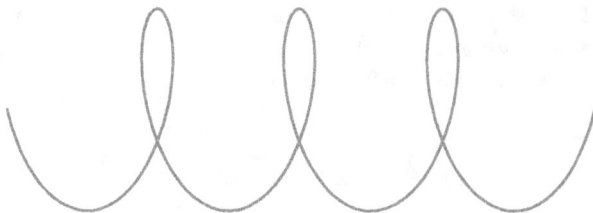

Figura 3.1: Inmersión no inyectiva del ejemplo 3.2.2

se anulan simultáneamente y, por tanto, $g'(t)$ es inyectiva. Sin embargo, es obvio que g no es inyectiva.

Ejemplo 3.2.3. La función inclusión

$$i : \mathbb{R}^m \longrightarrow \mathbb{R}^n = \mathbb{R}^m \times \mathbb{R}^{n-m}$$

definida por

$$i(a) = (a, 0)$$

es obviamente una inmersión.

Sin duda que las inmersiones mas simples son las inclusiones. Aplicando nuestra artillería preparada en la sección anterior, veremos que toda inmersión, localmente, esta representada por una inclusion.

Teorema 3.2 (Forma local de la inmersión). Sea $f : M^m \longrightarrow N^n$ una función diferenciable y p un punto de M. Si la derivada $f'(p) : T_p M \longrightarrow T_{f(p)} N$ es inyectiva, entonces existen (U, x) y (V, y) cartas de M y N respectivamente tales que $p \in U$, $f(U) \subset V$ y la función representativa

$$f_{xy} : x(U) \longrightarrow x(U) \times \mathbb{R}^{n-m}$$

es la inclusion

$$f_{xy}(a) = (a, 0)$$

Demostración. Tenemos que $(rang(f))(p) = m$. Como la función $rang(f)$ es semicontinua inferiormente, existe una vecindad W de p tal que

1. $(rang(f))(q) \geq m \ \forall q \in W$
   Por otro lado, sabemos que $rang(f) \geq min\{m, n\}$. Luego

2. $(rang(f))(q) \leq m, \ \forall q \in W$

De (1) y (2) obtenemos que f tiene rango constante m en W, por tanto, la conclusion sigue inmediatamente del teorema del rango constante. $\square$

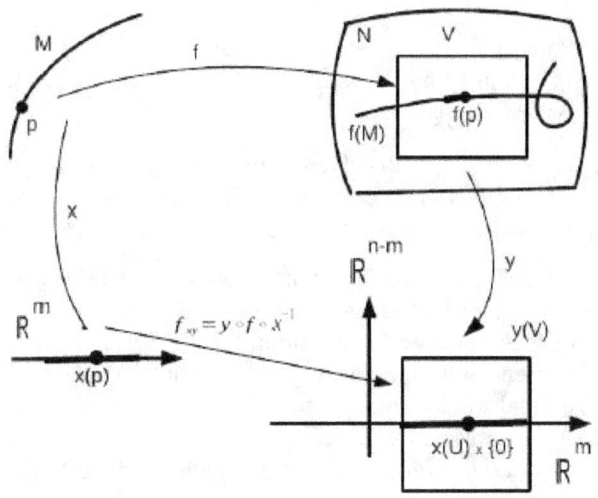

Figura 3.2: Forma local de la inmersión

Corolario 3.1. *Toda inmersión es localmente inyectiva*

Corolario 3.2. *Si $f : M \longrightarrow N$ es diferenciable, entonces $X = \{p \in M \mid f'(p)$ es inyectiva $\}$ es un subconjunto abierto de M.*

Proposición 3.2. *Sea $f : M^m \longrightarrow N^n$ una inmersión. Una función $g : P \longrightarrow M$ es diferenciable si y solo si g es diferenciable y $f \circ g : P \longrightarrow N$ es diferenciable*

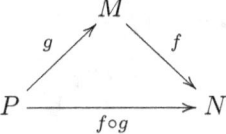

Demostración. ($\Rightarrow$) obvio.
($\Leftarrow$) Sea $p \in P$. Por el teorema de la forma local de la inmersión, existen (U, x) y (V, y) cartas de M y N respectivamente, tales que $g(p) \in U$, $f(U) \subset V$ y la funcion representativa

$$f_{xy} : x(U) \longrightarrow x(U) \times \mathbb{R}^{n-m}$$

es la inclusion

$$f_{xy}(a) = (a, 0)$$

Por otro lado, como g es continua, existe una carta (Z, z) de P tal que $p \in Z$ y $g(Z) \subset U$.
Ahora trabajando con la representativa

$$(f \circ g)_{zy} : z(Z) \longrightarrow \mathbb{R}^m \times \mathbb{R}^{n-m}$$

tenemos
$(f \circ g)_{zy} = y \circ (f \circ g) \circ z^{-1} = (y \circ f \circ x^{-1}) \circ (x \circ g \circ z^{-1}) = f_{xy} \circ g_{xz} = (g_{xz}, 0)$
en consecuencia, como $(f \circ g)_{zy}$ es diferenciable, entonces g_{xz} también lo es. Por tanto g es diferenciable. □

Corolario 3.3. *Sea N una variedad diferenciable, M un espacio topológico y $f : M \longrightarrow N$ una función diferenciable. M tiene a lo mas una estructura diferenciable que hace de f una inmersión.*

Demostración. Sean $\mathcal{A}$ y $\mathcal{B}$ dos atlas maximales de M tales que
$f : (M, \mathcal{A}) \longrightarrow N$ y $f : (M, \mathcal{B}) \longrightarrow N$ son inmersiones, y sea
$I : (M, \mathcal{A}) \longrightarrow (M, \mathcal{B})$ la función identidad. Como I es continua y
$f \circ I = f$ es diferenciable, por la proposición anterior tenemos que I es diferenciable. De igual modo, consideremos $I^{-1} : (M, \mathcal{B}) \longrightarrow (M, \mathcal{A})$, tenemos que I^{-1} es diferenciable. en consecuencia, la función identidad I es un difeomorfismo, de donde obtenemos, por el problema 4 de la sección 1.3 que
$\mathcal{A} = \mathcal{B}$ □

Problemas

Problema 3.2.1. *Probar que la función $f : \mathbb{R} \longrightarrow S^1$ definida por*

$$f(t) = e^{\pi i t} = (cos2\pi t, sen2\pi t)$$

es una inmersión. (Por tanto f es un difeomorfismo local).

Problema 3.2.2. *Sea M y N dos variedades y $p_0 \in M$, $q_0 \in N$. Probar que las siguientes funciones son inmersiones.*
a) $f : M \longrightarrow M \times N$ definida por $f(p) = (p, q_0)$ $\forall p \in M$
b) $g : N \longrightarrow M \times N$ definida por $g(q) = (p_0, q)$ $\forall q \in N$

Problema 3.2.3. *Sean $f : M \longrightarrow N$ y $g : M \longrightarrow Z$ funciones diferenciables. Si f es una inmersión, probar que $(f, g) : M \longrightarrow N \times Z$, definida por $(f, g)(p) = (f(p), g(p))$, es una inmersión.*

3.3. Subvariedades

Definición 3.4. *Sean M y N dos variedades diferenciables. Se dice que M es una **subvariedad** de N si se cumplen:*

1. $M \subset N$

2. *La inclusion $i : M \longrightarrow N$ es una inmersión.*

Ejemplo 3.3.1. *Sea $0 \leq m \leq n$,*

$$M = \mathbb{R}^m \times \underbrace{\{0\} \times \cdots \times \{0\}}_{(n-m)-veces} \subset \mathbb{R}^n$$

Demos a M la topología de subespacio de $\mathbb{R}^n$.
La función $\pi : M \longrightarrow \mathbb{R}^m$, definida por

$$\pi(a^1, \cdots, a^m, 0 \cdots, 0) = (a^1, \cdots, a^m)$$

es un homeomorfismo. Luego $\mathcal{A} = \{(M, \pi)\}$ es un atlas para M, de clase C^∞. M con la estructura diferenciable dada por $\mathcal{A}$, es una subvariedad de $\mathbb{R}^n$.

En efecto, La inclusión $i : M \longrightarrow \mathbb{R}^n$ es una inmersión, ya que la representativa de i en las cartas (M, π) de M y $(\mathbb{R}^n, I)$ de $\mathbb{R}^n$ esta dada por

$$i \circ \pi^{-1} : \mathbb{R}^m \longrightarrow \mathbb{R}^n = \mathbb{R}^m \times \mathbb{R}^{n-m}$$
$$(i \circ \pi^{-1})(a) = (a, 0)$$

Ejemplo 3.3.2. *S^2 es una subvariedad de $\mathbb{R}^3$.*

En efecto, por un lado tenemos que $S^2 \subset \mathbb{R}^3$. Para analizar que $i : S^2 \longrightarrow \mathbb{R}^3$ es una inmersión tomemos el atlas:

$$\mathcal{A} = \{(U_j, x_j), (U_{j+3}, x_{j+3})\} \; j = 1, 2, 3$$

Construido en el ejemplo 1.2.5. Debemos probar que las funciones $i \circ x_j^{-1}$ tienen rango 2. Tomemos, por ejemplo, la primera función

$$i \circ x_1^{-1} : B_1(0, 0) \longrightarrow \mathbb{R}^3$$

definida por

$$i \circ x_1^{-1}(u, v) = (\sqrt{1 - u^2 - v^2}, u, v)$$

Tenemos que su matriz jacobiana es

$$J(i \circ x_1^{-1})(u, v) = \begin{bmatrix} \dfrac{-u}{\sqrt{1 - u^2 - v^2}} & \dfrac{-v}{\sqrt{1 - u^2 - v^2}} \\ 1 & 0 \\ 0 & 1 \end{bmatrix}$$

la cual tiene rango 2.
Similarmente se obtiene el mismo resultado para las otras funciones.

Ejemplo 3.3.3. *Sea M el ocho:*

$$M = \{(sen2t, sent) \in \mathbb{R}^2 \mid 0 < t < 2\pi\}$$

con el atlas $\mathcal{A} = \{(M, x)\}$ formado por la única carta

$$x : M \longrightarrow (0, 2\pi)$$
$$x(sen2t, sent) = t$$

$(M, \mathcal{A})$ es una subvariedad de $\mathbb{R}^2$.

En efecto, la matriz jacobiana de $i \circ x^{-1} : (0, 2\pi) \longrightarrow \mathbb{R}^2$ es

$$J(i \circ x^{-1})(t) = \begin{bmatrix} 2cos2t \\ cost \end{bmatrix}$$

la cual tiene rango 1.

Ejemplo 3.3.4. *Sea M el mismo ocho:*

$$M = \{(sen2t, sent) \in \mathbb{R}^2 \mid -\pi < t < \pi\}$$

con el atlas $\mathcal{B} = \{(M, y)\}$ formado por la única carta

$$y : M \longrightarrow (-\pi, \pi)$$
$$y(sen2t, sent) = t$$

Haciendo los mismos cálculos que el caso anterior, encontramos que la inclusión también es una inmersión, luego $(M, \mathcal{B})$ también es una subvariedad de $\mathbb{R}^2$. Recordemos que $(M, \mathcal{A}) \neq (M, \mathcal{B})$

Los dos últimos ejemplos nos muestran que:

1. Un mismo subconjunto de una variedad puede dar lugar, con estructuras diferenciables no equivalentes, a subvariedades distintas.

2. La topología que tiene una subvariedad, por ser variedad, puede no coincidir con la topología de subespacio. Así, en cualquiera de los dos ejemplos anteriores, la topología de variedad de M no coincide con la topología de subespacio. Esto no sucede con los ejemplos 3.3.3 y 3.3.4, en estos casos, ambas topologías coinciden.

En general, si M es una subvariedad de N, entonces la topología de subespacio esta contenida en la topología de variedad. En efecto, la inclusión $i : M \longrightarrow N$ es diferenciable y, por tanto, continua. Si $U \subset M$ es abierto en la topología de subespacio, entonces existe un abierto V de N tal que $U = V \cap M$, luego por la continuidad de la inclusión, $i^{-1}(V) = V \cap M = U$. Luego, U esta en la topología de variedad de M.

Para diferenciar las subvariedades de los ejemplos 3.3.1 y 3.3.2 de los ejemplos 3.3.3 y 3.3.4, introducimos la siguiente definición.

Definición 3.5. *Una subvariedad M de una variedad N se dice una* **subvariedad regular** *si la topología de M de subespacio coincide con la topología que tiene M por ser variedad.*

Observar que decir que ambas topologías coinciden, es equivalente a decir que la inclusión $i : M \longrightarrow N$ es un homeomorfismo de M sobre su imagen $i(M) \subset N$.

Nota 6. *Algunos autores consideran solo las subvariedades regulares, a las que llaman simplemente subvariedades*

La variedad $M = \mathbb{R}^m \times \{0\} \times \cdots \times \{0\}$, construida en el ejemplo 3.3.1 y S^n son subvariedades regulares de $\mathbb{R}^n$ y $\mathbb{R}^{n+1}$ respectivamente.

Ejemplo 3.3.5. *Una subvariedad abierta M^n de una variedad N^n es una subvariedad regular de N.*

En efecto, por definición de subvariedad abierta, M es un subconjunto abierto de N al cual le damos la topología de subespacio y si $\mathcal{A} = \{(U_\alpha, x_\alpha)\}_{\alpha \in A}$ es una estructura diferenciable de N, entonces $\mathcal{A}' = \{(U_\alpha \cap M, x_\alpha|_{U_\alpha \cap M})\}_{\alpha \in A}$ es un atlas maximal para M. Luego, para que M sea subvariedad regular de N solo falta ver que la inclusión es una inmersión. Pero esto sigue inmediatamente de ver que

$$x_\alpha \circ i \circ (x_\alpha|_{U_\alpha \cap M})^{-1} = x_\alpha \circ (x_\alpha|_{U_\alpha \cap M})^{-1}$$

es la función identidad del abierto $x_\alpha(U_\alpha \cap M) \subset \mathbb{R}^n$.
La siguiente proposición nos muestra que la parte 1) de la observación anterior no se cumple para subvariedades regulares.

Proposición 3.3. *Si M es un subconjunto de una variedad N, entonces M tiene a lo mas una estructura diferenciable que lo hace una subvariedad regular de N.*

Demostración. Si $\mathcal{A}$ es una estructura diferenciable que hace de M una subvariedad regular de N, entonces la inclusion $i : (M, \mathcal{A}) \longrightarrow N$ es diferenciable. En particular, i es continua. Luego, el corolario 3.3 nos dice que $\mathcal{A}$ es única. □

Proposición 3.4. *Si M es una subvariedad compacta de N, entonces M es una subvariedad regular de N.*

Demostración. Sabemos que una función continua y biyectiva de un espacio compacto sobre un espacio de Hausdorff es un homeomorfismo. Luego, la inclusión $i : M \longrightarrow N$ es un homeomorfismo de M sobre su imagen. □

La siguiente proposición describe otra propiedad importante de las subvariedades regulares.

Proposición 3.5. *Si $f : M \longrightarrow N$ es una función diferenciable y P es una subvariedad regular de N tal que $f(M) \subset P$, entonces la función inducida por f*

$$\overline{f} : M \longrightarrow P$$

es diferenciable.

Demostración. Tenemos que $f = i \circ \overline{f}$, donde $i : P \longrightarrow N$ es la inclusión. Por ser P subespacio de N, tenemos $i^{-1} : N \longrightarrow P$ es continua. Luego $\overline{f} = i^{-1} \circ f$ es continua. Ahora, como i es una inmersión y $f = i \circ \overline{f}$, la proposición 3.2 nos dice que $\overline{f} : M \longrightarrow P$ es diferenciable. □

El siguiente contraejemplo nos muestra que la proposición anterior no es valida si quitamos la condición de regularidad a P.

Ejemplo 3.3.6. *Sea la función diferenciable $f : S^1 \longrightarrow \mathbb{R}^2$ definida por*

$$f(a,b) = (2ab, b)$$

y sea $P \subset \mathbb{R}^2$ el ocho con la estructura diferenciable dada en el ejemplo 3.3.3, la cual la hace una subvariedad no regular de $\mathbb{R}^2$. Es fácil ver que $f(S^1) = P$. Ahora, la función inducida $\overline{f} : S^1 \longrightarrow P$ no es continua, ya que si lo fuera entonces $f(S^1) = P$ seria compacto. Si $\overline{f}$ no es continua, menos sera diferenciable.

Proposición 3.6. *Sea $f : M^m \longrightarrow N^n$ una inmersión. Si a $f(M)$ le damos la topología de subespacio de N, entonces $f : M^m \longrightarrow f(M)$ es abierta, si y solo si, $f(M)$ es una subvariedad regular de dimensión m.*

Demostración. ($\Rightarrow$) Por el teorema de la forma local de la inmersión, tenemos que para cada punto $p \in M$ existe una carta (U_α, x_α) de M y una carta (V_α, y_α) de N tales que $p \in U_\alpha$, $f(U_\alpha) \subset V_\alpha$ y la representativa

$$f_{x_\alpha y_\alpha} = y_\alpha \circ f \circ x_\alpha^{-1} : x_\alpha(U_\alpha) \longrightarrow x_\alpha(U_\alpha) \times \mathbb{R}^{n-m}$$

es la inclusion $f_{x_\alpha y_\alpha} = (a, 0)$. Luego $f : U_\alpha \longrightarrow F(U_\alpha) = \overline{U}_\alpha$ es biyectiva. Además, siendo $f : M \longrightarrow f(M)$ abierta y continua, $f(U_\alpha) = \overline{U}_\alpha$ es abierto en $f(M)$ y $f : U_\alpha \longrightarrow \overline{U}_\alpha$ es un homeomorfismo. Por tanto

$$\overline{x}_\alpha = x_\alpha \circ (f|_{U_\alpha})^{-1} : \overline{U}_\alpha \longrightarrow \mathbb{R}^m$$

es una carta para $f(M)$. Veamos que $\mathcal{A} = \{\overline{U}_\alpha, \overline{x}_\alpha\}$ es un atlas diferenciable

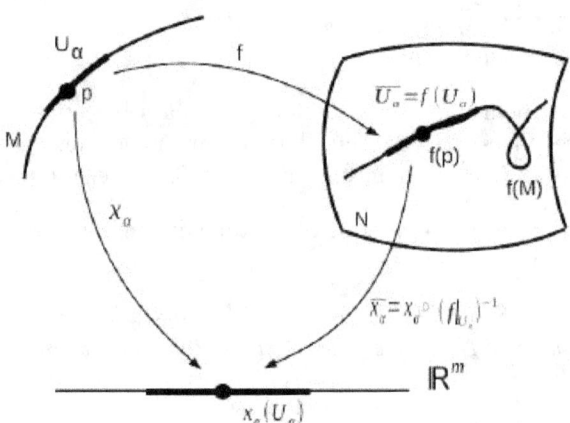

Figura 3.3: Ilustración de la proposición 3.6

para $f(M)$. Es obvio que $f(M) = \cup_\alpha \overline{U}_\alpha$. Por otro lado, si $(\overline{U}_\alpha, \overline{x}_\alpha)$ y $\overline{U}_\beta, \overline{x}_\beta$ son dos cartas de $\mathcal{A}$ tales que $U_\alpha \cap U_\beta \neq \emptyset$, tenemos que el cambio de cartas

$$\overline{x}_\beta \circ \overline{x}_\alpha = x_\beta \circ (f|_{U_\beta})^{-1} \circ (x_\alpha \circ (f|_{U_\alpha})^{-1})^{-1} = x_\beta \circ x_\alpha^{-1}$$

es diferenciable. En consecuencia $f(M)$, con la estructura diferenciable determinada por $\mathcal{A}$, es una variedad diferenciable de dimensión m

Para que $f(M)$ sea una subvariedad regular de N solo falta que la inclusión $i : f(M) \longrightarrow N$ sea una inmersión. Para esto, estudiamos las funciones representativas de i. Si $(\overline{U}_\alpha, \overline{x}_\alpha)$ es la carta de $f(M)$ y (V_α, y_α) es la carta de N construidas al inicio de la demostración, tenemos que $i(\overline{U}_\alpha) \subset V_\alpha$ y

$$y_\alpha \circ i \circ \overline{x}_\alpha^{-1} = y_\alpha \circ \overline{x}_\alpha^{-1} = y_\alpha \circ (x_\alpha \circ (f|_{U_\alpha})^{-1})^{-1} = y_\alpha \circ f \circ x_\alpha^{-1} = f_{x_\alpha y_\alpha}$$

como $f_{x_\alpha y_\alpha}$ tiene rango m, entonces $y_\alpha \circ i \circ \overline{x}_\alpha^{-1}$ también tiene rango m, luego i es una inmersión.

($\Leftarrow$) Siendo $f : M^m \longrightarrow N^n$ una inmersión y $f(M)$ una subvariedad regular de N, entonces por la proposición 3.5, se tiene que $f : M^m \longrightarrow f(M)$ es una inmersión. Por otro lado, por tener M y $f(M)$ la misma dimensión, el teorema de la función inversa nos dice que $f : M \longrightarrow f(M)$ es un difeomorfismo local. En particular, $f : M \longrightarrow f(M)$ es abierta. □

Ejemplo 3.3.7. *El toro como subvariedad de $\mathbb{R}^3$*
Sea la función $f : \mathbb{R}^2 \longrightarrow \mathbb{R}^3$ definida por

$$f(u, v) = ((2 + cos2\pi u)cos2\pi v, (2 + cos2\pi u)sen2\pi v, sen2\pi u)$$

La imagen $f(\mathbb{R}^2) = T^2$ es la superficie de revolución toro en $\mathbb{R}^3$ generada por la circunferencia en el plano XZ de $\mathbb{R}^3$ de centro $(2,0,0)$ y radio 1, al girar alrededor del eje Z.

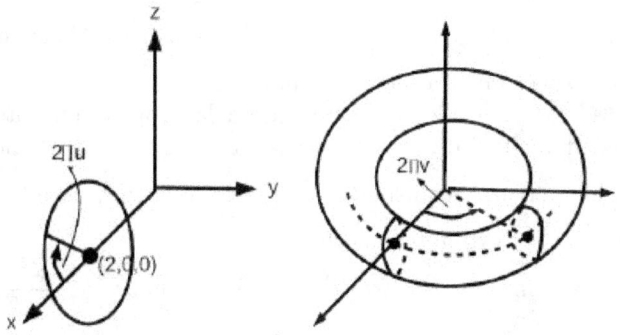

Figura 3.4: El Toro como subvariedad

Se verifica fácilmente que

1. $f : \mathbb{R}^2 \longrightarrow \mathbb{R}^3$ *es una inmersión*

2. $f(u,v) = f(u',v') \Leftrightarrow (u-u', v-v') \in \mathbb{Z} \times \mathbb{Z}$

Afirmación: $f : \mathbb{R}^2 \longrightarrow T^2$ es abierta (T^2 con la topología de subespacio de $\mathbb{R}^3$).

En $\mathbb{R}^2$ definimos la relación de equivalencia:

$(u,v) \sim (u',v') \Leftrightarrow (u-u', v-v') \in \mathbb{Z} \times \mathbb{Z}$. A $\dfrac{\mathbb{R}^2}{\sim} = \dfrac{\mathbb{R}^2}{\mathbb{Z} \times \mathbb{Z}}$ le damos la topología cociente. Es fácil ver que la relación de equivalencia $\sim$ es abierta, luego la proyección $\pi : \mathbb{R}^2 \longrightarrow \dfrac{\mathbb{R}^2}{\mathbb{Z} \times \mathbb{Z}}$ es una función abierta. Además, $\dfrac{\mathbb{R}^2}{\mathbb{Z} \times \mathbb{Z}}$ es la imagen mediante π, del compacto $[0,1] \times [0,1] \subset \mathbb{R}^2$. En consecuencia $\dfrac{\mathbb{R}^2}{\mathbb{Z} \times \mathbb{Z}}$ es compacto.

Por cumplir f con la propiedad 2) podemos definir la función $\overline{f} : \dfrac{\mathbb{R}^2}{\mathbb{Z} \times \mathbb{Z}} \longrightarrow T^2$ por

$$\overline{f}(\pi(u,v)) = f(u,v)$$

es evidente que $\overline{f}$ es biyectiva y que hace conmutativo al diagrama siguiente

$$\begin{array}{ccc} \mathbb{R}^2 & \xrightarrow{f} & T^2 \\ {\scriptstyle \pi}\downarrow & \nearrow {\scriptstyle \overline{f}} & \\ \dfrac{\mathbb{R}^2}{\mathbb{Z} \times \mathbb{Z}} & & \end{array}$$

Como $\overline{f} \circ \pi = f$ y f es continua, entonces $\overline{f}$ es continua. Aún más $\overline{f}$ es un homeomorfismo por ser $\dfrac{\mathbb{R}^2}{\mathbb{Z} \times \mathbb{Z}}$ compacto y T^2 Hausdorff. Concluimos, entonces que $f = \overline{f} \circ \pi$ es abierta, por ser composición de dos funciones abiertas. Siendo $f : \mathbb{R}^2 \longrightarrow T^2$ abierta, de acuerdo a la proposición anterior, T^2 es na subvariedad regular de $\mathbb{R}^3$. Aún más, mediante el homeomorfismo $\overline{f} : \dfrac{\mathbb{R}^2}{\mathbb{Z} \times \mathbb{Z}} \longrightarrow T^2$ podemos transportar a $\dfrac{\mathbb{R}^2}{\mathbb{Z} \times \mathbb{Z}}$ la estructura diferenciable de T^2, convirtiendose $\overline{f}$ es un difeomorfismo.

Mas adelante veremos que el toro $S^1 \times S^1$ es difeomorfo a $\dfrac{\mathbb{R}^2}{\mathbb{Z} \times \mathbb{Z}}$. En consecuencia $S^1 \times S^1$, $\dfrac{\mathbb{R}^2}{\mathbb{Z} \times \mathbb{Z}}$ y T^2 son variedades difeomorfas. Por esta razon no habra confusion al llamar toro a cualquiera de estas tres variedades.

Ejemplo 3.3.8 (La Curva de Kronecker.). *Seguimos con el ejemplo anterior, para discutir las curvas en el toro que se obtienen como imágenes de rectas de $\mathbb{R}^2$ mediante la función $f : \mathbb{R}^2 \longrightarrow T^2$*
A las curvas del tipo siguiente

1. $\mathbb{R}^2 \longrightarrow T^2$, $t \longrightarrow f(t, v)$

2. $\mathbb{R}^2 \longrightarrow T^2$, $t \longrightarrow f(u, t)$

se les llama paralelos y meridianos respectivamente. Las primeras no son sino imágenes de restas horizontales de $\mathbb{R}^2$ y las segundas, de rectas verticales. Consideremos la recta,

$$\lambda : \mathbb{R} \longrightarrow \mathbb{R}^2$$
$$\lambda(t) = (t, at)$$

y su correspondiente curva en T^2

$$f \circ \lambda : \mathbb{R} \longrightarrow T^2$$
$$(f \circ \lambda)(t) = f(t, at)$$

la cual es una inmersión.

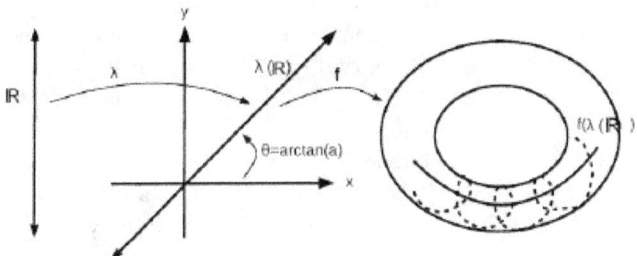

Figura 3.5: Curvas en el Toro

Si $a = \dfrac{m}{n}$ es un racional (en su forma mas simplificada), entonces $f(\lambda(\mathbb{R})) \subset T^2$ es una curva cerrada, ya que $f(\lambda(0)) = f(\lambda(n))$. Se prueba sin dificultad (problema 6) que $f(\lambda(\mathbb{R}))$ corta a cada meridiano del toro n veces, y a cada paralelo m veces.
si a es irracional, entonces

$$\lambda(t) - \lambda(t') = (t - t', a(t - t')) \notin \mathbb{Z} \times \mathbb{Z}, \forall t, t' \in \mathbb{R}$$

Luego, $f \circ \lambda : \mathbb{R} \longrightarrow T^2$ es una inmersión inyectiva. A esta curva se le llama la curva de Kronecker, y tiene la especial particularidad de que $f(\lambda(\mathbb{R}))$ es denso en T^2. Demostraremos esta afirmación después de probar el siguiente lema.

Lema 3.1. *Si a es un numero irracional, entonces el conjunto*

$$G = \{am + n \mid m, n \in \mathbb{Z}\}$$

es denso en $\mathbb{R}$

Demostración. Por ser G un subgrupo aditivo de $\mathbb{R}$, las dos proposiciones siguientes son equivalentes:

1. G es denso en $\mathbb{R}$

2. $\forall \epsilon > 0, \exists g \in G$ tal que $0 < g < \epsilon$
   Por otro lado si $G^+ = \{g \in G \mid g > 0\}$ y $b = \inf G^+$ es fácil ver que la proposición 2) es equivalente a

3. $b = 0$

Por tanto el lema quedara demostrado si probamos que $b = 0$. Procedamos por reducción al absurdo. Supongamos que $b > 0$, esta suposición nos lleva a las siguientes conclusiones:

i) $b \in G^+$, en efecto, ya que si no es así, por definición de ínfimo, existe (g_n) una sucesión estrictamente decreciente de elementos de G que converge a b. Luego, para $\epsilon = b$ y $m > n$ bastante grande, debemos tener que $0 < g_n - g_m < b$. Pero, entonces $g_n - g_m$ es un elemento de G^+ menor que el ínfimo.

ii) G es generado por b, en efecto, dado $g \in G$, existen $m \in \mathbb{Z}$ y $r \in \mathbb{R}$ tales que $|g| = mb + r$ y $0 \leq r < b$. Luego $r = |g| - mb$ es un elemento de G y, entonces $r = 0$. Esto es $|g| = mb$ y $g = \pm mb$.

iii) a es racional. En efecto, tenemos que a y $a+1$ son elementos de G. Luego, existen $n, m \in \mathbb{Z}$ tales que $a + 1 = nb$ y $a = mb$. Restando ambas igualdades obtenemos $1 = (n-m)b$, lo que nos dice que b es racional y, en consecuencia, también lo es a.

Esta conclusión tercera contradice nuestra hipótesis. $\square$

Estamos listos para probar que la curva de Kronecker es densa en el toro. Sea q un punto cualquiera en T^2, $U \subset T^2$ una vecindad abierta de q y $(x, y) \in \mathbb{R}^2$ tal que $f(x, y) = q$.
Tomemos el número real $y - ax$, Por el lema anterior, para todo $\epsilon > 0$ existen enteros m y n tales que

$$|(y - ax) - (am - n)| < \epsilon \qquad (*)$$

Tenemos que $f(x+m, y+n) = f(x, y) = q$. Luego $f^{-1}(U)$ *es una vecindad abierta del punto* $(x+m, y+n) \in \mathbb{R}^2$. *Sea $\epsilon > 0$ suficientemente pequeño para que la bola abierta B de centro en $(x+m, y+n)$ y radio ϵ este contenida en $f^{-1}(U)$. Ahora tomando $t = x + m$, tenemos que $(t, at) = (x + m, ax + am)$ es un punto de la recta $\lambda(\mathbb{R})$ que también esta en B, en efecto, teniendo en cuenta la ecuación $(*)$ obtenemos*

$$\begin{aligned}|(t,at) - (x+m, y+n)| &= |(x+m, ax+am) - (x+m, y+n)| \\ &= |(y - ax) - (am - n)| \\ &< \epsilon.\end{aligned}$$

Por último, de $\lambda(R) \cap B \neq \emptyset$ y $f(B) \subset U$, obtenemos que $f(\lambda(R)) \cap U \neq \emptyset$. La curva de Kronecker es una subvariedad del toro de dimensión 1, (problema 3.5.3). Sin embargo, esta no es una subvariedad regular (problema 3.5.4).

3.4. Un teorema de Inmersión

En 1936 H. Whitney [18] probó que toda variedad M^m puede ser inmersa regularmente en $\mathbb{R}^{2m+1}$. Esto es, dada cualquier variedad M^m siempre existe una inmersión inyectiva: $f: M^m \longrightarrow \mathbb{R}^{2m+1}$ tal que $f: M^m \longrightarrow f(M^m) \subset \mathbb{R}^{2m+1}$ es un homeomorfismo. Mas tarde, el propio Whitney mejoro su teorema probando que $\mathbb{R}^{2m+1}$ puede ser reemplazado por $\mathbb{R}^{2m}$. Actualmente se tiene la conjetura de que toda variedad M^m puede ser inmersa regularmente en $\mathbb{R}^{2m-\alpha(m)+1}$, donde $\alpha(m)$ es el numero de unos que tiene la expansion diádica de m. A continuación demostraremos una forma débil del teorema de Whitney.

Teorema 3.3 (Teorema fácil de Whitney). . *Si M^m es una variedad diferenciable compacta, entonces para algún número n, existe una inmersión regular de M^m en $\mathbb{R}^n$.*

Demostración. Sea p un punto de M^m y (U, x) una carta alrededor de p. Si $x = (x^1, \cdots, x^m)$, entonces las funciones

$$x^i : U \longrightarrow \mathbb{R}, \, i = 1, \cdots, m$$

son diferenciables. Sea V un abierto de M tal que $p \in V \subset \overline{V} \subset U$, por el teorema de Tietze (Caso diferenciable), tenemos que para cada $i = 1, \cdots, m$, existe una función diferenciable

$$X^i : M \longrightarrow \mathbb{R}$$

tal que $X^i|_V = x^i$.
Sea W otro abierto de M tal que $p \in W \subset \overline{W} \subset V$, por el lema de Urysohn (Caso diferenciable), existe una función diferenciable $g : M \longrightarrow \mathbb{R}$ tal que

1. $g = 1$ en $\overline{W}$

2. $g = 0$ en $M - V$

Haciendo la construcción anterior para todos los puntos de M logramos un cubrimiento abierto $\{W_p\}_{p \in M}$ de M. Como M es compacto, podemos extraer un subcubrimiento finito, digamos $\{W_j\}_{j=1,\cdots,s}$ con sus correspondientes funciones $\{X_j^i, g_j\}_{i=1,\cdots,m; \, j=1,\cdots,s}$. Ahora definimos $f : M \longrightarrow \mathbb{R}^n$ por

$$f = (g_1, \cdots, g_s, X_1^1, \cdots, X_s^m)$$

donde $n = s(m+1)$.
Veamos que f es una inmersión regular:
a) f es inyectiva:
$f(p) = f(q) \Leftrightarrow g_j(p) = g_j(q)$ y $X_j^i(p) = X_j^i(q)$ $\forall i,j$
Existe k tal que $p \in W_k$. Siendo así, debemos tener que $g_k(p) = 1$, en consecuencia $g_k(q) = 1$, lo que nos dice que $q \in V_k$, pero en V_k tenemos $X_j^i = x_k^i$ $\forall i$, luego $x_k(p) = x_k(q)$, así $p = q$ por ser x_k inyectiva.
b) $f : M \longrightarrow \mathbb{R}^n$ es una inmersión:
Sea p un punto de M. Supongamos que $p \in U_k$. Debemos probar que la matriz

$$\left[\frac{\partial f_j}{\partial x_k^i}(p)\right]$$

tiene rango m, pero esto sigue del hecho de que esta matriz contiene a la submatriz

$$\left[\frac{\partial x_k^j}{\partial x_k^i}(p)\right]$$

que es la matriz identidad de orden m.
c) $f : M \longrightarrow f(M) \subset \mathbb{R}^n$ es un homeomorfismo:
Esto sigue inmediatamente, ya que M es compacta y $\mathbb{R}^n$ es Hausdorff. □

Ejemplo 3.4.1. *Sea la función $f : P^2(\mathbb{R}) \longrightarrow \mathbb{R}^4$ definida por*

$$f(\pi(x,y,z)) = (yz, xz, xy, x^2 + 2y^2 + 3z^2)$$

donde $(x,y,z) \in S^2$ y $\pi : \mathbb{R}^3 \setminus 0 \longrightarrow P^2(\mathbb{R})$ es la proyección que define a $P^2(\mathbb{R})$.

Dejamos al lector la tarea de probar que f es una inmersión inyectiva (problema 3.5.9). Siendo así, por ser M compacto y $\mathbb{R}^4$ Hausdorff, entonces f es un homeomorfismo, en consecuencia f es una inmersión regular.

3.5. Subespacio tangente a una subvariedad

Si M^m es una subvariedad de N^n, $i : M^m \longrightarrow N^n$ es la inclusión y $p \in M$, se llama subespacio tangente a M en el punto p al subespacio $i'(p)(T_pM)$ de T_pN. Cualquier vector $V \in i'(p)(T_pM)$ se llama vector tangente a M en p. Siendo $i'(p) : T_pM \longrightarrow i'(p)(T_pM) \subset T_pN$ un isomorfismo, entonces, con el objeto de simplificar, a estos espacios los identificaremos.

Ejemplo 3.5.1. *En la subvariedad S^1 de $\mathbb{R}^2$ hallar una base para el subespacio tangente de S^1 en el punto $p = (\frac{\sqrt{3}}{2}, \frac{1}{2})$*

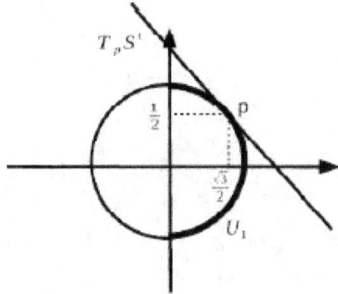

Figura 3.6: Atlas de la circunferencia

Solución: Consideremos el atlas

$$\mathcal{A} = \{(U_1, x_1), (U_2, x_2), (U_3, x_3), (U_4, x_4)\}$$

construido en el ejemplo 1.2.5. En $\mathbb{R}^2$ tomamos el atlas $\{\mathbb{R}^2, I\}$ donde I es la identidad, $I(x,y) = (x,y)$.

Tenemos que $p = (\frac{\sqrt{3}}{2}, \frac{1}{2}) \in U_1$ y $x_1 : U_1 \longrightarrow (-1,1)$ esta dada por $x_1(a,b) = b$.

Una base para $T_p S^1$ esta dada por $\frac{\partial}{\partial x_1}\big|_p$. Luego, una base para $i'(p)(T_p S^1)$ es el vector $i'(p)\left(\frac{\partial}{\partial x_1}\big|_p\right)$.

Calculemos el vector en términos de la base $\frac{\partial}{\partial x}\big|_p, \frac{\partial}{\partial y}\big|_p$ de $T_p(\mathbb{R}^2)$.

$$i'(p)\left(\frac{\partial}{\partial x_1}\bigg|_p\right) = \left(\frac{\partial (x \circ i)}{\partial x_1}\right)(p) \frac{\partial}{\partial x}\bigg|_{i(p)} + \left(\frac{\partial (y \circ i)}{\partial x_1}\right)(p) \frac{\partial}{\partial y}\bigg|_{i(p)}$$

pero

$$\left(\frac{\partial(x \circ i)}{\partial x_1}\right)(p) = \frac{d}{dt}(x \circ i \circ x_1^{-1}(t))\bigg|_{t=\frac{1}{2}}$$

$$= \frac{d}{dt}(x(\sqrt{1-t^2},t))\bigg|_{t=\frac{1}{2}}$$

$$= \frac{d}{dt}(\sqrt{1-t^2})\bigg|_{t=\frac{1}{2}}$$

$$= -\frac{t}{\sqrt{1-t^2}}\bigg|_{t=\frac{1}{2}}$$

$$= -\frac{\sqrt{3}}{3}$$

$$\left(\frac{\partial(y \circ i)}{\partial x_1}\right)(p) = \frac{d}{dt}(y \circ i \circ x_1^{-1}(t))\bigg|_{t=\frac{1}{2}}$$

$$= \frac{d}{dt}(y(\sqrt{1-t^2},t))\bigg|_{t=\frac{1}{2}}$$

$$= \frac{d}{dt}(t)\bigg|_{t=\frac{1}{2}}$$

$$=1$$

luego

$$i'(p)\left(\left(\frac{\partial}{\partial x_1}\right)_p\right) = -\frac{\sqrt{3}}{3}\left(\frac{\partial}{\partial x}\right)_{i(p)} + \left(\frac{\partial}{\partial y}\right)_{i(p)}.$$

Problemas

Problema 3.5.1. Sea $S(n \times n, \mathbb{R})$ el subconjunto de $M(n \times n, \mathbb{R})$, formado por todas las matrices simétricas. Dar a $S(n \times n, \mathbb{R})$ una estructura de variedad diferenciable tal que $S(n \times n, \mathbb{R})$ se convierta en una subvariedad regular de $M(n \times n, \mathbb{R})$. Cual es la dimensión de $S(n \times n, \mathbb{R})$?

Problema 3.5.2. Hacer lo mismo que en el problema anterior con $A(n \times n, \mathbb{R})$ el subconjunto de $M(n \times n, \mathbb{R})$ formado por todas las matrices antisimétricas.

Problema 3.5.3. Si $f : M^m \longrightarrow N^n$ es una inmersión inyectiva, construir para $f(M)$ una estructura diferenciable con la cual $f(M)$ sea una subvariedad de N difeomorfa a M. Aplicar este resultado para probar que el gráfico de una función diferenciable $f : M \longrightarrow N$ es una subvariedad de $M \times N$ difeomorfa a M.

Problema 3.5.4. *Si M^m es una subvariedad regular de N^n y $m < n$, probar que M no es denso en N.*

Problema 3.5.5. *Si W es un subespacio vectorial de un espacio vectorial V de dimensión finita. Si a W y V se les da su estructura diferenciable estándar, probar que W es una subvariedad regular de V.*

Problema 3.5.6. *En la conclusión del la curva de Kronecker, si $\lambda(t) = at$, con $a = \dfrac{m}{n}$ (en su forma mas simplificada), probar que $f(\lambda(t))$ corta a cada meridiano del toro n veces y a cada paralelo m veces.*

Problema 3.5.7. *Si $M \subset \mathbb{R}^2$ es la subvariedad del ejemplo 3.3.3. Hallar una base para el subespacio tangente de M en el punto $p = (0,0)$, usando la carta identidad de $\mathbb{R}^2$.*

Problema 3.5.8. *Resolver el ejercicio anterior para la subvariedad M de $\mathbb{R}^2$ del ejemplo 3.3.4.*

Problema 3.5.9. *Probar que la función dada en el ejemplo 3.4.1 es una inmersión inyectiva.*

Problema 3.5.10. *Si P es una subvariedad (regular) de M, y M es una subvariedad (regular) de N, probar que P es una subvariedad (regular) de N.*

Problema 3.5.11. *Si Z es una subvariedad de N y M es una subvariedad regular de N tal que $Z \subset M$, probar que Z es una subvariedad de M.*

Problema 3.5.12. *Si a S^3 la consideramos como el conjunto de cuaterniones de modulo 1, probar que S^3 con la operación inducida por la multiplicación de cuaterniones es un grupo de Lie. Sugerencia: usar la proposición 3.5.*

Problema 3.5.13. *Si M^n es una subvariedad regular de N^n con la misma dimensión, probar que M es una subvariedad abierta de N, sino que además hay que demostrar que la estructura diferenciable inicial de M coincide con la nueva estructura diferenciable que tendría M por ser abierto. Sugerencia: Probar que M es subvariedad regular de N y aplicar la proposición 3.3.*

3.6. Sumersiones

Definición 3.6. *La función diferenciable $f : M^m \longrightarrow N^n$ es una **sumersión** si, para todo punto $p \in M$ la derivada*

$$f'(p) : T_p(M) \longrightarrow T_{f(p)}(N)$$

es sobreyectiva. En otras palabras, si el rango de f en cualquier punto p de M es igual a $dim(N) = n$.

Notar que si $f : M^m \longrightarrow N^n$ es una sumersión entonces $m \geq n$ y si $m = n$ entonces los terminos sumersión, inmersión y difeomorfismo local son equivalentes.

Ejemplo 3.6.1. *La proyección*

$$f : \mathbb{R}^n \times \mathbb{R}^l \longrightarrow \mathbb{R}^n$$

definida por $f(a,b) = a$, es obviamente una sumersión.

De hecho, estas son las sumersiones más simples. Luego veremos que localmente, cualquier sumersión está representada por una proyección.

Ejemplo 3.6.2. $G : \mathbb{R}^{n+1} - \{0\} \longrightarrow S^n$ definida por $G(a) = \dfrac{a}{|a|}$ es una sumersión (ver problema 3.7.1).

Las sumersiones tienen propiedades similares a las inmersiones.

Teorema 3.4 (Forma local de la sumersión). *. Sea $f : M^m \longrightarrow N^n$ una función diferenciable. Si $p \in M$ y $f'(p) : T_p(M) \longrightarrow T_{f(p)}(N)$ es sobreyectiva, entonces existen cartas (U,x) y (V,y) de M y N respectivamente, tales que $p \in U$ y $f(U) \subset V$, $x(U) = A \times B \subset \mathbb{R}^n \times \mathbb{R}^{m-n}$ y la función representativa es la proyección*

$$f_{xy} : x(U) = A \times B \longrightarrow \mathbb{R}^n$$

definida por $f_{xy}(a,b) = a$.

Demostración. Tenemos que $rang(f) \leq n$ y $(rang(f))(p) = n$. Pero siendo el rango una función continua inferiormente, existe una vecindad W de p tal que $(rang(f))(q) \geq n$ $\forall q \in W$. Luego $(rang(f))(q) = n$ $\forall q \in W$, esto es, f tiene rango constante igual a n en una vecindad de p. En consecuencia, el resultado buscado sigue inmediatamente del teorema 3.1. $\square$

Corolario 3.4. *Si $X = \{p \in M \mid f'(p)$ es sobreyectiva$\}$, entonces $X \subset M$ es abierto y $f : X \longrightarrow N$ es abierta.*

Corolario 3.5. *Si $f : M \longrightarrow N$ es una sumersión entonces f es abierta.*

Proposición 3.7. *Sea $f : M^m \longrightarrow N^n$ una sumersión sobreyectiva. Una función $g : N \longrightarrow Z$ es diferenciable, si y solo si, $g \circ f$ es diferenciable.*

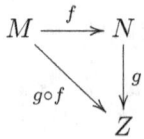

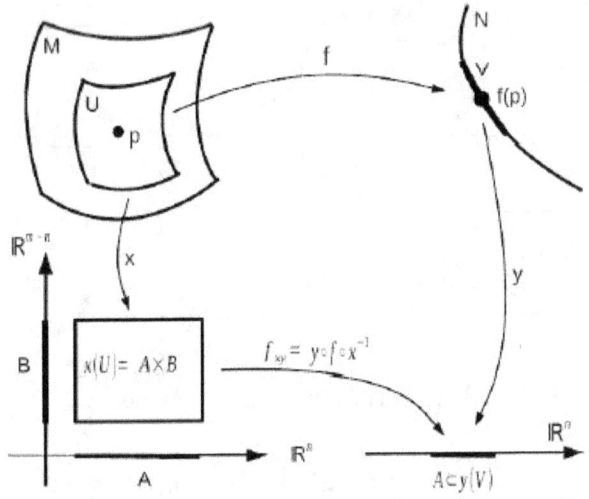

Figura 3.7: Forma local de una sumersión

Demostración. ($\Rightarrow$) Obvio.
($\Leftarrow$) Sean $q \in N$ y $p \in M$ tales que $f(p) = q$. Por el teorema de la forma local de las sumersiones existen cartas (U, x) y (V, y) de M y N respectivamente, tales que $P \in U$ y $f(U) \subset V$, $x(U) = A \times B \subset \mathbb{R}^n \times \mathbb{R}^{m-n}$ y la función representativa es la proyección

$$f_{xy} : x(U) = A \times B \longrightarrow \mathbb{R}^n$$

definida por $f_{xy}(a, b) = a$.

Tenemos que

$$\begin{aligned}(g \circ f \circ x^{-1})(a, b) &= (g \circ y^{-1} \circ (y \circ f \circ x^{-1}))(a, b) \\ &= (g \circ y^{-1} \circ f_{xy})(a, b) \\ &= (g \circ y^{-1})(a)\end{aligned}$$

Luego, como por hipótesis $g \circ f \circ x^{-1} : x(U) = A \times B \longrightarrow P$ es diferenciable, obtenemos que $g \circ y^{-1} : A \longrightarrow P$ es diferenciable. Por tanto g es diferenciable. $\square$

Corolario 3.6. *Si M es una variedad diferenciable, N un conjunto y $f : M \longrightarrow N$ una función sobreyectiva, entonces N tiene a lo sumo una estructura diferenciable que hace de $f : M \longrightarrow N$ una sumersión.*

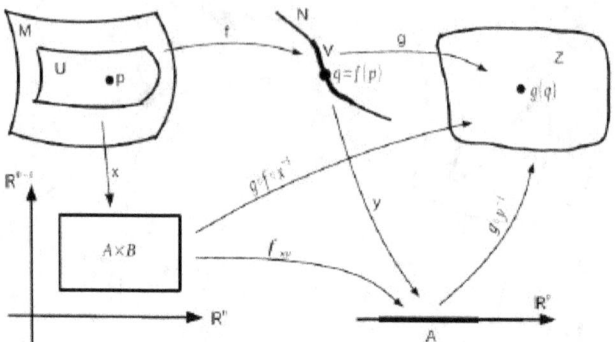

Figura 3.8: Ilustración de la proposición 3.7

Demostración. Sean $\mathcal{A}$ y $\mathcal{B}$ dos estructuras diferenciables sobre N tales que $f : M \longrightarrow (N, \mathcal{A})$ y $f : M \longrightarrow (N, \mathcal{B})$ son sumersiones. Si $I : (N, \mathcal{A}) \longrightarrow (N, \mathcal{B})$ es la identidad, tenemos que $I \circ f = f$, luego I es diferenciable. De igual modo $I^{-1} = I : (N, \mathcal{B}) \longrightarrow (N, \mathcal{A})$ es diferenciable. En consecuencia, I es un difeomorfismo. Por tanto $\mathcal{A} = \mathcal{B}$. $\square$

3.7. Variedad cociente

Sea $\sim$ una relación de equivalencia en una variedad diferenciable M. Si el conjunto cociente $M/\sim$ tiene una estructura diferenciable tal que hace de la proyección natural

$$\pi : M \longrightarrow M/\sim$$

una sumersión, entonces se dice que $M/\sim$ con esta estructura diferenciable, es una **variedad cociente** de M.

La proyección π por ser sumersión, resulta ser continua y abierta. En consecuencia, la topología de variedad de $M/\sim$ coincide con la topología cociente (Problema 2).

Ejemplo 3.7.1. *La estructura diferenciable construida para el espacio proyectivo $P^n(\mathbb{R})$ es tal que a la proyección*

$$\pi : \mathbb{R}^{n-1} - \{0\} \longrightarrow P^n(\mathbb{R}) = (\mathbb{R}^{n-1} - \{0\})/\sim$$

es una sumersión (ver problema 3.7.3). Luego $P^n(\mathbb{R})$ es una variedad cociente de $\mathbb{R}^{n-1} - \{0\}$.

Una manera particular de construir variedades cocientes es la siguiente:
Sea $f : M \longrightarrow N$ una sumersión sobreyectiva. En M definimos la relación de equivalencia:

$$p \sim q \Leftrightarrow f(p) = f(q)$$

que da lugar al conjunto cociente $M/\sim$ y a la proyección natural

$$\pi : M \longrightarrow M/\sim$$

la sobreyeccion $f : M \longrightarrow N$ induce la biyección $\overline{f} : M/\sim \longrightarrow N$ dada por

$$\overline{f}(\pi(p)) = f(p).$$

Mediante $\overline{f}$ trasladamos a $M/\sim$ la estructura diferenciable de N y obtenemos los siguientes resultados:
a) $\overline{f} : M/\sim \longrightarrow N$ es un difeomorfismo.
b) La proyección natural $\pi : M \longrightarrow M/\sim$ es una sumersión, por ser composición de dos sumersiones $\pi = \overline{f}^{-1} \circ f$.
c) Por el corolario 3.6, la estructura diferenciable que acabamos de dar a $M/\sim$ es la única que hace de π una sumersión.
d) $M/\sim$ es una variedad cociente de M, cuya topología es la topología cociente.

Ejemplo 3.7.2. *Si a los elementos del espacio proyectivo $P^n(\mathbb{R})$ los denotamos con $[p]$, donde $p \in \mathbb{R}^{n+1} - \{0\}$, entonces definimos la sobreyección $f : S^n \longrightarrow P^n(\mathbb{R})$ por*

$$f(p) = [p]$$

esta sobreyección determina la relación de equivalencia $\sim$ en S^n dada por

$$p \sim q \Leftrightarrow f(p) = f(q) \Leftrightarrow p = \pm q$$

la cual no es otra que la restricción a S^n de la relación de equivalencia en $\mathbb{R}^{n+1} - \{0\}$ que define a $P^n(\mathbb{R})$

Es fácil probar (problema 3.7.4) que la función $f : S^n \longrightarrow P^n(\mathbb{R})$ es una sumersión. En consecuencia, por la discusión anterior, $S^n/\sim$ es una variedad cociente de S^n y $\overline{f} : S^n/\sim \longrightarrow P^n(\mathbb{R})$ es un difeomorfismo.

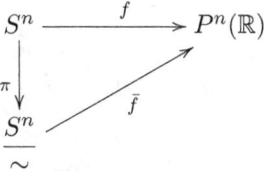

Ejemplo 3.7.3. *La sumersión sobreyectiva $g : \mathbb{R} \longrightarrow S^1$ definida por*

$$g(t) = e^{2\pi i t} = (cos 2\pi t, sen 2\pi t)$$

es tal que

$$t_1 \sim t_2 \Leftrightarrow g(t_1) = g(t_2) \Leftrightarrow (t_1 - t_2) \in \mathbb{Z}.$$

En consecuencia a $\mathbb{R}/\sim = \mathbb{R}/\mathbb{Z}$ le damos la estructura de variedad cociente de $\mathbb{R}$, entonces $\overline{g} : \mathbb{R}/\mathbb{Z} \longrightarrow S^1$ dada por $\overline{g}(\pi(t)) = g(t)$ es un difeomorfismo. Por este motivo algunas veces se identifica a $\mathbb{R}/\mathbb{Z}$ con S^1.

De modo similar se obtiene que el toro

$$T^n = \underbrace{S^1 \times \cdots \times S^1}_{n-\text{veces}}$$

es difeomorfo a la variedad cociente $\mathbb{R}^n/\mathbb{Z}^n$.

Ejemplo 3.7.4. S^1 *es difeomorfo a $P^1(\mathbb{R})$.*

En efecto, considerando a S^1 como los números complejos de norma 1 y definimos la sobreyección

$$g : S^1 \longrightarrow S^1$$
$$g(z) = z^2$$

pero $g'(z) : T_z(S^1) \longrightarrow T_{g(z)}(S^1)$ esta dada por $g'(z) = 2z$. En consecuencia g es una sumersión sobreyectiva.
La relación de equivalencia

$$z_1 \sim z_2 \Leftrightarrow g(z_1) = g(z_2) \Leftrightarrow z_1 = \pm z_2$$

nos proporciona el difeomorfismo $\overline{g} : S^1/\sim \longrightarrow S^1$.
Por otro lado, en ejemplo 3.7.2 construimos el difeomorfismo $\overline{f} : S^1/\sim \longrightarrow P^1(\mathbb{R})$. Luego, tomando la composición $\overline{f} \circ \overline{g}^{-1}$ obtenemos un difeomorfismo de S^1 sobre $P^1(\mathbb{R})$.

Problemas

Problema 3.7.1. *Probar que la función*

$$G : \mathbb{R}^{n+1} - \{0\} \longrightarrow S^n$$
$$G(a) = \frac{a}{|a|}$$

es una sumersión. Sugerencia: si $\alpha > 0$, la función $h_\alpha : \mathbb{R}^{n+1} \longrightarrow \mathbb{R}^{n+1}$, definida por $f_\alpha(a) = \alpha a$ es tal que $G \circ h_\alpha = G$.

Problema 3.7.2. *Sean X y Y dos espacios topológicos y $f : X \longrightarrow Y$ una función sobreyectiva, continua y abierta. Probar que Y tiene la topología cociente inducida por f : U es abierto en $Y \Leftrightarrow f^{-1}(U)$ es abierto en X.*

Problema 3.7.3. *Probar que la proyección natural*

$$\pi : \mathbb{R}^{n+1} - \{0\} \longrightarrow P^n(\mathbb{R}^n)$$
$$\pi(p) = [p]$$

es una sumersión.

Problema 3.7.4. *Probar que a función*

$$f : S^n \longrightarrow P^n(\mathbb{R})$$
$$f(p) = [p]$$

es una sumersión.

Problema 3.7.5. *Probar que la variedad de Grassmann $G_k(\mathbb{R}^{n+k})$ es una variedad cociente de Stiefel $V_k(\mathbb{R}^{n+k})$.*

3.8. Valores regulares

En esta sección nos ocupamos del concepto de valor regular. Este reviste particular importancia en el estudio de las subvariedades. Aquí nos encontraremos con el teorema del valor regular, de cuya aplicación obtendremos con suma facilidad muchos ejemplos de subvariedades.

Definición 3.7. *Sea $f : M \longrightarrow N$ una función diferenciable. Un punto $p \in M$ es un punto regular de f si la derivada $f'(p) : T_p(M) \longrightarrow T_{f(p)}N$ es sobreyectiva. Un punto $q \in N$ es un* **valor regular** *de f si $f^{-1}(q) = \emptyset$ o en caso contrario, todos los puntos de $f^{-1}(q)$ son puntos regulares de f.*
Un punto $p \in M$ es un **punto crítico** *de f si p no es un punto regular de f. La imagen de un punto crítico de f es un* **valor crítico** *de f.*

Observar que un punto $q \in N$ o es una valor regular o es un valor crítico de f.

Ejemplo 3.8.1. *Sea la función $f : \mathbb{R}^{n+1} \longrightarrow \mathbb{R}$ dada por*

$$f(x) = \sum_{i=1}^{n+1} x_i^2 - 1$$

Tenemos que $f'(x) = 2(x_1 + \cdots + x_{n+1})$. En consecuencia, $0 \in \mathbb{R}$ es un valor regular de f, ya que $f'(x) \neq 0$, $\forall x \in f^{-1}(0)$. En cambio, $-1 \in \mathbb{R}$ es un valor crítico de f, ya que $0 \in f^{-1}(-1)$ y $f'(0) = 0$.

En realidad, $-1 \in \mathbb{R}$ es el único valor crítico de f, ya que $0 \in \mathbb{R}^{n+1}$ es el único punto crítico de f. Observar que $f^{-1}(0) = S^n$.
Los valores críticos y regulares de ciertas funciones están íntimamente relacionados a la topología de la variedad. Estos han sido ampliamente estudiados. Así, los valores críticos de funciones reales $f : M \longrightarrow \mathbb{R}$ fueron tratados ampliamente por Marston Morse [11] en 1934. Actualmente, estos resultados forman parte de la llamada Teoría de Morse. Una interesante presentación de este tema se encuentra en el texto *Morse Theory* de J. Milnor. En 1963,

S. Smale extendió estos resultados para variedades de dimensión infinita (los rangos de las cartas son abiertos de un espacio de Hilbert).

Nosotros solo estamos interesados en valores regulares, ya que estos nos darán subvariedades. Para felicidad nuestra, los valores regulares de una función son, en general, mas abundantes que los valores críticos. En efecto, en 1942 A. Sard [13] probó (Teorema de Sard) que si C es el conjunto de puntos críticos de la función $f : M^m \longrightarrow N^n$, entonces el conjunto de valores críticos, $f(C)$, es un subconjunto de N de medida 0. Esto es, existe una sucesión $(U_i, y_i)_{i \in \mathbb{N}}$ de cartas de N tales que

$$f(C) \subset \bigcup_{i=1}^{\infty} U_i$$

y los subconjuntos $y_i(f(C) \cap U_i) \subset \mathbb{R}^n$ tienen medida 0. Ver [14], pag. 2.20.

La demostración del siguiente teorema es larga, pero el esfuerzo es plenamente compensado.

Teorema 3.5 (Caracterización local de una subvariedad regular).
Sea N^n una variedad diferenciable y M un subconjunto de N^n, Las siguientes proposiciones son equivalentes:

a) M es una subvariedad regular de N^n de dimensión m.

b) Para cada $p \in M$ existe una carta (V, y) de N tal que $p \in V$ y

$$y(V \cap M) = \{y(q) \in y(V) \mid y^{m+1}(q) = 0, \cdots, y^n(q) = 0\}$$

Demostración. a) $\Rightarrow$ b).

Sea p un punto de M y $i : M^m \longrightarrow N^n$ la inclusión. Por el teorema de la inmersión, existe una carta (U, x) de M y una carta (W, y) de N tales que $p \in U$, $i(U) = U \subset W$ y la función representativa de i es dada por

$$y \circ i \circ x^{-1} = y \circ x^{-1} : x(U) \longrightarrow y(W)$$
$$(y \circ x^{-1})(a^1, \cdots, a^m) = (a^1, \cdots, a^m, 0, \cdots, 0)$$

Luego, para todo $q \in U$ tenemos que

$$y(q) = (y \circ x^{-1})(x(q))$$
$$= (x(q), 0, \cdots, 0)$$
$$= (x(q), y^{m+1}(q), \cdots, y^n(q))$$

Por otro lado, como U es abierto en M, y M tiene la topología de subespacio de N, existe un abierto U' de N tal que $U = U' \cap M$. Si $W' = U' \cap W$, entonces W' es un abierto de N tal que $W' \cap M = U$ y (W', y) es una carta de N.

Tomando $V = W' \cap [y^{-1}(x(U) \times \mathbb{R}^{n-m})]$, tenemos que V es un abierto de N y (V, y) es una carta de N. Usando la igualdad anterior es fácil ver que

$$y(V \cap M) = \{y(q) \in y(V) \mid y^{m+1}(q) = 0, \cdots, y^n(q) = 0\}$$

b) $\Rightarrow$ a).

Demos al subconjunto $M \subset N$ la topología de subespacio. Dado $p \in M$, sea (V, y) la carta de N tal que $p \in V$ y

$$y(V \cap M) = \{y(q) \in y(V) \mid y^{m+1}(q) = 0, \cdots, y^n(q) = 0\}$$
$$= y(V) \cap (\mathbb{R}^m \times \underbrace{\{0\} \times \cdots \times \{0\}}_{n-m})$$

Si a $\mathbb{R}^m \times \{0\} \times \cdots \times \{0\}$ lo consideramos como subvariedad regular de $\mathbb{R}^n$, entonces $y(V \cap M)$ es un abierto de $\mathbb{R}^m \times \{0\} \times \cdots \times \{0\}$ y

$$y : V \cap M \longrightarrow y(V) \cap (\mathbb{R}^m \times \{0\} \times \cdots \times \{0\})$$

es un homeomorfismo. Además la función

$$\pi : \mathbb{R}^m \times \{0\} \times \cdots \times \{0\} \longrightarrow \mathbb{R}^m$$
$$\pi(a^1, \cdots, a^m, 0, \cdots, 0) = (a^1, \cdots, a^m)$$

es un difeomorfismo. Luego, si definimos

1. $\overline{V} = V \cap M$

2. $\overline{y} = \pi \circ y : \overline{V} \longrightarrow \overline{y}(\overline{V}) \subset \mathbb{R}^m$

tenemos que $\overline{y}(\overline{V})$ es abierto en $\mathbb{R}^m$ y $\overline{y}$ es un homeomorfismo. En consecuencia $(\overline{V}, \overline{y})$ es una carta de M alrededor de p. Haciendo variar p en todo M obtenemos un atlas para M, que es de clase C^∞. En efecto, si $(\overline{U}, \overline{x})$ es otra carta que proviene de la carta (U, x) de N, entonces tenemos que

$$\overline{x} \circ \overline{y}^{-1} = (\pi \circ x) \circ (\pi \circ y^{-1}) = \pi \circ (x \circ y^{-1}) \circ \pi^{-1}$$

es de clase C^∞, por ser composición de funciones C^∞.

Hasta ahora tenemos que M es una variedad diferenciable de dimensión m. Además como a M le dimos la topología de subespacio, la inclusión $i : M \longrightarrow i(M)$ es un homeomorfismo. Solo resta probar que i es una inmersión. Para esto debemos ver que las funciones representativas tienen rango m. Si $p \in M$, sea (V, y) una carta de N con $i(p) = p \in V$ que da lugar a la carta $(\overline{V}, \overline{y})$ de M, tenemos que $p \in \overline{V} = i(\overline{V}) \subset V$ y

$$y \circ i \circ \overline{y}^{-1} = y \circ \overline{y}^{-1} = y \circ (\pi \circ y)^{-1} = y \circ y^{-1} \circ \pi^{-1} = \pi^{-1}$$

pero $\pi^{-1}(a^1, \cdots, a^m) = (a^1, \cdots, a^m, 0 \cdots, 0)$. En consecuencia $y \circ i \circ \overline{y}^{-1}$ tiene rango m. $\square$

Teorema 3.6 (Teorema del valor regular). *Sea $f : M^m \longrightarrow N^n$ una función diferenciable. Si $q \in N$ es un valor regular de f y $f^{-1}(q) \neq \emptyset$, entonces*

1. *$f^{-1}(q)$ es una subvariedad regular cerrada de M de dimensión $m - n$.*

2. Si $p \in f^{-1}(q)$, entonces el subespacio tangente de $f^{-1}(q)$ en p es el núcleo de la derivada

$$f'(p): T_pM \longrightarrow T_qN$$

Demostración. 1. Sea p un punto de $f^{-1}(q)$. Por el teorema de la forma local de la sumersión, existen (U, x) y (V, y), cartas de M y N respectivamente, tales que $p \in U$, $f(U) \subset V$, $x(U) = A \times B \subset \mathbb{R}^n \times \mathbb{R}^{m-n}$ y la función representativa de f es la proyección:

$$y \circ f \circ x^{-1} = f_{xy} : x(U) = A \times B \longrightarrow \mathbb{R}^n$$
$$f_{xy}(a, b) = a$$

Si $y(q) = (q^1, \cdots, q^n) \in \mathbb{R}^n$, entonces

$$p' \in U \cap f^{-1}(q) \iff p' \in U \text{ y } f(p') = q$$
$$\iff p' \in U \text{ y } y(f(p')) = y(q)$$
$$\iff p' \in U \text{ y } (y \circ f \circ x^{-1})(x(p')) = (q^1, \cdots, q^n)$$
$$\iff p' \in U \text{ y } f_{xy}(x(p')) = (q^1, \cdots, q^n)$$
$$\iff p' \in U \text{ y } (x^1(p'), \cdots, x^n(p')) = (q^1, \cdots, q^n)$$
$$\iff p' \in U \text{ y } x^1(p') = q^1, \cdots, x^n(p') = q^n.$$

Luego,

$$U \cap f^{-1}(q) = \{p' \in U \mid x^1(p') = q^1, \cdots, x^n(p') = q^n\}$$

de donde,

$$x(U \cap f^{-1}(q)) = \{x(p') \in x(U) \mid x^1(p') = q^1, \cdots, x^n(p') = q^n\}$$

Sea $\bar{x} : U \longrightarrow \mathbb{R}^m$ dada por $\bar{x}(p') = x(p') - (q^1, \cdots, q^n, 0, \cdots, 0)$. Tenemos que $(U, \bar{x})$ es una carta de M y

$$\bar{x}(U \cap f^{-1}(q)) = \{\bar{x}(p') \in \bar{x}(U) \mid \bar{x}^1(p') = 0, \cdots, \bar{x}^m(p') = 0\}$$

Ahora solo nos falta cambiar el orden de las coordenadas. Definimos la siguiente carta $(U, \widehat{x})$:

$$\widehat{x}^1 = \bar{x}^{n+1}, \cdots, \widehat{x}^{m-n} = \bar{x}^m, \widehat{x}^{m-n+1} = \bar{x}^1, \cdots, \widehat{x}^m = \bar{x}^n$$

y obtenemos

$$\widehat{x}(U \cap f^{-1}(q)) = \{\widehat{x}(p') \in \widehat{x}(U) \mid \widehat{x}^{m-n+1}(p') = 0, \cdots, \widehat{x}^m(p') = 0\}$$

En consecuencia, por la proposición 3.5, $f^{-1}(q)$ es una subvariedad regular de M de dimensión $m - n$. Además, como f es continua, $f^{-1}(q)$ es cerrado.

2. Consideremos la función
$$f^{-1}(q) \xmapsto{i} M \xmapsto{f} N$$

Tenemos que $f \circ i$ es constante y, por tanto, $(f \circ i)'(p) = 0$. Usando la regla de la cadena tenemos que $f'(p) \circ i'(p) = 0$, y, por tanto,

$$i'(p)(T_p f^{-1}(q)) \subset \ker f'(p)$$

pero estos subespacios tienen igual dimensión. Luego, estos son iguales.
□

El siguiente resultado nos dice que un conjunto de nivel de un valor que cumple cierta condición de regularidad es una subvariedad regular cerrada.

Corolario 3.7. *Sea $f : \mathbb{R}^m \longrightarrow \mathbb{R}^n$ una función diferenciable y $a \in \mathbb{R}^n$ tal que $f^{-1}(a) \neq \varnothing$. Si la matriz jacobiana de f tiene rango n en $f^{-1}(a)$, entonces $f^{-1}(a)$ es una subvariedad regular cerrada de $\mathbb{R}^m$ de dimensión $m - n$*

Ejemplo 3.8.2. *Los siguientes conjuntos son subvariedades regulares de $\mathbb{R}^3$ de dimensión 2. (Superficies de $\mathbb{R}^3$)*

1. *Elipsoide:* $\{(x, y, z) \in \mathbb{R}^3 \mid \dfrac{x^2}{a^2} + \dfrac{y^2}{b^2} + \dfrac{z^2}{c^2} = 1\}$

2. *Hiperboloide de una hoja:* $\{(x, y, z) \in \mathbb{R}^3 \mid \dfrac{x^2}{a^2} + \dfrac{y^2}{b^2} - \dfrac{z^2}{c^2} = 1\}$

3. *Hiperboloide de dos hojas:* $\{(x, y, z) \in \mathbb{R}^3 \mid -\dfrac{x^2}{a^2} - \dfrac{y^2}{b^2} + \dfrac{z^2}{c^2} = 1\}$

En efecto, digamos en el caso del elipsoide, si definimos $f(x,y,z) = \dfrac{x^2}{a^2} + \dfrac{y^2}{b^2} + \dfrac{z^2}{c^2} - 1$, se verifica que $0 \in \mathbb{R}$ es un valor regular de f. En forma similar para los otros. Esos tres ejemplos son casos particulares de nuestro siguiente ejemplo.

Ejemplo 3.8.3. *Sea $g : \mathbb{R}^n \longrightarrow \mathbb{R}$ un polinomio homogéneo de grado $r \geq 1$ que tiene al menos un valor positivo. Si*

$$f : \mathbb{R}^n \longrightarrow \mathbb{R}$$
$$f(x) = g(x) - 1$$

entonces $M = f^{-1}(0)$ es una subvariedad regular y cerrada de $\mathbb{R}^n$ de dimensión $n - 1$. Aún más, si $g(x) > 0 \; \forall x \neq 0$ entonces M es compacta.

Probemos estas afirmaciones:
Sea $x' \in \mathbb{R}^n$ tal que $g(x') = k > 0$. Si $x = \dfrac{1}{\sqrt[r]{k}} x'$, tenemos que

$$g(x) = g\left(\dfrac{1}{\sqrt[r]{k}} x'\right) = \dfrac{1}{k} g(x') = \dfrac{1}{k}(k) = 1$$

luego $x \in M$ y $M \neq \varnothing$.
Por otro lado, $f'(x) = g'(x)$ y, por el problema 3 de la sección 3.1 tenemos que

$$\sum_{i=1}^{n} x^i \frac{\partial g}{\partial x^i}(x) = rg(x)$$

Luego, $f'(x) = g'(x) \neq 0$ si $g(x) = 1$. En consecuencia, $f'(x)$ es sobreyectiva $\forall x \in M = f^{-1}(0) = g^{-1}(1)$, esto es, 0 es valor regular de f. Por tanto, M es una subvariedad regular cerrada de $\mathbb{R}^n$ de dimensión $n-1$.
Si $g(x) > 0 \; \forall x \neq 0$, entonces $g : S^{n-1} \longrightarrow \mathbb{R}$ es positiva. Por la compacidad de S^{n-1}, $\exists \rho > 0$ tal que $g(x) \geq \rho \; \forall x \in S^{n-1}$. Sea $B \subset \mathbb{R}^n$ la bola cerrada de centro en el origen y radio $\dfrac{1}{\sqrt[r]{\rho}}$. La compacidad de $M = f^{-1}(0) = g^{-1}(1)$ seguirá inmediatamente si probamos que $M \subset B$. Veamos esto último. Si $x \in M$ y $x \neq 0$, entonces

$$|x|^r \rho \leq |x|^r g\left(\frac{1}{|x|}x\right) = g(x) = 1$$

luego $|x| \leq \dfrac{1}{\sqrt[r]{\rho}}$, esto es, $x \in B$, luego concluimos que $M \subset B$.

En los dos ejemplos siguientes identificamos el espacio tangente $T_p\mathbb{R}^m$ de $\mathbb{R}^m$ en el punto $p \in \mathbb{R}^m$ con $\mathbb{R}^m$.

Ejemplo 3.8.4. *El grupo lineal especial* $\mathrm{SL}(n, \mathbb{R})$.
$SL(n, \mathbb{R})$ es el subgrupo de $M(n \times n, \mathbb{R})$ formado por todos los elementos de $M(n \times n, \mathbb{R})$ con determinante igual a 1.

$$\mathrm{SL}(n, \mathbb{R}) = \{X \in M(n \times n, \mathbb{R}) \mid \det X = 1\} = (\det)^{-1}(1)$$

Queremos ver que $SL(n, \mathbb{R})$ es una subvariedad regular de $\mathbb{R}^{n^2} = M(n \times n, \mathbb{R})$ de dimensión $n^2 - 1$.
Si $X \in M(n \times n, \mathbb{R})$, denotaremos con $X^1, \cdots, X^n$ los vectores columna de la matriz X.
La función determinante

$$\det : M(n \times n, \mathbb{R}) \longrightarrow \mathbb{R}$$

es una función diferenciable y n-lineal en los vectores columna. De acuerdo a la fórmula de la derivada de una función multilineal tenemos que

$$((\det)'(X))(A) = \sum_{i=1}^{n} \det(X^1, \cdots, A^i, \cdots, X^n)$$

$X, A \in M(n \times n, \mathbb{R})$.
Si $\{E_{rs}\}_{1 \leq r,s \leq n}$ es la base canónica de $M(n \times n, \mathbb{R})$ y si X_s^r es la submatriz de

X que se obtiene eliminando la fila r y la columna s, entonces de la fórmula anterior tenemos que

$$\frac{\partial \det}{\partial X_s^r}(X) = ((\det)'(X))(E_{rs}) = (-1)^{r+s} \det X_s^r$$

Ahora, si $X \in SL(n,\mathbb{R}) = (\det)^{-1}(1)$, entonces existe un X_s^r tal que $\det X_s^r \neq 0$. Luego por la ecuación anterior tenemos que, 1 es un valor regular de $\det : M(n \times n, \mathbb{R}) \longrightarrow \mathbb{R}$, en consecuencia, $SL(n,\mathbb{R})$ es una subvariedad regular de $\mathbb{R}^{n^2} = M(n \times n, \mathbb{R})$ de dimensión $n^2 - 1$.

Ahora para ahondar un poco más en este ejemplo, calculemos el subespacio tangente de $SL(n,\mathbb{R})$ en el punto I. Bien, sabemos que el subespacio tangente de $SL(n,\mathbb{R})$ en el punto I es el núcleo de

$$(\det)'(I) : M(n \times n, \mathbb{R}) \longrightarrow \mathbb{R}$$

y además de la fórmula de la derivada de la función det tenemos

$$((\det)'(I))(A) = \sum_{i=1}^{n} a_i^i = \text{traza de } A$$

Luego, el subespacio tangente de $SL(n,\mathbb{R})$ en el punto I es el subconjunto de $M(n \times n, \mathbb{R})$ formado por las matrices de traza nula.

Ejemplo 3.8.5. *El grupo ortogonal $O(n,\mathbb{R})$ es el subgrupo de $M(n \times n, \mathbb{R})$ formado por todas las matrices X tales que $XX^t = I$*

$$O(n,\mathbb{R}) = \{X \in M(n \times n, \mathbb{R}) \mid XX^t = I\}$$

Si $X = (X_j^i) \in M(n \times n, \mathbb{R})$ denotaremos con $X^t = (X_i^j)$ la transpuesta de X. Sabemos que

1. $(X^t)^t = X$
2. $(X+Y)^t = X^t + Y^t$
3. $(aX)^t = aX^t$
4. $(XY)^t = Y^t X^t$
5. $I^t = I$
6. $(X^{-1})^t = (X^t)^{-1}$

   Por definición, una matriz $X \in M(n \times n, \mathbb{R})$ es simétrica si $X = X^t$ y es antisimétrica si $X = -X^t$. Es fácil ver que el conjunto de las matrices simétricas $S(n,\mathbb{R})$ y el de las matrices antisimétricas $A(n,\mathbb{R})$ son subespacios vectoriales de $M(n \times n, \mathbb{R})$ de dimensiones $\frac{n}{2}(n+1)$ y $\frac{n}{2}(n-1)$ respectivamente (Problema 3.8.9). Aún más, para toda matriz $X \in M(n \times n, \mathbb{R})$ se tiene que

7. $XX^t, X + X^t \in S(n, \mathbb{R})$

8. $X - X^t \in A(n, \mathbb{R})$

9. $X = \dfrac{1}{2}(X + X^t) + \dfrac{1}{2}(X - X^t)$

De la última igualdad de tiene que

$$M(n \times n, \mathbb{R}) = S(n, \mathbb{R}) \bigoplus A(n, \mathbb{R})$$

Si consideramos la función diferenciable

$$f : M(n \times n, \mathbb{R}) \longrightarrow S(n, \mathbb{R}) = \mathbb{R}^{\frac{n(n+1)}{2}}$$
$$f(X) = XX^t$$

entonces $O(n, \mathbb{R}) = f^{-1}(I)$. Si probamos que I es un valor regular de f, tendremos que $O(n, \mathbb{R})$ es una subvariedad regular de $M(n \times n, \mathbb{R}) = \mathbb{R}^{n^2}$ de dimensión $n^2 - \dfrac{n}{2}(n+1) = \dfrac{n}{2}(n-1)$. Para esto, en primer lugar, invitamos al lector a probar que la derivada

$$f'(X) : M(n \times n, \mathbb{R}) \longrightarrow S(n, \mathbb{R})$$

esta dada por

$$(f'(X))(H) = XH^t + HX^t$$

(problema 3.8.10).
Ahora si $X \in O(n, \mathbb{R}) = f^{-1}(I)$ entonces $f'(X)$ es sobreyectiva, en efecto, si $S \in S(n, \mathbb{R})$ tomamos $B = \dfrac{1}{2}SX$ y tenemos que

$$\begin{aligned}(f'(X))(B) &= XB^t + BX^t \\ &= X(\tfrac{1}{2}SX)^t + (\tfrac{1}{2}SX)X^t \\ &= \tfrac{1}{2}XX^tS + \tfrac{1}{2}SXX^t \\ &= S.\end{aligned}$$

Esto demuestra que I es un valor regular de f.
Para $X = I \in O(n, \mathbb{R})$ tenemos que

$$(f'(I))(H) = H^t + H$$

En consecuencia, el subespacio tangente a $O(n, \mathbb{R})$ en el punto I es $A(n, \mathbb{R})$. Por otro lado, siendo $O(n, \mathbb{R})$ cerrado y acotado, tenemos que $O(n, \mathbb{R})$ es una subvariedad compacta de $\mathbb{R}^{n^2}$.

Problemas

Problema 3.8.1. *Sea $f : M \longrightarrow N$ una función diferenciable.*
a) Si X es el conjunto de puntos regulares de f, probar que X es un conjunto abierto de M. Y C el conjunto de puntos críticos es cerrado.
b) Si R es el conjunto de valores regulares de f, probar que R es un subconjunto denso de N. Sugerencia: Usar el teorema de Sard.
c) Si M es compacto, probar que $f(C)$, el conjunto de valores críticos de f es cerrado y que el conjunto de valores regulares es abierto.

Problema 3.8.2. *Si M es una variedad compacta, probar que toda función diferenciable $f : M \longrightarrow \mathbb{R}$ tiene por lo menos dos puntos críticos.*

Problema 3.8.3. *Sea M^m una variedad compacta, $f : M^m \longrightarrow N^n$ una función diferenciable y $\dim M = \dim N$.*
a) Si $q \in N$ es un valor regular de f, probar que $f^{-1}(q)$ es un subconjunto finito de M.
b) Si R es el conjunto de valores regulares de f, probar que la función $h : R \longrightarrow N$ definida por

$$h(q) = \sharp f^{-1}(q) = \text{el numero de elementos de } f^{-1}(q)$$

es localmente constante. (Problema no muy fácil).

Problema 3.8.4. *Sea $f : S^1 \longrightarrow \mathbb{R}$ una función diferenciable y $t_0 \in \mathbb{R}$ un valor regular de f.*
a) Probar que $f^{-1}(t_0)$ tiene un numero par de elementos.
b) Si $f^{-1}(t_0)$ tiene $2k$ elementos, entonces f tiene, por lo menos, $2k$ puntos críticos.

Problema 3.8.5. *Sea $f : M^m \longrightarrow N^n$ una función diferenciable y $q \in N$ tal que f tiene rango constante k en una vecindad de $f^{-1}(q)$. Probar que $f^{-1}(q)$ es una subvariedad regular cerrada de M^m de dimensión $m - k$.*

Problema 3.8.6. *Sea c un numero real tal que $0 < c < 4$. Probar que el conjunto*

$$\{(x,y,z) \in \mathbb{R}^3 \mid z^2 + (\sqrt{x^2 - y^2} - 2)^2 = c\}$$

es una subvariedad regular de $\mathbb{R}^3$ difeomorfa al toro $T^2 = S^1 \times S^1$.

Problema 3.8.7. *Sea $g : \mathbb{R}^{n-1} \longrightarrow \mathbb{R}$ una función diferenciable y $f : \mathbb{R}^n \longrightarrow \mathbb{R}$ la función*

$$f(x^1, \cdots, x^n) = g(x^1, \cdots, x^{n-1}) - x^n$$

Probar que $M = f^{-1}(0)$ es una subvariedad regular de $\mathbb{R}^n$ difeomorfa a $\mathbb{R}^{n-1}$. Notar que M_1 el paraboloide elíptico y M_2 el paraboloide hiperbólico

$$M_1 = \{(x,y,z) \in \mathbb{R}^3 \mid z = \frac{x^2}{a^2} + \frac{y^2}{b^2}\}$$
$$M_2 = \{(x,y,z) \in \mathbb{R}^3 \mid z = \frac{x^2}{a^2} - \frac{y^2}{b^2}\}$$

son casos particulares de este problema.

Problema 3.8.8. *Si a, b, c son numero reales no todos nulos, probar que*

$$M = \{(x, y, z) \in \mathbb{R}^3 \mid axy + bxz + cyz + d = 0, \ d \neq 0\}$$

es una subvariedad regular de $\mathbb{R}^3$ de dimensión 2.

Problema 3.8.9. *Probar que $S(n, \mathbb{R})$ y $A(n, \mathbb{R})$ son subespacios vectoriales de $M(n \times n, \mathbb{R})$ de dimensiones $\frac{n}{2}(n+1)$ y $\frac{n}{2}(n-1)$ respectivamente.*

Problema 3.8.10. *Probar que la derivada de la función*

$$f : M(n \times n, \mathbb{R}) \longrightarrow S(n, \mathbb{R})$$
$$f(X) = XX^t$$

en el punto X esta dada por

$$f'(X)(H) = XH^t + HX^t$$

Problema 3.8.11. *Si $B \in O(n, \mathbb{R})$, probar que el subespacio tangente a $O(n, \mathbb{R})$ en el punto B es*

$$\{XB \mid X \in A(n, \mathbb{R})\}$$

3.9. Transversalidad

Nuestro objetivo en esta sección es generalizar el teorema del valor regular, tomando una subvariedad en lugar de un valor regular q (q es una subvariedad de dimensión 0). Sin duda que a la subvariedad debemos imponerle alguna condición que generalice el concepto de valor regular. Esta es la de transversalidad, idea que fue introducida por Rene Thom en 1954 [16] y que ha resultado ser muy fecunda.

Definición 3.8. *Sea $f : M \longrightarrow N$ una función diferenciable y K una subvariedad de N. La función f es **transversal** a K en el punto $p \in M$ si $f(p) \notin K$ o, en caso contrario,*

$$f'(p)(T_pM) + T_{f(p)}K = T_{f(p)}N$$

La función f es transversal a K si f es transversal a K en todo punto p de M.

La igualdad anterior no significa que la suma de los dos subespacios sea necesariamente en suma directa, solo significa que los dos subespacios generan a $T_{f(p)}N$.

Ejemplo 3.9.1. *La función*

$$f : \mathbb{R} \longrightarrow \mathbb{R}^2$$
$$f(t) = (t, sen\, t)$$

es transversal a la subvariedad $K = \{(x, 0) \mid x \in \mathbb{R}\}$.

Ejemplo 3.9.2. *Sea* $f : M \longrightarrow N$ *una función diferenciable y* $q \in N$. f *es transversal a* $K = \{q\}$ *si y solo si, q es un valor regular de f.*

Ejemplo 3.9.3. $f : M \longrightarrow N$ *es una sumersión, si y solo si, f es transversal a toda subvariedad de* N.

En efecto, si f es una sumersión, tenemos que

$$f'(p)(T_p M) = T_{f(p)} N, \quad \forall p \in M$$

Luego, para cualquier subvariedad $K \subset N$ se cumple,

$$f'(p)(T_p M) + T_{f(p)} K = T_{f(p)} N$$

Recíprocamente, dado un $p \in M$ tomamos la subvariedad $K = \{f(p)\}$ para lo cual debe cumplirse que

$$f'(p)(T_p M) + T_{f(p)} K = T_{f(p)} N$$

esto nos dice que f es una sumersión, ya que $T_{f(p)} K = 0$

Ahora nos preparamos para demostrar el teorema que tenemos por objetivo, el cual, entre otras cosas, dice que si $f : M \longrightarrow N$ es transversal a una subvariedad K de N, entonces $f^{-1}(K)$ es una subvariedad de M. El teorema del valor regular resulta ser un caso particular de este.

Lema 3.2. *Si* K^k *es una subvariedad de* N^n *y* $p \in K$, *entonces existen cartas* (U, x) *y* (V, y) *de* K^k *y* N^n *respectivamente, tales que* $p \in U \subset V$ *y*

$$U = \{q \in V \mid y^{k+1}(q) = 0, \cdots, y^n(q) = 0\}$$

Demostración. Puesto que la inclusión $i : K^k \longrightarrow N^n$ es una inmersión, por el teorema de la forma local de la inmersión, tenemos que existen cartas (U, x) y (V', y) de K^k y N^n respectivamente, tales que $p \in U \subset V'$ y

$$y \circ x^{-1} : x(U) \longrightarrow x(U) \times \mathbb{R}^{n-k}$$
$$(y \circ x^{-1})(a) = (a, 0)$$

Luego,

$$y(q) = (y \circ x^{-1})(x(q)) = (x(q), 0) = (x(q), y^{k+1}(q), \cdots, y^n(q)) \quad \forall q \in U$$

Si $V = y^{-1}(x(U) \times \mathbb{R}^{n-k})$, entonces V es abierto en N, $U \subset V \subset V'$ y (V, y) es una carta de N. Es fácil ver que

$$U = \{q \in V \mid y^{k+1}(q) = 0, \cdots, y^n(q) = 0\}$$

$\square$

Supongamos que $f : M^m \longrightarrow N^n$ es transversal a la subvariedad K^k de N^n. Usando la vecindad V del lema anterior, definimos $W = f^{-1}(V)$, que resulta ser un subconjunto abierto de M que contiene a $f^{-1}(U)$ (ver figura 3.9). Ahora trabajamos con estas vecindades obtenidas. Sea $\pi : \mathbb{R}^k \times \mathbb{R}^{n-k} \longrightarrow$

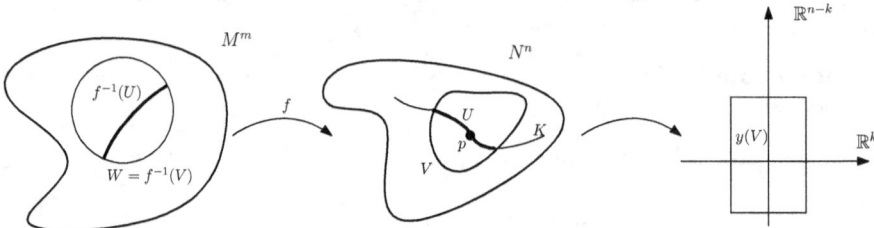

Figura 3.9: Vecindades del lema 3.3

$\mathbb{R}^{n-k}$ la función proyección.
Si g es la función
$$g : W \longrightarrow \mathbb{R}^{n-k}$$
$$g = \pi \circ y \circ f|_W$$
tenemos que $f^{-1}(U) = g^{-1}(0)$ y además,

Lema 3.3. $0 \in \mathbb{R}^{n-k}$ es un valor regular de $g : W \longrightarrow \mathbb{R}^{n-k}$

Demostración. La función $\pi \circ y : V \longrightarrow \mathbb{R}^{n-k}$ por ser composición de sumersiones, es una sumersión y $(\pi \circ y)(U) = 0$. En consecuencia tenemos
$$\forall q \in U, \ (\pi \circ y)'(q)(T_q N) = T_{\pi(y(q))}\mathbb{R}^{n-k}, \ (\pi \circ y)'(q)(T_q K) = 0$$
Si $t \in g^{-1}(0) = f^{-1}(U) \subset f^{-1}(W)$, puesto que f es transversal a K, tenemos que
$$f'(t)(T_t M) + T_{f(t)} K = T_{f(t)} N$$
Aplicando $(\pi \circ y)'(f(t))$ a ambos miembros, tenemos
$$(\pi \circ y)'(f(t))[f'(t)(T_t M)] + (\pi \circ y)'(f(t))[T_{f(t)} K] = (\pi \circ y)'(f(t))[T_{f(t)} N]$$
de donde
$$(\pi \circ y \circ f)'(t)(T_t M) = T_{(\pi \circ y \circ f)(t)}\mathbb{R}^{n-k}$$
esta última igualdad prueba que $0 \in \mathbb{R}^{n-k}$ es un valor regular de g. □

Corolario 3.8. $Z = f^{-1}(U)$ *es una subvariedad regular de* M^m *de dimension* $m + k - n$.

Demostración. Por el lema anterior y por el teorema del valor regular, $Z = f^{-1}(U) = g^{-1}(0)$ es una subvariedad regular de W de dimensión $m-(n-k) = m + k - n$. Pero, a su vez, W es una subvariedad regular de M, luego, por el problema 10, de la sección 3.3, Z es una subvariedad regular de M^m de dimensión $m + k - n$. □

Estamos listos para enfrentarnos al teorema que tenemos en mente.

Teorema 3.7. *Sea $f : M^m \longrightarrow N^n$ una función diferenciable y $K^k \subset N^n$ una subvariedad de N^n. Si f es transversal a K^k y $f^{-1}(K) \neq \varnothing$, entonces $f^{-1}(K)$ es una subvariedad de M^m de dimensión $m + k - n$. Aún más, si K es una subvariedad regular, entonces $f^{-1}(K)$ también lo es.*

Demostración. Cubrimos a K con una familia numerable $\{U_j\}_{j\in\mathbb{N}}$ de vecindades U_j del tipo logrado en un lema. Sea V_j la correspondiente vecindad de U_j y $W_j = f^{-1}(V_j)$. Por el lema anterior cada $Z_j = f^{-1}(U_j)$ es una subvariedad regular de M^m de dimensión $m + k - n$. Tenemos que

$$f^{-1}(K) = \bigcup_{j=0}^{\infty} Z_j$$

y $\forall j, h$, $Z_j \cap Z_h$ es abierto en Z_j y en Z_h. Si $\mathcal{Z}_j$ es la topología de Z_j, entonces la familia

$$\mathcal{Z} = \{A \subset f^{-1}(K) \mid A \cap Z_j \in \mathcal{Z}_j, \ \forall j \in \mathbb{N}\}$$

es una topología para $f^{-1}(K)$, que contiene a todos los Z_j. $f^{-1}(K)$ con esta topología, es segundo numerable, por ser unión numerable de espacios segundo numerables.

Las inclusiones $i_j : Z_j \longrightarrow M$, $j \in \mathbb{N}$, son continuas (son inmersiones regulares) y $i_j = i_h$ en el abierto $Z_j \cap Z_h$. Luego, la inclusión $i : f^{-1}(K) = \bigcup_{j=0}^{\infty} Z_j \longrightarrow M$ es continua. En consecuencia, $f^{-1}(K)$ es Hausdorff.

Sea $\mathcal{A}_j$ la estructura diferenciable de Z_j que hace de Z_j subvariedad regular de M. Si $Z_j \cap Z_h \neq \varnothing$ entonces las restricciones $\mathcal{A}_j|_{Z_j \cap Z_h}$ y $\mathcal{A}_h|_{Z_j \cap Z_h}$ son dos estructuras diferenciables para $Z_j \cap Z_h$, tales que $(Z_j \cap Z_h, \mathcal{A}_j|_{Z_j \cap Z_h})$ y $(Z_j \cap Z_h, \mathcal{A}_h|_{Z_j \cap Z_h})$ son subvariedades regulares de M. Pero la proposición 3.3 nos dice que $\mathcal{A}_j|_{Z_j \cap Z_h} = \mathcal{A}_h|_{Z_j \cap Z_h}$. Luego

$$\mathcal{A} = \bigcup_{j=0}^{\infty} \mathcal{A}_j$$

es un atlas diferenciable para $f^{-1}(K)$ y en consecuencia, $f^{-1}(K)$ es una subvariedad de M de dimensión $m + k - n$.

Para terminar, supongamos que K es una subvariedad regular de N. En este caso, las vecindades U_j son abiertos en la topología de subespacio de $K \subset N$. En consecuencia, podemos tomar $U_j = V_j \cap K$ y, entonces

$$Z_j = f^{-1}(U_j) = f^{-1}(V_j) \cap f^{-1}(K) = W_j \cap f^{-1}(K)$$

Por otro lado, por ser Z_j subvariedad regular de M, la topología $\mathcal{Z}_j$ de Z_j es la de subespacio de M. Luego

$$A \in \mathcal{Z} \Leftrightarrow \forall j, \ A \cap Z_j \in \mathcal{Z}_j \Leftrightarrow \forall j, \ \exists H_j$$

donde H_j es abierto en M, tal que, $A \cap Z_j = H_j \cap Z_j$.
Así tenemos,

$$A = \bigcup_{j=0}^{\infty} A \cap Z_j$$
$$= \bigcup_{j=0}^{\infty} H_j \cap Z_j$$
$$= \bigcup_{j=0}^{\infty} H_j \cap (W_j \cap f^{-1}(K))$$
$$= (\bigcup_{j=0}^{\infty} H_j \cap W_j) \cap f^{-1}(K)$$

lo que nos dice que A es un elemento de la topología de subespacio de $f^{-1}(K) \subset M$. $\square$

Corolario 3.9. *Si $f : M \longrightarrow N$ es una sumersión, entonces para toda subvariedad (resp. regular) K de N, se cumple que $f^{-1}(K) \neq \varnothing$ es una subvariedad (resp. regular) de M.*

Sean K y S subvariedades de N tales que $K \cap S \neq \varnothing$. Se dice que K y S se **cortan transversalmente** o que están en **posición general** si $\forall p \in K \cap S$ se tiene

$$T_p K + T_p S = T_p N$$

Notar que K y S se cortan transversalmente si y solo si, S es transversal a $i : K \longrightarrow N$ y K es transversal a $i : S \longrightarrow N$.

Corolario 3.10. *Si K^k y S^s son subvariedades de N^n que se cortan transversalmente, entonces $K \cap S$ es una subvariedad de K y de S de dimensión $k + s - n$. Aún más, si S es subvariedad regular de N, entonces $K \cap S$ es subvariedad regular de K.*

Ejemplo 3.9.4. *Si K y S son dos subvariedades de $\mathbb{R}^3$ de dimension 2 (superficies de $\mathbb{R}^3$) tales que $K \cap S \neq \varnothing$ y $\forall p \in K \cap S$ se tiene $T_p K \neq T_p S$, entonces $K \cap S$ es una subvariedad de $\mathbb{R}^3$ de dimensión 1 (curva de $\mathbb{R}^3$).*

En efecto, si $T_p K \neq T_p S$, entonces $T_p K + T_p S = T_p \mathbb{R}^3$.

Problemas

Problema 3.9.1. *Dos funciones diferenciables $f : M \longrightarrow Z$, $g : N \longrightarrow Z$ se dice que son transversales en los puntos $p \in M$ y $q \in N$ si $f(p) = g(q) = r$ y*

$$T_r Z = f'(p)(T_p M) + g'(q)(T_q N)$$

Probar que f y g son transversales en los puntos $p \in M$ y $q \in N$ si y solo si, la función $f \times g : M \times N \longrightarrow Z \times Z$ es transversal a la diagonal $\Delta \subset Z \times Z$ en el punto $(p,q) \in M \times N$. Sugerencia: Si V_1, V_2 son subespacios vectoriales de un espacio vectorial V, entonces $V_1 + V_2 = V$ si y solo si, $V_1 \times V_2 + D = V \times V$ donde D es el subespacio diagonal de $V \times V$.

Problema 3.9.2. *Dos funciones diferenciables $f : M \longrightarrow Z$, $g : N \longrightarrow Z$ se dice que son transversales si f y g son transversales en todos los pares de puntos $p \in M$, $q \in N$ tales que $f(p) = g(q)$.*
Probar que si f es transversal a g entonces $K = \{(p,q) \in M \times N /\ \ f(p) = g(q)\}$ es una subvariedad de $M \times N$ y $\dim K = \dim M + \dim N - \dim Z$. Sugerencia: $K = (f \times g)^{-1}(\Delta)$.

Problema 3.9.3. *Si $f : M^m \longrightarrow N^n$ es una sumersión, probar que el conjunto*

$$K = \{(p,q) \in M \times N \mid\ \ f(p) = f(q)\}$$

es una subvariedad de $M \times N$ de dimensión $2m - n$.

4

EL FIBRADO TANGENTE

	ÉLIE CARTAN	114
4.1.	Fibrados Vectoriales	115
4.2.	Variedades Definidas por una Familia de Inyecciones	119
4.3.	El Fibrado Tangente	121
4.4.	Campos Vectoriales	123
4.5.	Homomorfismo de Fibrados Vectoriales	127

ÉLIE CARTAN
(1869–1951)

ÉLIE JOSEPH CARTAN nació en Dolomieu, una villa en el sur de Francia. Su familia fue económicamente modesta. Su padre fue herrero. Durante su época, en Francia, era casi imposible que un niño de padres pobres obtuviera una educación universitaria. E. Cartan logró este objetivo gracias a las ayudas estatales dedicadas a estudiantes talentosos. En 1888 entró a estudiar en la **Escuela Normal Superior de París**, donde tuvo como profesores a **Henri Poincaré**, **Charles Hermite**, **Picard** y otros matemáticos distinguidos. Se doctoró en 1904. Fue profesor en la Universidad de Montpellier, Universidad de Lyon, Universidad de Nancy y la Universidad de la Sorbona, en París, desde 1909 hasta 1940. En esta última universidad tuvo a su cargo las cátedras de cálculo diferencial e integral, mecánica racional y geometría avanzada.

Un tema que sobresale en los trabajos de E. Cartan fue la teoría de los grupos de Lie. Recordemos que un grupo de Lie (nombrado así en honor del matemático noruego Sophus Lie) es una variedad diferenciable que también es un grupo, cuyas operaciones de grupo (multiplicación e inversión) son diferenciables. Vemos aquí que el tema de grupos de Lie confluye la geometría diferencial con la teoría de grupos.

E. Cartan fue incorporado como miembro de La Academia de Ciencias Francesa en 1931 y en la Royal Society londinense en 1947. En 1980, La Academia de Ciencias de Francia creo el Premio Elie Cartan, el cual es otorgado cada tres años a un matemático menor de 45 años de edad que haya aportado unos importantes resultados.

EL FIBRADO TANGENTE

En este capítulo presentamos el concepto de fibrado vectorial y luego nos abocamos a uno de los fibrados mas importantes de la geometría: El Fibrado Tangente de una variedad.

La noción de fibrado apareció al rededor de los años 30, motivado por el deseo de linealizar los problemas no lineales de la Geometría y la Topología. Desde entonces, es de uso muy frecuente en muchas ramas de la matemática, sobre las que ha ejercido profunda influencia.

4.1. Fibrados Vectoriales

Definición 4.1. *Un* **fibrado vectorial** *diferenciable es una terna* (E, M, π), *donde E y M son variedades diferenciables y $\pi : E \longrightarrow M$ una función difrenciable; y se cumple que:*

1) *Para todo punto $p \in M$, $E_p = \pi^{-1}(p)$ es un espacio vectorial de dimensión n.*

2) *E es* **localmente trivial***(ver figura 4.1). Esto es, para todo punto $p \in M$ existen una vecindad abierta U de p y un difeomorfismo $\psi : \pi^{-1}(U) \longrightarrow U \times \mathbb{R}^n$ tal que:*

   a) $\pi_1 \circ \psi = \pi$, *donde π_1 es la proyección $\pi_1 : U \times \mathbb{R}^n \longrightarrow U$.*

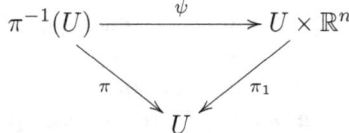

   b) $\psi : E_p \longrightarrow p \times \mathbb{R}^n$ *es un un isomorfismo de espacios vectoriales.*

A E se le llama el **espacio total***; a M, el* **espacio base***; a π, la* **proyección***; a $E_p = \pi^{-1}(p)$,* **la fibra** *sobre p; a n la dimensión de las fibras.*

Observar que si M tiene dimensión m, entonces E tiene dimensión $m + n$. Muchas veces cuando no hay confusión, en lugar de decir el fibrado (E, M, π) diremos simplemente el fibrado E.

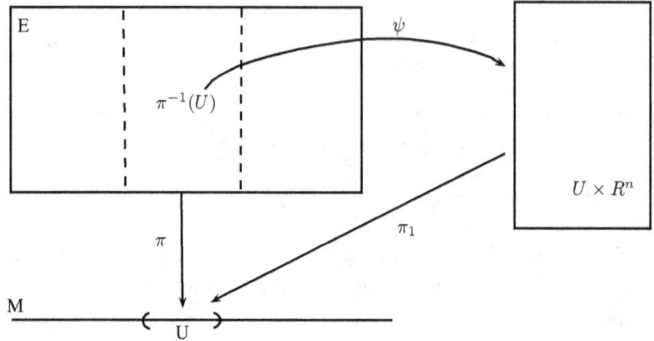

Figura 4.1: Localización trivial en un fibrado

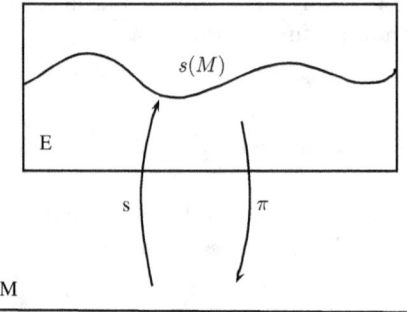

Figura 4.2: Sección de un fibrado

Definición 4.2. *Una **sección** de un fibrado (E, M, π) es una función $s : M \longrightarrow E$ tal que $\pi \circ s = I_M$.*

Observar que la condición $\pi \circ s = I_M$, implica que $S(p) \in E_p, \forall p \in M$ (ver la figura 4.2).
Denotamos con $\Gamma(M)$ el conjunto formado por todas las secciones diferenciables del fibrado (E, M, π).
Si $C^\infty(M)$ es el conjunto formado por todas las funciones reales diferenciables definidas en M, entonces $C^\infty(M)$ con las operaciones suma de funciones, multiplicación de un escalar (real) por una función y la multiplicación de funciones, es un álgebra sobre $\mathbb{R}$.
A $\Gamma(M)$ le damos la estructura de módulo sobre $C^\infty(M)$, definiendo las siguientes operaciones.

1) $(s+t)(p) = s(p) + t(p), \qquad p \in M$ y $s, t \in \Gamma(E)$.

2) $(f.s)(p) = f(p).s(p), \qquad p \in M,\ s \in \Gamma(E),\ f \in C^\infty(M)$.

Ejemplo 4.1.1. *Sea M una variedad, $E = M \times \mathbb{R}^n$ y $\pi : E = M \times \mathbb{R}^n \longrightarrow M$ la proyección natural. Es fácil que $(M \times \mathbb{R}^n, M, \pi)$ es un fibrado vectorial diferencial, al cual se le llama fibrado trivial.*

Si $s : M \longrightarrow M \times \mathbb{R}^n$ es una sección de este fibrado, entonces s es de la forma $s(p) = (g(p), f(p))$, donde $g : M \longrightarrow M$ y $g : M \longrightarrow \mathbb{R}^n$. Pero $p = (\pi \circ s)(p) = g(p)$, luego g es la función identidad de M. En consecuencia $s(p) = (p, f(p)), \forall p \in M$. Esto nos dice que toda sección del fibrado trivial $(M \times \mathbb{R}^n, M, \pi)$ puede identificarse como una función $f : M \longrightarrow \mathbb{R}^n$.

Ejemplo 4.1.2. *Sea (E, M, π) un fibrado vectorial diferenciable. Si U es un subconjunto abierto de M, entonces $\pi^{-1}(U)$ es un sub-conjunto abierto de E. En consecuencia, U y $\pi^{-1}(U)$ son subvariedades de E y M respectivamente. Es fácil ver que $(\pi^{-1}(U), U, \pi|_U)$ es un fibrado vectorial diferenciable de las mismas dimensiones que (E, M, π). A este fibrado lo llamaremos la **restricción del fibrado** E a U y lo denotaremos por $E|_U$.*

Definición 4.3. *Un **sistema de referencia** del fibrado vectorial (E, M, π) es un conjunto de secciones $s_1, \ldots, s_n$ de este fibrado tal que, para cualquier $p \in M$, $s_1(p), \ldots, s_n(p)$ es una base para la fibra E_p.*

Ejemplo 4.1.3. *Sea M una variable diferenciable. Consideremos el fibrado trivial $(M \times \mathbb{R}^n, M, \pi)$. Si $e_1, \ldots, e_n$ es la base canónica de $\mathbb{R}^n$, definimos las n siguientes secciones diferenciables de este fibrado:*

$$S_i : M \longrightarrow M \times \mathbb{R}^n, \qquad i : 1, \ldots, n$$

$$S_i(p) = (p, e_i)$$

.

Es obvio que para cualquier $p \in M$, $S_1(p), S_2(p), \ldots, S_n(p)$ es una base para la fibra $\{p\} \times \mathbb{R}^n$. Luego $S_1, S_2, \ldots, S_n$ es un sistema de referencias diferenciable del fibrado $(M \times \mathbb{R}^n, M, \pi)$. No todo fibrado tiene un sistema de referencias. Más adelante veremos que un fibrado E admite un sistema de referencias si y sólo si E es isomorfo a un fibrado trivial. Sin embargo, todo fibrado admite sistema de referencias locales; es decir, si (E, M, π) es un fibrado cualquiera, entonces para todo punto $p \in M$ existe una vecindad U tal que el fibrado restricción $(E|_U, U, \pi)$ tiene un sistema de referencias diferenciable. En efecto, si tomamos U, la vecindad para la cual se cumple la propiedad de trivialidad local de E.

Tenemos las n secciones siguientes:

$$S_i : U \longrightarrow \pi^{-1}(U) = E|_U, \qquad i = 1, \ldots, n$$

$$S_i(p) = \psi^{-1}(p, e_i)$$

que constituye un sistema de referencias para $E|_U$. De acuerdo a lo anterior podemos cubrir a M con una familia de abiertos $\{U_\alpha\}_{\alpha \in A}$ tales que el fibrado

$E|_{U_\alpha}$ tiene un sistema de referencias $S^\alpha = \{S_1^\alpha, S_2^\alpha, \ldots, S_n^\alpha\}_{\alpha \in A}$. Si $U_\alpha \cap U_\beta \neq \varnothing$, entonces sobre $U_\alpha \cap U_\beta$ tenemos dos sistemas de referencias diferenciables S^α y S^β. Luego, si $p \in U_\alpha \cap U_\beta$, tenemos que

$$S_j^\beta(p) = \sum_{i=1}^n a_j^i(p) S_i^\alpha(p)$$

De este modo obtenemos las funciones
$a_j^i : U_\alpha \cap U_\beta \longrightarrow \mathbb{R}$ que resultan ser diferenciables (Problema 4.1.1). Aún más, la matriz

$$g_{\alpha\beta}(p) = (a_j^i(p))$$

es invertible y la función

$$g_{\alpha\beta} : U_\alpha \cap U_\beta \longrightarrow \mathrm{GL}(n, \mathbb{R})$$

$$p \longrightarrow g_{\alpha\beta}(p)$$

es también diferenciable.

A las funciones $\{g_{\alpha\beta}\}_{\alpha,\beta \in A}$ se les llama las **funciones de transición del fibrado** (E, M, π) respecto al cubrimiento $\{U_\alpha\}_{\alpha \in A}$. Estas funciones cumplen las siguientes propiedades (Problema 2).

1) $g_{\alpha\beta} = g_{\beta\alpha}^{-1}$

2) $g_{\alpha\beta} \cdot g_{\beta\gamma} = g_{\alpha\gamma}$,   en $U_\alpha \cap U_\beta \cap U_\gamma$

Las funciones de transición caracterizan al fibrado en sentido de que mediante ellas se puede reconstruir el fibrado.

Problemas

Problema 4.1.1. *Probar que las funciones de cambio de referencias diferenciables*

$$a_j^i : U_\alpha \cap U_\beta \longrightarrow \mathbb{R}$$

definidas por

$$S_j^\beta(p) = \sum_i a_j^i(p) S_i^\alpha(p)$$

son diferenciables.

Problema 4.1.2. *Probar que las funciones de transición cumplen:*

1) $g_{\alpha\beta} = g_{\beta\alpha}^{-1}$

2) $g_{\alpha\beta} \cdot g_{\beta\gamma} = g_{\alpha\gamma}$

4.2. Variedades Definidas por una Familia de Inyecciones

Haremos un paréntesis en el estudio de los fibrados para obtener algunos resultados que nos ayudaran a construir fibrados.

Para definir el concepto de variedad diferenciable comenzamos con un espacio topólogico M que es de Haussdorff y 2do enumerable, al cual luego lo proveemos de un atlas $\mathcal{A}$ de clase C^k. Nuestra intensión, en esta sección, es ver que hemos podido comenzar solamente con el conjunto M, sin ninguna estructura topólogica, y reconstruir la topología de M mediante el atlas $\mathcal{A}$.

Lema 4.1. *Sea M un conjunto no vacio (sin estructura topólogica) y $\mathcal{A} = \{(U_\alpha, x_\alpha)\}_{\alpha \in \mathcal{A}}$ una familia de pares (U_α, x_α) donde $U_\alpha \in M$ y $x_\alpha : U_\alpha \longrightarrow \mathbb{R}^n$ es una inyección que cumple las siguientes condiciones:*

1) $x_\alpha(U_\alpha)$ es un abierto de $\mathbb{R}^n$, $\forall \alpha \in \mathcal{A}$

2) Los U_α cubren M

$$M = \bigcup_{\alpha \in \mathcal{A}} U_\alpha$$

3) Si (U_α, x_α) y $(U_\beta, x_\beta) \in \mathcal{A}$ y $U_\alpha \cap U_\beta \neq \varnothing$ entonces $x_\alpha(U_\alpha, U_\beta)$ y $x_\beta(U_\alpha, U_\beta)$ son abiertos en $\mathbb{R}^n$ y la función

$$x_\beta \circ x_\alpha^{-1} : x_\alpha(U_\alpha, U_\beta) \longrightarrow x_\beta(U_\alpha, U_\beta)$$

y su inversa $x_\alpha \circ x_\beta^{-1}$ son de clase C^k.

Entonces existe una y solamente una topología de M para la cual $\mathcal{A}$ es un atlas de M de clase C^k.

Demostración. Existencia: Definimos la familia T de subconjuntos de M del modo siguiente
$G \in T \Rightarrow \forall (U, x) \in \mathcal{A}$ se cumple que $x(G \cap U)$ es abierto en $\mathbb{R}^n$.
Dejamos al lector la facil tarea de probar que T es una topología para M.
Ahora debemos probar que si $(U, x) \in \mathcal{A}$ entonces

$$x : U \longrightarrow x(U) \subset \mathbb{R}^n$$

es un homomorfismo.

1) Continuidad de x.
   Sea W un abierto de $x(U)$. Afirmamos que $x^{-1}(W)$ es un abierto.
   En efecto (V, y) es cualquier elemento de A, entonces

$$y(x^{-1}(W) \cap V) = (y \circ x^{-1})(W) \cap y(V)$$

Como $y\circ x^{-1}$ es un difeomorfismo $(y\circ x^{-1})(W)$ es abierto. Además $y(V)$ es abierto. Luego $y(x^{-1}(W)\cap V)$ es abierto en $\mathbb{R}^n$ y por tanto $x^{-1}(W)$ es abierto.

2) x es abierta:
Sea $G \subset U$ un abierto en U. Como U es abierto, G es abierto en M.
Luego $x(G\cap U) = x(G)$ es abierto.

Unicidad: Sea T' otra topología de M para la cual $\mathcal{A}$ es también un atlas de clase C^k. Observemos, en primer lugar, que si $(U,x) \in \mathcal{A}$, entonces $x : U \longrightarrow x(U)$ es un homeomorfismo, luego $U \in T'$. Ahora, puesto a que para cualquier conjunto M se cumple que

$$G = \bigcup_{(U,x)\in\mathcal{A}} x^{-1}(x(G\cap U))$$

Tenemos que
$G \in T' \iff \forall (x,U) \in \mathcal{A}, G\cap U \in T' \iff \forall (x,U) \in \mathcal{A}, x(G\cap U)$ es abierto en $\mathbb{R}^n \iff G \in T$. $\square$

Lema 4.2. *La topología de M definida en el teorema anterior es 2do enumerable si y sólo si el cubrimiento $\{U_\alpha\}_{\alpha \in A'}$ formados por los dominios de todas las cartas (U_α, x_α) del "atlas" A, tiene un subcubrimiento enumerable*

Demostración. ($\Leftarrow$) Sea $\{U_{\alpha_n}\}$ un subcubrimiento enumerable de $\{U_\alpha\}_{\alpha\in A}$. Como U_{α_n} es homeomorfa a un abierto de $\mathbb{R}^n$, U_{α_n} tiene una base enumerable. Reuniendo todas estas bases, una para cada U_{α_n}, obtenemos una base enumerable de M.
($\Rightarrow$) la misma demostración que la proposición 1.3 . $\square$

Corolario 4.1. *Si M tiene un atlas enumerable, entonces la topología de M definida en el lema 4.1 es 2do enumerable.*

Problemas

Problema 4.2.1. Sea $M = \{(a,0) \in \mathbb{R}^2\} \cup \{(0,1)\}$ y

i. $U = M \smallsetminus \{(0,1)\}$
$$x : U \longrightarrow \mathbb{R}$$
$$x(a,0) = a$$

ii. $V = M \smallsetminus \{(0,0)\}$
$$y : V \longrightarrow \mathbb{R}$$
$$y(a,0) = a,\ si\ a \neq 0$$
$$y(0,1) = 0$$

a) Probar que $A = \{(U,x),(V,y)\}$ satisface las hipótesis del lema 4.1.

b) Probar que la topología determinada por A en M no es Hausdorff. Sugerencia: considere los puntos $(0,0)$ y $(0,1)$.

4.3. El Fibrado Tangente

Sea M^m una variedad diferenciable y
$$TM = \bigcup_{p \in M} T_p M.$$

Definimos la función $\pi : TM \longrightarrow M$ del modo siguiente:
Si $v \in TM$, entonces existe un único $p \in M$ tal que $v \in T_p M$. Hacemos $\pi(v) = p$ a π la llamaremos la proyección.
Ahora tenemos un resultado muy agradable:

Lema 4.3. *TM es una variedad diferenciable de dimensión $2m$.*

Demostración. Sea (U_α, x_α) una carta de un atlas $\mathcal{A}$ de M^m. Definimos la función
$$\phi_\alpha : \pi^{-1}(U) \longrightarrow x_\alpha(U_\alpha) \times \mathbb{R}^m$$
del modo siguiente:
Si $v \in \pi^{-1}(U)$ y $\pi(v) = p$, entonces
$$v = \sum_{i=1}^{m} a^i \left.\frac{\partial}{\partial x_\alpha^i}\right|_p.$$

Hacemos $\phi_\alpha(v) = (x(p), a', \ldots, a^m)$.
Es inmediato ver que ϕ_α es biyectiva. Además, su rango $x_\alpha(U_\alpha) \times \mathbb{R}^m$ es un subconjunto abierto de $\mathbb{R}^m \times \mathbb{R}^m = \mathbb{R}^{2m}$.
Sea (U_β, x_β) otra carta del atlas $\mathcal{A}$ tal que $U_\alpha \cap U_\beta \neq \emptyset$. esta carta da lugar a su correspondiente biyección
$$\phi_\beta : \pi^{-1}(U_\beta) \longrightarrow x_\beta(U_\beta) \times \mathbb{R}^m$$

Tenemos que
$$\phi_\alpha\left(\pi^{-1}(U_\alpha) \cap \pi^{-1}(U_\beta)\right) = \phi_\alpha\left(\pi^{-1}(U_\alpha \cap U_\beta)\right) = x_\alpha(U_\alpha \cap U_\beta) \times \mathbb{R}^m$$
es un abierto de $\mathbb{R}^m \times \mathbb{R}^m = \mathbb{R}^{2m}$. De igual modo
$$\phi_\beta\left(\pi^{-1}(U_\alpha) \cap \pi^{-1}(U_\beta)\right) = x_\beta(U_\alpha \cap U_\beta) \times \mathbb{R}^m$$
es un abierto de $\mathbb{R}^{2m}$.
Veamos quien es
$$\phi_\beta \circ \phi_\alpha^{-1} : x_\alpha(U_\alpha \cap U_\beta) \times \mathbb{R}^m \longrightarrow x_\beta(U_\alpha \cap U_\beta) \times \mathbb{R}^m$$

Si $v \in \pi^{-1}(U_\alpha \cap U_\beta)$ y $\pi(v) = p$ entonces tenemos 2 expresiones para v:

$$v = \sum_i a^i \left.\frac{\partial}{\partial x_\alpha^i}\right|_p \qquad v = \sum_j b^j \left.\frac{\partial}{\partial x_\beta^j}\right|_p$$

Usando la igualdad

$$\left.\frac{\partial}{\partial x_\alpha^i}\right|_p = \sum_j \frac{\partial x_\beta^j}{\partial x_\alpha^i}(p) \left.\frac{\partial}{\partial x_\beta^j}\right|_p$$

encontramos que

$$b^j = \sum_j \frac{\partial x_\beta^j}{\partial x_\alpha^i}(p) \qquad a^i = \sum_i D_i(x_\beta^j \circ x_\alpha^{-1})(x_\alpha(p))a_i$$

Esto es, si $a = (a', \ldots, a^m)$ y $b = (b', \ldots, b^m)$ entonces

$$b = (J_{x_\beta \circ x_\alpha^{-1}}(x_\alpha(p)))(a)$$

Ahora si $c = x_\alpha(p)$ se tiene que $x_\beta(p) = (x_\beta \circ x_\alpha^{-1})(c)$ y

$$(\phi_\beta \circ \phi_\alpha^{-1})(c,a) = \phi_\beta(v) = (x_\beta(p), b) = (x_\beta \circ x_\alpha^{-1})(c) \cdot (J_{x_\beta \circ x_\alpha^{-1}}(c)(a))$$

Luego $\phi_\beta \circ \phi_\alpha^{-1}$ es diferenciable.
Aplicando lema 4.1, conseguimos que TM tiene una única topología para la cual

$$A' = \{(\pi^{-1}(U_\alpha) \cdot \phi_\alpha) \mid (U_\alpha, x_\alpha) \in A\}$$

es un atlas diferenciable.
Dejamos al lector la tarea de probar que TM, con esta topología, es Haussdorff y 2do enumerable (ver problema 4.3.1). □

Lema 4.4. $\pi : TM \longrightarrow M$ *es diferenciable.*

Demostración. Sea (U, x) una carta de M y $(\pi^{-1}(U), p)$ la carta de TM asociada a la primera

$$\begin{array}{ccc} \pi^{-1}(U) & \xrightarrow{\pi} & U \\ \phi \downarrow & & \downarrow x \\ x(U) \times \mathbb{R}^m & \xrightarrow{x \circ \pi \circ \phi^{-1}} & x(U) \end{array}$$

Tenemos que $(x \circ \pi \circ \phi^{-1})(x(p), a) = x(p)$. Luego $x \circ \pi \circ \phi^{-1}$ es diferenciable y, por tanto, π es diferenciable.
□

Ahora ya tenemos el camino para probar que

Teorema 4.1. (TM, M, π) *es un fibrado vectorial diferenciable, llamado el* **fibrado tangente** *de* M.

Demostración. Ya tenemos que TM y M son variedades diferenciables y que $\pi: TM \longrightarrow M$ es diferenciable. Además, para todo $p \in M$, $\pi^{-1}(p) = T_p M$ es un espacio vectorial. Veamos la propiedad de trivialidad local.
Dado $p \in M$ y (U, x) una carta de M al rededor de p y $(\pi^{-1}(U), \phi)$ la carta de TM inducida por (U, x).
Se tienen las funciones

$$\pi^{-1}(U) \xrightarrow{\phi} x(U) \times \mathbb{R}^m \xrightarrow{(x^{-1}, I)} U \times \mathbb{R}^m$$

donde I es la funcion identidad de $\mathbb{R}^m$.
Definimos la función

$$\psi : \pi^{-1}(U) \longrightarrow U \times \mathbb{R}^m$$

mediante $\psi = (\pi^{-1}, I) \circ \phi$.
Es obvio que ψ es biyectiva y que $\pi_1 \circ \psi = \pi$. Veamos que ψ es un difeomorfismo.

$$\begin{array}{ccc} \pi^{-1}(U) & \xrightarrow{\psi} & U \times \mathbb{R}^m \\ \phi \downarrow & & \downarrow (x, I) \\ x(U) \times \mathbb{R}^m & \xrightarrow{(x,I)\circ\psi\circ\phi^{-1}} & x(U) \times \mathbb{R}^m \end{array}$$

Tenemos que

$$(x, I) \circ \psi \circ \phi^{-1} = (x, I) \circ (x^{-1}, I) \circ \phi \circ \phi^{-1}$$

es la función identidad de $x(U) \times \mathbb{R}^m$. Luego es un difeomorfismo.
Por otro lado $\psi : \pi^{-1}(p) \longrightarrow (p) \times \mathbb{R}^m$ es un isomorfismo. □

Problemas

Problema 4.3.1. *Probar que* TM *es Haussdorff y 2do enumerable.*

4.4. Campos Vectoriales

Definición 4.4. *Un* **campo vectorial** *sobre una variedad* M *es una sección* X *del fibrado tangente* TM. *Esto es*

$$X : M \longrightarrow TM \quad y \quad \pi \circ X = I_M$$

Ejemplo 4.4.1. *Si (U, x) es una carta de M^m, tenemos los siguientes m campos sobre U:*

$$\frac{\partial}{\partial x^i} : U \longrightarrow TM|_U$$

$$p \mapsto \left.\frac{\partial}{\partial x^i}\right|_p$$

Estos m campos nos proporcionan un sistema de referencia para $TM|_U$. Además, estos son diferenciables. En efecto, si $(\pi^{-1}(U), \phi)$ es la carta de TM correspodiente a (U, x), se tiene que la función F representativa de $\frac{\partial}{\partial x^i}$, es

$$\begin{array}{ccc} U & \xrightarrow{\frac{\partial}{\partial x^i}} & TM|_U \\ {\scriptstyle x}\downarrow & & \downarrow {\scriptstyle \phi} \\ x(U) & \xrightarrow{F} & x(U) \times \mathbb{R}^m \end{array}$$

donde $e_1, e_2, \ldots, e_m$ es la base canónica de $\mathbb{R}^m$.

Al valor (vector tangencial) $X(p)$ de un campo X es un punto p de M también se acostumbra denotarlo por X_p. Esto es,

$$X(p) = X_p$$

Nosotros sólo nos interesaremos por los campos vectoriales diferenciables. A todos estos los juntaremos en un conjunto que lo denotaremos por $\mathfrak{X}(M)$. Sobre $\mathfrak{X}(M)$ definimos las siguientes dos operaciones:

Sean $X, Y \in \mathfrak{X}(M)$, $f \in C^\infty(M)$ y p en M.

1) $(X + Y)(p) = X(p) + Y(p)$

2) $(fX)(p) = f(p)X(p)$

$\mathfrak{X}(M)$, *con estas dos operaciones, es un módulo sobre el álgebra $C^\infty(M)$*

A un campo X sobre M támbien podemos pensarlo como el operador:

$$X : C^\infty(M) \longrightarrow C^\infty(M)$$

$$f \mapsto Xf$$

donde $Xf : M \longrightarrow \mathbb{R}$, $(Xf)(p) = X(p)(f)$.
A Xf se la llama la derivada de f por el campo X.

Proposición 4.1. *Si $a, b \in \mathbb{R}$, $f, g \in C^\infty(M)$ y $X \in \mathfrak{X}(M)$, entonces:*

1) $X(af + bg) = a(Xf) + b(Xg)$

2) $X(fg) = (Xf) \cdot g + f \cdot (Xg)$

Demostración. Ver el problema 4.4.6. □

Sobre $\mathfrak{X}(M)$ definiremos una operación binaria llamada el **corchete de Lie** (nombrado así en honor a Sophus Lie, matemático Noruego del siglo XIX).

Definición 4.5. *Para $X, Y \in \mathfrak{X}(M)$ definimos*
$$[X,Y] : C^\infty(M) \longrightarrow C^\infty(M)$$
$$[X,Y]f = X(Yf) - Y(Xf)$$

Proposición 4.2. *El corchete de Lie satisface:*

1) $[X+Y,Z] = [X,Z] + [Y,Z]$

2) $[X,Y+Z] = [X,Y] + [X,Z]$

3) $[X,Y] = -[Y,X]$

4) $[X,[Y,Z]] + [Y,[Z,X]] + [Z,[X,Y]] = 0$ *(Identidad de Jacobi)*

Demostración. 1),2) y 3) son inmediatas.
4) $[X,[Y,Z]] = X(Y(Zf)) - X(Z(Yf)) - Y(Z(Xf)) + Z(Y(Xf))$ Hacer los cálculos para los otros dos corchetes y sumar. □

Proposición 4.3. *Si $X, Y \in \mathfrak{X}(M)$, $f, g \in C^\infty(M)$ entonces*
$$[fX, gY] = fg[X,Y] + f(Xg)Y - g(Yf)X$$

Demostración. Ver el problema 4.4.6. □

Proposición 4.4. *Si $X, Y \in \mathfrak{X}(M)$, entonces $[X, Y] \in \mathfrak{X}(M)$.*

Demostración. Sea (U, x) una carta de M. Supongamos que
$$X = \sum_i \xi^i \frac{\partial}{\partial x^i}, \quad Y = \sum_j \eta^j \frac{\partial}{\partial x^j}$$

Usando las dos proposiciones anteriores tenemos

$$[X,Y] = \left[\sum_i \xi^i \frac{\partial}{\partial x^i}, \sum_j \eta^j \frac{\partial}{\partial x^j}\right] = \sum_i \sum_j \left[\xi^i \frac{\partial}{\partial x^i}, \eta^j \frac{\partial}{\partial x^j}\right]$$

$$= \sum_i \sum_j \left\{ \xi^i \eta^j \left[\frac{\partial}{\partial x^i}, \frac{\partial}{\partial x^j}\right] + \xi^i \frac{\partial \eta^j}{\partial x^i} \frac{\partial}{\partial x^j} - \eta^j \frac{\partial \xi^i}{\partial x^j} \frac{\partial}{\partial x^i} \right\}$$

$$= \sum_i \left(\sum_j \left(\xi^j \frac{\partial \eta^j}{\partial x^i} - \eta^i \frac{\partial \xi^j}{\partial x^i} \right) \right) \frac{\partial}{\partial x^j}$$

NOTA: La proposición anterior nos permite considerar el corchete de Lie como una operacion binaria en $\mathfrak{X}(M)$:
$$[\cdot, \cdot] = \mathfrak{X}(M) \times \mathfrak{X}(M) \longrightarrow \mathfrak{X}(M)$$

□

Definición 4.6. *Un **álgebra de Lie** es un espacio vectorial junto con una operación bilineal [   ] que satisface:*

1) $[X,Y] = -[Y,X]$

2) $[X,[Y,Z]] + [Y,[Z,X]] + [Z,[X,Y]] = 0$

El conjunto $\mathfrak{X}(M)$ es un espacio vectorial sobre $\mathbb{R}$. La proposición anterior nos dice:

Proposición 4.5. *$\mathfrak{X}(M)$ con el corchete de Lie, es un álgebra de Lie sobre $\mathbb{R}$.*

Nota 7. *La identidad de Jacobi nos sugiere que, en general, un álgebra de Lie no es un álgebra asociativa.*

Problemas

Problema 4.4.1. *Si X es un campo vectorial de M^m, tenemos que*

$$M|_U = \sum_{i=1}^{n} \xi^i \frac{\partial}{\partial x^i}$$

donde (U,X) es una carta de M. Probar que X es diferenciable si y sólo si para toda carta (U,x) de M, las funciones $\xi^1, \ldots, \xi^m$ son diferenciables.

Problema 4.4.2. *Hallar las matrices de transición del fibrado TM respecto a los sistemas de referencia $\frac{\partial}{\partial x^1}, \ldots, \frac{\partial}{\partial x^i}$.*

Problema 4.4.3. *Probar que $\left[\frac{\partial}{\partial x^i}, \frac{\partial}{\partial x^j}\right] = 0$, $i,j = 1, \ldots, m$.*

Problema 4.4.4. *Probar la proposición 4.1.*

Problema 4.4.5. *Probar que el campo X es diferenciable $\forall f \in C^\infty(M)$, Xf es diferenciable.*

Problema 4.4.6. *Probar la proposición 4.3*

Problema 4.4.7. *Sean (U,X) y (V,Y) las dos cartas del atlas estereográfico de S^2. Sean X e Y los campos vectoriales siguientes, definidos en U y V respectivamente*

$$X = (x^1 - x^2)\frac{\partial}{\partial x^1} + (x^1 + x^2)\frac{\partial}{\partial x^2}, \quad Y = (-y^1 - y^2)\frac{\partial}{\partial y^1} + (y^1 - y^2)\frac{\partial}{\partial y^2}$$

Probar que estos definen un campo global de S^2.
Sugerencia: ¿Qué pasa con $U \cap V$?

Problema 4.4.8. *Probar que $M(n,\mathbb{R})$, el espacio vectorial de las matrices cuadradas de orden n, es un álgebra de Lie con el corchete definido por*

$$[A,B] = AB - BA$$

4.5. Homomorfismo de Fibrados Vectoriales

Definición 4.7. *Un homomorfismo del fribrado (E, M, π) en el fibrado (E', M', π') es un par de funciones diferenciables (h, f)*

$$h : E \longrightarrow E' \ y \ f : M \longrightarrow M'$$

tales que:

1) El siguiente diagrama es conmutativo

$$\begin{array}{ccc} E & \xrightarrow{h} & E' \\ \pi \downarrow & & \downarrow \pi' \\ M & \xrightarrow{f} & M' \end{array}$$

2) $\forall p \in M$, $h : E_p \longrightarrow E'_{f(p)}$ es lineal.

El homomorfismo de fibrados (h, f) es un isomorfismo si h y f son difeomorfismos.

Anteriormente hemos visto que si $f : M^n \longrightarrow M'^n$ es una función diferenciable entre dos variedades, entonces para cada punto $p \in M$ podemos definir la derivada de f en $T_p(M)$:

$$f_{\star_p} : T_p(M) \longrightarrow T_{f(p)}(M')$$

Estas funciones nos permiten definir la función

$$f_\star : TM \longrightarrow TM'$$

del modo siguiente:
Si $v \in TM$ y $\pi(v) = p$, establecemos $f_\star(v) = f_{\star_p}(v)$.

Proposición 4.6. *$f_\star : TM \longrightarrow TM'$ es diferenciable.*

Demostración. Dado $v \in TM$ con (U, x) y (U', y) cartas de M y M', cuyos dominios contienen a $\pi(v) = p$ y $f(\pi(v)) = f(p)$ respectivamente. Se tiene

$$v = \sum_{i=1}^{n} a^i \left.\frac{\partial}{\partial x^i}\right|_p, \quad f_\star(v) = \sum_{j=1}^{n} b^j \left.\frac{\partial}{\partial y^j}\right|_{f(p)}$$

Sean ϕ y ϕ' las cartas de TM y TM' correspondientes a x y y, respectivamente.

$$\begin{array}{ccc} TM & \xrightarrow{f_\star} & TM' \\ \phi \downarrow & & \downarrow \phi' \\ \mathbb{R}^n \times \mathbb{R}^n & \xrightarrow{F} & \mathbb{R}^m \times \mathbb{R}^m \end{array}$$

$$\begin{array}{ccc} v & \longmapsto & f_{*,p}(v) \\ \downarrow & & \downarrow \\ (x(p),a) & \longmapsto & (y(f(p)),b) \end{array}$$

Si $x(p) = c$, entonces
$$F(c,a) = ((y \circ f \circ x^{-1})(c), b)$$

Por otro lado,
$$f_{\star_p}(v) = \sum_{i=1}^n a^i f_{\star_p} \frac{\partial}{\partial x^i}\bigg|_p$$
$$= \sum_j \left(\sum_i \frac{\partial (y^i \circ f)}{\partial x^i}(p) a^i \right) \frac{\partial}{\partial y^j}\bigg|_{f(p)}$$

De donde
$$b^j = \sum_i \frac{\partial(y^j \circ f)}{\partial x^i}(p) a^i = \sum_i D_i(y^j \circ f \circ x^{-1})(x(p)) a^i$$

o sea
$$b = (J_{y^j \circ f \circ x^{-1}}(c))(a)$$

por tanto
$$F(c,a) = ((y \circ f \circ x^{-1})(c), (J_{y^j \circ f \circ x^{-1}}(c))(a))$$

$\square$

La siguiente proposición es fácil de ver.

Proposición 4.7. *Si $f : M \longrightarrow M'$ es diferenciable, entonces*
$$(f_\star, f) : TM \longrightarrow TM'$$
es un homomorfismo de fibrados.

Corolario 4.2. *f es un difeomorfismo si y sólo si $(f_\star, f)$ es un isomorfismo. Un conjunto de campos de $X_1, \ldots, X_l$ son linealmentes independientes si $\forall p \in M$, $X_1(p), \ldots, X_l(p)$ son linealmente independientes.*

Lema 4.5. *Si $\phi : \mathbb{R}^{k+1} \times \mathbb{R}^{k+1} \longrightarrow \mathbb{R}^{k+1}$ es una función bilineal tal que*

1) $\phi(u,v) = 0 \Rightarrow u = 0 \quad$ ó $\quad v = 0$

2) $\exists e \in \mathbb{R}^{k+1}$ tal que $\phi(e,v) = v$, $\forall v \in \mathbb{R}^{k+1}$

entonces S^n admite k campos vectoriales linealmente independientes.

Demostración. Para cada $v \in \mathbb{R}^{k+1}$, definimos al campo V' en R^{n+1} del siguiente modo:
$$V' : \mathbb{R}^{k+1} \longrightarrow T(\mathbb{R}^{k+1})$$
$$V'(a) = \lambda a(\varphi(v, a))$$
donde $\lambda a : \mathbb{R}^{k+1} \longrightarrow T_a(\mathbb{R}^{k+1})$ es el isomorfismo definido por
$$\lambda a(v) = \sum_{i=1}^{n+1} v^i \left(\frac{\partial}{\partial x^i}\right)_p$$
Si $i : S^n \longrightarrow \mathbb{R}^{k+1}$ es la inclusión, y $\theta : \mathbb{R}^{k+1} - \{0\} \longrightarrow S^n$ es la función $\theta(z) = \frac{z}{|z|}$, definimos el campo E en S^n:
$$E = \theta_\star \circ V' \circ i$$
Elijamos $v_1, \ldots, v_k \in \mathbb{R}^{n+1}$ tales que estos juntos con e, forman una base de $\mathbb{R}^{n+1}$.

Sean $E_1, \ldots, E_k$ los campos de S^n correspondientes a los vectores $v_1, \ldots, v_k$. Probaremos que $E_1, \ldots, E_k$ son linealmente independientes:

Sea $p \in S^n$ y $\sum_{i=1}^{K} a^i E_j(p) = 0$. Luego
$$\sum_{j=1}^{K} a^j \theta_{\star p} E_j(p) = \theta_{\star p}\left(\sum_{j=1}^{K} a^j E'_j(p)\right) = 0$$

Dejamos como ejercicio al lector probar (problema 4.5.1) que una base del núcleo de $\theta_{\star p} : T_p(\mathbb{R}^{n+1}) \longrightarrow T_{(p)}(S^n)$ es el vector $\lambda_p(p)$. Por tanto $\exists a \in \mathbb{R}$ tal que
$$\sum_{j=1}^{K} a^j E_j^1(p) = a\lambda_p(p) \Rightarrow \sum_{j=1}^{K} a^j \lambda_p(\phi(e_j, p)) = a\lambda_p(p)$$
$$\Rightarrow \lambda_p\left(\phi\left(\sum_{j=1}^{K} a^j e_j, p\right)\right) = \lambda_p(\phi(ae, p))$$
$$\Rightarrow \phi\left(\sum_{j=1}^{j} a^k e_j, p\right) = \phi(ae, p)$$
$$\Rightarrow \phi\left(\sum_{j=1}^{j} a^k e_j - ae, p\right) = 0$$
$$\Rightarrow \sum_{j=1}^{j} a^k e_j = ae = 0 \Rightarrow a^j = 0, \forall j$$

$\square$

Definición 4.8. *Una variedad M^n se dice que es* **paralelizable** *si M tiene n campos $X_1, \ldots, X_n$ linealmente independientes; es decir $X_1, \ldots, X_n$ es un sistema de referencia global del fibrado tangente TM.*

Proposición 4.8. S^1, S^3 y S^7 *son paralelizables.*

Demostración. Identifiquems a $\mathbb{R}^2$ con C, a $\mathbb{R}^4$ con los cuaterniones Q y a $\mathbb{R}^8$ con los números de Cayley, también conocidos como los octoniones. Si

$$\phi : \mathbb{R}^{n+1} \times \mathbb{R}^{n+1} \longrightarrow \mathbb{R}^{n+1}, \qquad n = 1, 3, 7$$

es la multiplicación en estos sistemas, entonces satisface las hipótesis del lema anterior. Por tanto S^n tiene n campos linealmente independientes. $\square$

Proposición 4.9. *Si n es impar, entonces S^n tiene un campo el cual no se anula en ningún punto de S^n.*

Demostración. Si $n + 1 = 2h$, identificamos a $\mathbb{R}^2$ con C y a $\mathbb{R}^{2h}$ con C^h. La función

$$\phi : \mathbb{R}^2 \times \mathbb{R}^{n+1} \longrightarrow \mathbb{R}^{n+1}$$

$$(z_1, z_2, \ldots, z_h) = (zz_1, zz_2, \ldots, zz_h)$$

satisface las hipótesis del lema anterior. Luego S^n tiene un campo X linealmente independiente, el cual debe cumplir con $X(p) \neq 0, \forall p \in S^n$. $\square$

Proposición 4.10. *Si M^n es una variedad paralelizable, entonces TM es un fibrado trivial.*

Demostración. Sea $X_1, \ldots, X_n$ un sistema de referancia global de TM. Si $v \in TM$ y $\pi(v) = p$, entonces $v = \sum_{i=1}^{n} a^i X_i(p)$
Definimos la función

$$h : TM \longrightarrow M \times \mathbb{R}^n$$

$$h(v) = (p, (a^1, \ldots, a^n))$$

Dejamos como ejercicios probar que $(h, I_M) : TM \longrightarrow M \times \mathbb{R}^n$ es un isomorfismo de fibrados, ver el problema 4.5.2. $\square$

Corolario 4.3. *si una variedad M tiene un atlas formado por una sola carta, entonces TM es trivial.*

Demostración. Si (M, x) es la carta y $x = (x^1, \ldots, x^n)$, entonces $\frac{\partial}{\partial x^1}, \ldots, \frac{\partial}{\partial x^n}$ es un sistema de referencia global de TM. $\square$

Corolario 4.4. $\forall n$, $T\mathbb{R}^n$ *es trivial.*

Problemas

Problema 4.5.1. *Sea p un punto en $\mathbb{R}^{n+1}$ y λ_p el isomorfismo*

$$\lambda_p : \mathbb{R}^{n+1} \longrightarrow T_p\mathbb{R}^{n+1}$$

$$\lambda_p(v) = \sum_i v^i \left(\frac{\partial}{\partial x^i}\right)_p$$

Probar que una base para el núcleo de la derivada

$$\sigma'(p) : T_p(\mathbb{R}^{n+1} - \{0\}) \longrightarrow T_{\sigma(p)}S^n$$

es el vector $\lambda_p(p)$ donde σ es la función

$$\sigma : \mathbb{R}^{n+1} - \{0\} \longrightarrow S^n$$

$$\sigma(z) = \frac{z}{|z|}$$

Problema 4.5.2. *Probar que $(h, I_M) : TM \longrightarrow M \times \mathbb{R}^n$, definido en la demostración de la Proposición 4.10 es un isomorfismo de fibrados.*

5

FIBRADO COTANGENTE Y FIBRADOS TENSORIALES

	HENRI CARTAN	134
5.1.	Construcción de Fibrados	135
5.2.	El Fibrado Cotangente	137
5.3.	Producto Tensorial	142
5.4.	Campos Tensoriales	146

HENRI CARTAN (1904–2008)

HENRI PAUL CARTAN fue miembro fundador del famoso grupo de matemáticos **Nicolás Bourbaki**. Uno de los campos donde trabajó es la topología algebraica y, en particular, la homología y cohomología.
Henri Cartan fue hijo del renombrado matemático **Élie Cartan**. Nació en Nancy. Cuando tenía 5 años de edad, en 1909, a su padre le dieron una cátedra en la Universidad de la Sorbona y la familia Cartan se mudó de Nancy a París. Henri, después de concluir su educación secundaria, entró a la Escuela Normal de París. Aquí conoció y se hizo gran amistad con otro distinguido matemático. **André Weil**, quien estaba un poco más adelantado. Recibió su doctorado en matemáticas el año 1928. Su tesis trató sobre algunos temas de las funciones analíticas de una variable compleja. En 1929 se integró como profesor de la Universidad de Lille y dos años después pasó a la Universidad de Estraburgo. En 1940 fue nombrado profesor de la Universidad de la Sorbona.
En 1956, H. Cartan junto Samuel Eilemberg, uno de los más destacados matemáticos americanos del siglo pasado, publicaros el libro Algebra Homológica. Henri Cartan ganó varios distinguidos premios y fue miembro de numerosas academias y sociedades alrededor del mundo. En 1959 fue elegido miembro honorario de la Sociedad Matemática de Londres. En 1976, le otorgaron la Medalla de oro del Centro Nacional de investigaciones Científicas. En 1980 ganó el Premio Wolf, el cual es uno de los más altos honores en matemáticas.

FIBRADO COTANGENTE Y FIBRADOS TENSORIALES

En este Capítulo presentamos a los fibrados tensoriales de una variedad. Un caso particular importante es el fibrado cotangente.

5.1. Construcción de Fibrados

Comenzamos presentando algunos resultados generales que nos permitirán construir nuevos fibrados a partir de otro dado previamente.

Lema 5.1. *Sea M^m una variedad diferenciable, E un conjunto y $\pi : E \longrightarrow M$ una sobreyección que cumplen:*

1. *Existe un cubrimiento abierto $\{U_\alpha\}_{\alpha \in A}$ y una familia $\{\psi_\alpha\}_{\alpha \in A}$ de biyecciones*
$$\psi_\alpha : \pi^{-1}(U_\alpha) \longrightarrow U_\alpha \times \mathbb{R}^m$$

2. *Si $\pi_1 : U_\alpha \times \mathbb{R}^m \longrightarrow U_\alpha$ es la primera proyección, entonces el siguiente diagrama es conmutativo*

$$\pi^{-1}(U_\alpha) \xrightarrow{\psi_\alpha} U_\alpha \times \mathbb{R}^n \qquad (5.1)$$
$$\pi \searrow \quad \swarrow \pi_1$$
$$U_\alpha$$

3. *Para todo α, β tales que $U_\alpha \cap U_\beta \neq \phi$, las funciones*
$\psi_\beta \circ \psi_\alpha^{-1} : U_\alpha \cap U_\beta \times \mathbb{R}^m \longrightarrow U_\alpha \cap U_\beta \times \mathbb{R}^m$ son difeomorfismos.

Entonces existe una única estructura diferenciable en E que hace a (E, M, π) un fibrado vectorial diferenciable, para el cual las funciones
$$\psi_\alpha : \pi^{-1}(U_\alpha) \longrightarrow U_\alpha \times \mathbb{R}^m$$
Son las trivializaciones locales.

Demostración. Podemos suponer que los abiertos U_α son dominios de cartas $(U_\alpha; x_\alpha)$.
Sean las biyecciones $\phi_\alpha = (x_\alpha; I) \circ \psi_\alpha$

$$\pi^{-1}(U_\alpha) \xrightarrow{\psi_\alpha} U_\alpha \times \mathbb{R}^m \xrightarrow{\phi_\alpha} x_\alpha(U) \times \mathbb{R}^m$$

Es claro que la familia $A = \{(\pi^{-1}(U_\alpha); \psi_\alpha)\}$ de A satisface las hipótesis del lema 4.1. Luego E tiene una única topología para la cual A es un atlas. Este atlas determina sobre E la estructura diferenciable buscada. Además, es fácil ver que E es Hausdorff y 2do segundo enumerable. Luego E es una variedad diferenciable. También es fácil ver que $\pi : E \longrightarrow M$ es diferenciable.

Ahora, a $E_p = \pi^{-1}_{(p)}$ le damos la estructura de espacio vectorial inducida por $\mathbb{R}^m$ mediante la biyección

$$\pi^{-1}_{(p)} \mapsto \{p\} \times \mathbb{R}^m$$

Veamos que $\psi_\alpha : \pi^{-1}(U_\alpha) \to U_\alpha \times \mathbb{R}^m$ es un difeomorfismo.

$$\begin{array}{ccc} \pi^{-1}(U_\alpha) & \xrightarrow{\psi_\alpha} & U_\alpha \times \mathbb{R}^m \\ \downarrow \phi_\alpha & & \downarrow (X_\alpha, I) \\ X_\alpha(U_\alpha) \times \mathbb{R}^m & \xrightarrow{(X_\alpha, I) \circ \psi_\alpha \circ \phi_\alpha^{-1}} & X_\alpha(U_\alpha) \times \mathbb{R}^m \end{array} \quad (5.2)$$

$$\begin{aligned} (X_\alpha; I) \circ \psi_\alpha \circ \psi_\alpha^{-1} &= ((X_\alpha; I) \circ \psi_\alpha \circ ((X_\alpha; I) \circ \psi_\alpha)^{-1}) \\ &= (X_\alpha; I) \circ \psi_\alpha \circ \psi_\alpha^{-1} \circ ((X_\alpha^{-1}, I)) \\ &= (I; I) \end{aligned}$$

Luego ψ_α es un difeomorfismo. $\square$

Teorema 5.1. *Si M es una variedad diferenciable tal que:*

1. *Para todo p de M existe un espacio vectorial E_p de dimensión m.*

2. *Existe un cubrimiento $\{U_\alpha\}_{\alpha \in A}$ de M tal que para cada $p \in U_\alpha$ existe un isomorfismo.*

$$\psi_{\alpha,p} : E_p \longrightarrow \mathbb{R}^m$$

3. *Las Funciones*

$$g_{\alpha,\beta} : U_\alpha \cap U_\beta \longrightarrow \mathrm{GL}(R^m)$$

$$g_{\alpha,\beta} = \psi_{\alpha,p} \circ \psi_{\beta,p}^{-1}$$

Son diferenciables.

4. *Si definimos $E = \bigcup_{p \in M} E_p$; $\pi : E \longrightarrow M$, la función obvia y*

$$\psi_\alpha : \pi^{-1}(U_\alpha) \longrightarrow U_\alpha \times \mathbb{R}^n$$

$$\alpha(v) = (p, \psi_{\alpha,p}(v)); v \in E_p.$$

Entonces E tiene una única estructura diferenciable que hace de (E, M, π) un fibrado vectorial y para el cual las

$$\psi_\alpha : \pi^{-1}(U_\alpha) \longrightarrow U_\alpha \times \mathbb{R}^m$$

Son trivializaciones locales.

Demostración. Veamos que las hipótesis de la proposición anterior son satisfechas. Es obvio que las condiciones 1. y 2. se cumplen. En cuanto a la condición (3) tenemos :

$$\psi_\beta \circ \psi_\alpha^{-1} : U_\alpha \cap U_\beta \times \mathbb{R}^m \longrightarrow U_\alpha \cap U_\beta \times \mathbb{R}^m$$

$$\begin{aligned}\psi_\beta \circ \psi_\alpha^{-1}(p; a) &= (p; \psi_{\beta,p} \circ \psi_{\alpha,p}^{-1}(a)) \\ &= (p; g_{\alpha,\beta}(p))\end{aligned}$$

Luego $\psi_\beta \circ \psi_\alpha^{-1}$ es diferenciable, lo mismo se puede afirmar de $\psi_\alpha \circ \psi_\beta^{-1}$. Por Tanto $\psi_\beta \circ \psi_\alpha^{-1}$ es un difeomorfismo. $\square$

5.2. El Fibrado Cotangente

Recordemos algunas ideas del álgebra lineal. Todos los espacios vectoriales que consideramos son de dimensión finita. Dado un espacio vectorial real V, se llama espacio dual de V al espacio vectorial V^* formado por todas las funciones lineales $\lambda : V \longrightarrow \mathbb{R}$.
Si $v_1, ..., v_m$ es una base de V, los elementos $V_1^*, ..., V_m^*$ de V^* tales que

$$v_1^*(v_j) = \delta_j^i \qquad\qquad 1 \leq i, j \leq m$$

Forman una base de V^*, llamada la base dual de $v_1, ..., v_m$.

Si $f : V \longrightarrow W$ es una transformación lineal, esta induce esta otra transformación lineal $f^* : W^* \longrightarrow V^*$ definida por

$$(f^*(\lambda))(v) = \lambda(f(v))$$

notar que f^* invierte la flecha.
Es fácil ver que si I_V es la función identidad de V y que si f y g son funciones lineales:

1. $I_v : V \longrightarrow V$

2. $V \xrightarrow{g} W \xrightarrow{f} Z$
   Entonces

3. $(I_V)^* = I_{V^*}$

4. $(f \circ g)^* = g^* \circ f^*$

De estos resultados se obtiene fácilmente que si $f : V \longrightarrow W$ es un isomorfismo, entonces $f^* : W^* \longrightarrow V^*$ también lo es.

Tomemos $V^{**} = (V^*)^*$ y el siguiente isomorfismo

$$i_v : V \longrightarrow V^{**}$$
$$v \mapsto i_v(v)$$

Donde $(i_v(v))(\lambda) = \lambda(v)$

Este isomorfismo es natural en el siguiente sentido : si $f : V \longrightarrow W$ es lineal, entonces el diagrama adjunto es conmutativo.

$$\begin{array}{ccc} V & \xrightarrow{i_V} & V^{**} \\ \downarrow f & & \uparrow f^{**} \\ W & \xrightarrow{i_W} & W^{**} \end{array} \qquad (5.3)$$

Gracias a este isomorfismo natural podemos identificar a V^{**} con V. Construyamos ahora el fibrado cotangente.

Sea (E, M, π) un fibrado diferenciable cualquiera. A partir de éste construyamos otro fibrado (E^*, M, π^*), al que lo llamaremos el fibrado dual de (E, M, π).
Para cada fibra $E_p = \pi^{-1}(p)$ de E tomamos su dual E_p^* y hacemos

$$E^* = \bigcup_{p \in M} E_p^* \qquad (5.4)$$

La función $\pi^* : E^* \longrightarrow M$ la definimos de manera obvia:

$$\pi^*(\lambda) = p, \text{ si } \lambda \in E_p^*$$

Sea $\psi_\alpha : \pi^{-1}(U_\alpha) \longrightarrow U_\alpha \times \mathbb{R}^m$ una trivialización local de E. Para cada p de U_α tenemos el isomorfismo.

$$\psi_{\alpha,p} = \psi_\alpha|_{E_p} : E_p \longrightarrow \{p\} \times \mathbb{R}^m$$

Si $p \in U_\alpha \cap U_\beta$ entonces $\psi_{\alpha,p}$ y $\psi_{\beta,p}$ inducen el isomorfismo

$$g_{\alpha\beta}(p) : \mathbb{R}^m \longrightarrow \mathbb{R}^m$$

definido por

$$\psi_{\alpha,\beta} \circ \psi_{\beta,p}^{-1} = (p, g_{\alpha\beta}(p))$$

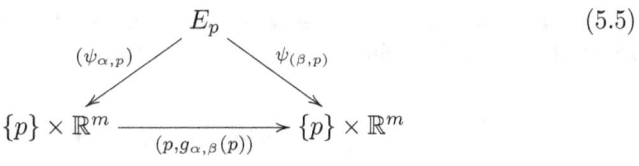
(5.5)

(5.6)

Pasando a duales conseguimos el isomorfismo

$$(g_{\alpha\beta}(p))^* : (\mathbb{R}^m)^* \longrightarrow (\mathbb{R}^m)^*$$

y la función diferenciable

$$g^*_{\alpha\beta} : U_\alpha \cap U_\beta \longrightarrow \mathrm{GL}((\mathbb{R}^m)^*)$$

$$(g^*_{\alpha\beta})(p) = (g_{\alpha\beta}(p))^*$$

Pero tomando un isomorfismo de $(\mathbb{R}^m)^*$ a $\mathbb{R}^m$ fijo podemos considerar que

$$g^*_{\alpha\beta} : U_\alpha \cap U_\beta \longrightarrow \mathrm{GL}(\mathbb{R}^m)$$

Por el teorema 5.1, E^* tiene una única estructura diferenciable que hace de (E^*, M, π^*) un fibrado vectorial para el cual las funciones

$$(\psi^*_\alpha)^{-1} : \pi^{-1}(U_\alpha) \longrightarrow U_\alpha \times (\mathbb{R}^m)^*$$

inducidas por

$$(\psi^*_{\alpha,p})^{-1} : \pi^{*-1}(p) \longrightarrow \{p\} \times (\mathbb{R}^m)^*$$

son trivializaciones locales.

Como ya dijimos anteriormente, al nuevo fibrado (E^*, M, π^*) se le llama fibrado dual de (E, M, π).

Definición 5.1. *El* **fibrado cotangente** *de una variedad M es fibrado dual del fibrado tangente (TM, M, π), al cual lo denotaremos por (T^*M, M, π^*).*

Definición 5.2. *Una* **1-forma** *o* **covector** *de una variedad M es una sección ω del fibrado cotangente T^*M. Esto es*

$$\omega : M \longrightarrow T^*M \quad y \quad \pi^*\omega = I_M$$

Si X es un campo $X : M \longrightarrow TM$ de M y ω es una 1-forma de M tenemos que $\forall p \in M, X_p \in T_pM$ y $\omega_p \in (T_pM)^*$. Luego $\omega_p(X_p) \in \mathbb{R}$. De este modo obtenemos una función

$$\omega(X) : M \longrightarrow \mathbb{R}$$

$$(\omega(X))_p : \omega_p(X_p)$$

Definición 5.3. *Si $f : M \longrightarrow \mathbb{R}$ es una función diferenciable, se llama* **diferencial** *de f a la 1-forma $df : M \longrightarrow T^*M$ de M definida por*

$$df_p(v) = v(f), \text{ donde } v \in T_pM$$

Observar que si X es un campo, entonces $df(X) = Xf$.

Ejemplo 5.2.1. *Sea $\alpha : (-\epsilon, \epsilon) \longrightarrow M$ una curva diferenciable y $\alpha(0) = p$. Denotemos por $\frac{d\alpha}{dt}\big|_{t=o}$ al vector velocidad de esta curva en punto $p \in M$. Esto es*

$$\left.\frac{d\alpha}{dt}\right|_{t=0} \in T_p(M) \text{ y } \left.\frac{d\alpha}{dt}\right|_{t=0} = \alpha_{*t=0}((\frac{\partial}{\partial t})_{t=0}) \tag{5.7}$$

Tenemos que

$$df_p\left(\left.\frac{d\alpha}{dt}\right|_{t=0}\right) = (f \circ \alpha)'(0). \tag{5.8}$$

En efecto

$$df_p\left(\left.\frac{d\alpha}{dt}\right|_{t=0}\right) = \left(\left.\frac{d\alpha}{dt}\right|_{t=0}\right)(f) = (\alpha_{*t=0}(\left.\frac{\partial}{\partial t}\right|_{t=0}))(f)$$

$$= \left(\left.\frac{\partial}{\partial t}\right|_{t=0}\right)(f \circ \alpha)$$

$$= (f \circ \alpha)'(0)$$

Sea (U, x) una carta de M^m, entonces tenemos las funciones diferenciables

$$x^i : U \longrightarrow \mathbb{R}, \quad i = 1, ..., m$$

Sus correspondientes diferenciables $dx^i, i = 1, ..., m$ cumple con

$$dx^i_p\left(\left.\frac{\partial}{\partial x^i}\right|_p\right) = \left.\frac{\partial}{\partial x^i}\right|_p (x^i) = \delta^i_j \tag{5.9}$$

En consecuencia, $dx^1_p, ..., dx^m_p$ es la base de T^*_pM dual a la base $\left.\frac{\partial}{\partial x^1}\right|_p, ..., \left.\frac{\partial}{\partial x^m}\right|_p$ de T_pM. Luego toda 1-forma ω en U se escribe de una manera única como

$$\omega_p = \sum_{i=1}^m \omega_{i(p)} dx^i_p \quad \forall p \in U \tag{5.10}$$

O, simplemente,

$$\omega = \sum_i \omega_i dx^i \quad \text{en } U \tag{5.11}$$

donde $\omega_i : U \longrightarrow \mathbb{R}$ y

$$\omega_i = \omega\left(\frac{\partial}{\partial x^i}\right) \tag{5.12}$$

Proposición 5.1. *Si (U, x) es una carta de M^m y $f : M \longrightarrow \mathbb{R}$ es diferenciable, entonces*

$$df = \sum_{i=1}^{m} \frac{\partial f}{\partial x^i} dx^i$$

Demostración. Si $v \in T_p M$, entonces

$$v = \sum_{i=1}^{m} a^i \left(\left. \frac{\partial}{\partial x^1} \right|_p \right)$$

Ahora

$$\begin{aligned} dx_p^j(v) &= v(x^j) \\ &= \sum_{i=1}^{m} a^i \left(\left. \frac{\partial}{\partial x^i} \right|_p \right)(x^j) \\ &= a^j \end{aligned}$$

donde

$$v = \sum_{i=1}^{m} dx_p^i(v) \left(\left. \frac{\partial}{\partial x^i} \right|_p \right)$$

Por tanto

$$\begin{aligned} df_p(v) &= v(f) \\ &= \sum_{i=1}^{m} dx_p^i(v) \frac{\partial f}{\partial x^i} \\ &= \sum_{i=1}^{m} \frac{\partial f}{\partial x^i}(p) dx_p^i(v) \end{aligned}$$

En consecuencia

$$df = \sum_{i=1}^{m} \frac{\partial f}{\partial x^i} dx^i$$

$\square$

Corolario 5.1. *si (U, x) y (V, y) son dos cartas de M^m tales que $U \cap V \neq \varnothing$, entonces en $U \cap V$ tenemos*

$$dy^j = \sum_{i}^{m} \frac{\partial y^i}{\partial x^i} dx^i$$

Problemas

Problema 5.2.1. *Probar que no existe un isomorfismo $i_v : V \longrightarrow V^*$ tal que para cualquier función lineal $f : V \longrightarrow W$, el diagrama adjunto sea conmutativo*

$$\begin{array}{ccc} V & \xrightarrow{i_V} & V^* \\ \downarrow f & & \uparrow f^* \\ W & \xrightarrow{i_W} & W^* \end{array}$$

Sugerencia: ver el caso $i_\mathbb{R} : \mathbb{R} \longrightarrow \mathbb{R}$, $f : \mathbb{R} \longrightarrow \mathbb{R}$

Problema 5.2.2. *Probar que la función*

$$\alpha : \mathbb{R}^m \longrightarrow (\mathbb{R}^m)^*$$

definida por $(\alpha(a))(b) = \langle a, b \rangle$, donde $\langle \cdot, \cdot \rangle$ es el producto interno euclideano, es un isomorfismo.

Problema 5.2.3. *Si $f, g : M \longrightarrow N$ son diferenciables, probar que*

$$d(fg) = f dg + g df$$

Problema 5.2.4. *Si $f : M \longrightarrow \mathbb{R}$ es diferenciable y $v \in T_p(M)$, probar que*

$$f_*(v) = df_p(v) \in T_{f(p)}(\mathbb{R})$$

5.3. Producto Tensorial

Sean $V_1, ..., V_k$ espacios vectoriales reales. El conjunto de todas las funciones k-lineales

$$T : V_1 \times ... \times V_k \longrightarrow \mathbb{R}$$

es un espacio vectorial real, al cual lo denotaremos por $V_1^* \otimes, ..., \otimes V_k^*$ y lo llamaremos **producto tensorial** de $V_1^*, ..., V_k^*$. A los elementos de este producto los llamaremos **tensores covariantes** de orden k.
En el caso que $V_1 = ... = V_k = V$, al producto tensorial $\underbrace{V^* \otimes ... \otimes V^*}_{k}$ lo denotaremos por $\bigotimes^{k} V^*$

Observar que para $k = 1$, se tiene

$$\bigotimes^{1} V^* = V^*$$

Por razones de completitud y conveniencia establecemos que

$$\bigotimes^{0} V^* = R. \tag{5.13}$$

Si $f : V \longrightarrow W$ es transformación lineal, esta induce la transformación lineal

$$f^* : \bigotimes^{k} W^* \longrightarrow \bigotimes^{k} V^*$$

$$T \mapsto f * T$$

donde
$$f * T(v_1, ..., v_k) = T(f(v_1), ..., f(v_k)) \tag{5.14}$$

Notar que para $m = 1, f^*$ no es otra cosa que la transformación $f^* : W^* \longrightarrow V^*$ ya definida anteriormente.

Entonces $(g \circ f)^* = f^* \circ g^*$ y que si f es un isomorfismo, f^* también lo es.

Definición 5.4. *Si* $T \in \bigotimes^{k} V^*$ *y* $S \in \bigotimes^{e} V^*$ *Se llama* **producto tensorial** *de T por S al elemento $T \otimes S \in \bigotimes^{k+e} V^*$ definido por*

$$T \otimes S(v_1, ..., v_k, v_{k+1}, ..., v_{k+e}) = T(v_1, ..., v_k) S(v_{k+1}, ..., v_{k+e})$$

Si $T \in \bigotimes^{k} V^*, .S \in \bigotimes^{e} V^*$ y $U \in \bigotimes^{r} v^*$ Es fácil ver que

$$(T \otimes S) \otimes U = T \otimes (S \otimes U) \in \bigotimes^{k+e+r} V^*$$

Es fácil ver que

a. $(T_1 + T_2) \otimes S = T_1 \otimes S + T_2 \otimes S$

b. $T \otimes (S_1 + S_2) = T \otimes S_1 + T \otimes S_1$

c. En general, $T \otimes S \neq S \otimes T$

Proposición 5.2. *Si* $v_1, ..., v_m$ *es una base de V y si* $v_1^*, ..., v_m^*$ *es la base dual, entonces*

$$v_{i_1}^* \otimes ... \otimes v_{i_k}^*, 1 \leq i_1 \leq m, ..., 1 \leq i_k \leq m$$

Es una base para $\bigotimes^{k} V^*$

Demostración. a. Independencia lineal:

$$\text{Si} \quad 0 = \sum_{i_1,\ldots,i_k} a_{i_1,\ldots,i_k} v_{i_1}^* \otimes \ldots \otimes v_{i_k}^*$$

Evaluando ambos miembros en $(v_{j_1}, \ldots, v_{j_k})$ tenemos

$$0 = \sum_{i_1,\ldots,i_k} a_{i_1,\ldots,i_k} v_{i_1}^*(v_{j_1})\ldots v_{i_k}^*(v_{j_k}) = a_{i_1,\ldots,i_k}$$

b. Estos elementos generan $\bigotimes^k V^*$: Si $T \in \bigotimes^k V^*$ y

$$T = T_{i_1,\ldots,i_k}(v_{i_1}, \ldots, v_{i_k})$$

Sea

$$T' = \sum_{i_1,\ldots,i_k} T_{i_1,\ldots,i_k} v_{i_1}^* \otimes \ldots \otimes v_{i_k}^*$$

Tenemos que

$$T'(v_{j_1}, \ldots, v_{j_k}) = \sum_{i_1,\ldots,i_k} T_{i_1,\ldots,i_k} v_{i_1}^*(v_{j_1})\ldots v_{i_k}(v_{j_k})$$
$$= T_{j_1,\ldots,j_k}$$
$$= T(v_{j_1}, \ldots, v_{j_k})$$

Luego $T = T'$.

□

Corolario 5.2. *Si la dimensión de V es m, entonces la dimensión de $\bigotimes^k V^*$ es m^k.*

Ahora, usamos la identificación $V = V^{**}$ para obtener tensores contravariantes.

Si $V_1, \ldots, V_k$ son espacios vectoriales, el producto tensorial de $V_1, \ldots, V_k$ es el espacio vectorial $V_1 \otimes \ldots \otimes V_k$ formado por todas las transformaciones k-lineales

$$T : V_1^* \times \ldots \times V_k^* \longrightarrow \mathbb{R}$$

A los elementos de este producto los llamaremos **tensores contravariantes** de orden k.

En tal caso en que $V_1 = V_1, \ldots, V_k = V$, el producto anterior lo escribiremos así:

De acuerdo a la proposición anterior, si $v_1, ..., v_m$ es una base para V, entonces

$$v_{i_1} \otimes ... \otimes v_{i_k}, \quad 1 \leq i_1 \leq m, ..., 1 \leq i_k \leq m$$

Es una base para $\bigotimes^k V$, y que cualquier elemento $T \in \bigotimes^k V$ es de la forma

$$T = \sum_{i_1,...,i_k} T^{i_1,...,i_k} v_{i_1} \times ... \times v_{i_k}$$

Nota 8. *Por razones de tradición y conveniencia los índices de los componentes de un tensor covariante, $T_{i_1,...i_k}$, se escriben abajo y los índices de las componentes de un tensor contravariante arriba.*

También tenemos **tensores mixtos**:
Se denota por $(\bigotimes^k V^*) \otimes (\bigotimes^e V)$ al espacio vectorial formado por todas las transformaciones $(k+e)$-lineales.

$$T : \underbrace{V \times ... \times V}_{k} \times \underbrace{V^* \times ... \times V^*}_{e} \longrightarrow \mathbb{R}$$

A los elementos de $(\bigotimes^k V^*) \otimes (\bigotimes^e V)$ se les llama tensores covariantes de orden k y contravariantes de orden e; o simplemente, tensores del tipo (k, e). Cualquier elemento T de espacio es de la forma

$$T = \sum_{\substack{i_1,...,i_k \\ j_1,...,j_e}} T^{j_1,...,j_e}_{i_1,...,i_k} \, v^*_{i_1} \otimes ... \otimes v^*_{i_k} \times v_{j_1} \otimes ... \otimes v_{j_e}$$

Problemas

Problema 5.3.1.

Sea V un espacio vectorial real de dimensión finita

a) Probar que la función

$$\langle \cdot, \cdot \rangle : V \times V^* \longrightarrow \mathbb{R}$$

$$\langle v, \lambda \rangle = \lambda(v)$$

es bilineal

b) Sea T un tensor de tipo $(1,1)$ de V, es decir $T : V \times V^* \longrightarrow \mathbb{R}$ es bilineal. Sea v un vector fijo de V. Probar que la función

$$T_v : V^* \longrightarrow \mathbb{R}$$

$$T_v(\lambda) = T(v,\lambda)$$

es lineal y por tanto T_v es un elemento de $V^{**} = V$. Observar que la expresión (1) también puede escribirse así:

$$\langle T_v, \lambda \rangle = T(v,\lambda)$$

c) *Probar que la función:*
$$\overline{T} : V \longrightarrow V$$
$$\overline{T}(v) = T_v$$
es lineal.
Recíprocamente :

d) *Si $L : V \longrightarrow V$ es lineal probar que la función*
$$T : V \times V^* \longrightarrow \mathbb{R}$$
$$T(v,\lambda) = \langle L(v), \lambda \rangle$$
es un tensor de tipo $(1,1)$ tal que $\overline{T} = L$.

Nota 9. *Este problema nos dice, que todo tensor T de tipo $(1,1)$ puede ser pensado como una función lineal $\overline{T} : V \longrightarrow V$.*

5.4. Campos Tensoriales

Sea (E, M, π) un fibrado vectorial diferenciable. Para cada espacio vectorial E_p tomemos el espacio vectorial $\bigotimes^k E_p^*$ de los tensores covariantes de orden k y definamos

$$T^k(E) = \bigcup_{p \in M} \bigotimes^k E_p^*$$

Definimos también $\pi^* : T^k(E) \longrightarrow M$ la función que a cada espacio E_p^* lo manda al punto p.
Veamos que $(T^k(E), M, \pi^*)$ es un fibrado vectorial diferenciable. El proceso es similar al del fibrado dual.
Sea $\psi_\alpha : \pi^{-1}(U_\alpha) \longrightarrow U_\alpha \times \mathbb{R}^m$ una trivialización local de (E, M, π). El isomorfismo
$$\psi_{\alpha,p} : \pi^{-1}(p) \longrightarrow \{p\} \times \mathbb{R}^m$$
induce el isomorfismo
$$\psi_{\alpha,p}^* : \{p\} \times \bigotimes^k (\mathbb{R}^m)^* \longrightarrow \bigotimes^k E_p^*$$

Si $p \in U_\alpha \cap U_\beta$, entonces $\psi_{\alpha,p}$ y $\psi_{\beta,p}$ induce el isomorfismo.

$$g_{\alpha\beta}(p) : \mathbb{R}^m \longrightarrow \mathbb{R}^m$$

definido por

$$\psi_{\alpha,p} \circ \psi_{\beta,p}^{-1} = (p, g_{\alpha\beta}(p))$$

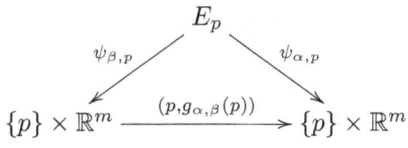

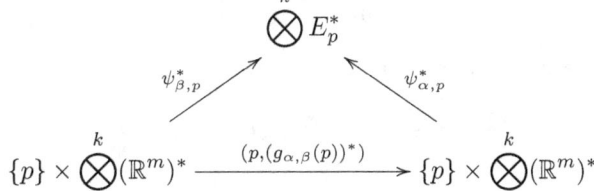

Este isomorfismo, a su vez, induce el siguiente isomorfismo

$$(g_{\alpha\beta})^* : \bigotimes^k (\mathbb{R}^m)^* \longrightarrow \bigotimes^k (\mathbb{R}^m)^*$$

y la siguiente función diferenciable

$$g_{\alpha\beta}^* : U_\alpha \cap U_\beta \longrightarrow \mathrm{GL}(\bigotimes^k (\mathbb{R}^m)^*)$$

Si identificamos $\bigotimes^k (\mathbb{R}^m)^*$ con $\mathbb{R}^{m^k}$ mediante algún isomorfismo, podemos suponer que

$$g_{\alpha\beta}^* : U_\alpha \cap U_\beta \longrightarrow \mathrm{GL}(\mathbb{R}^{m^k})$$

Nuevamente las hipótesis del teorema 5.1 quedan cumplidas. En consecuencia $(T^k(E), M, \pi^*)$ es un fibrado vectorial diferenciable cuyas fibras son $\bigotimes^k E_p^*$. A este fibrado le llamaremos el **fibrado tensorial covariante** de orden k del fibrado E. En particular si $E = TM$, el fibrado tangente, obtenemos el fibrado $T^k(TM)$, al cual lo denotaremos simplemente por $T^k(M)$. Observar que $T^1(M) = T^*(M)$

Definición 5.5. *Un* **campo tensorial covariante** *de orden k de una variedad M es una sección $A : M \longrightarrow T^k(M)$.*

Si (U, x) es una carta de M^m sabemos que $dx^1(p), ..., dx^m(p)$ es una base de $T_p^*M = (T_pM)^*$, dual a la base $(\frac{\partial}{\partial x^1})_p, ..., (\frac{\partial}{\partial x^m})_p$ de T_pM. Luego, de acuerdo a un resultado anterior,

$$(dx^{i_1} \otimes ... \otimes dx^{i_k})_p, \quad 1 \leq i_1 \leq m, ..., 1 \leq i_k \leq m$$

es una base para $T_p^k(M) = \bigotimes^k [T_p(M)]^*$. En consecuencia, para el campo tensorial covariante A de orden k tenemos

$$A(p) = \sum_{i_1,...,i_k}^m A_{i_1,...,i_k}(p)(dx^{i_1} \otimes ... \otimes dx^{i_k})_p$$

donde

$$A_{i_1}, ..., A_{i_k}(p) = A(p)((\frac{\partial}{\partial x^{i_1}})_p, ..., (\frac{\partial}{\partial x^{i_k}})_p)$$

o, simplemente, para A restringido a U,

$$A = \sum_{i_1,...,i_k} A_{i_1...i_k} dx^{i_1} \otimes ... \otimes dx^{i_k} \tag{5.15}$$

Similarmente si (V, y) es otra carta, entonces A restringido a V tenemos:

$$A = \sum_{j_1,...,j_k} A'_{j_1...j_k} dy^{j_1} \otimes ... \otimes dy^{j_k} \tag{5.16}$$

si $U \cap V \neq \varnothing$ busquemos la relación que hay entre los coeficientes $A'_{j_1...j_k}$ y $A_{i_1...i_k}$.
De (5.15) y (5.16) respectivamente. Por el corolario (5.2) tenemos en $U \cap V$:

$$dx^{i_1} = \sum_{j_1} \frac{\partial x^{i_1}}{\partial y^{j_1}} dy^{j_1}, ..., dx^{i_k} = \sum_{j_k} \frac{\partial x^{i_k}}{\partial y^{j_k}} dy^{j_k} \tag{5.17}$$

reemplazando estas igualdades en (5.15) y expandiendo logramos :

$$A'_{j_1,...,j_k} = \sum_{i_1,...,i_k} A_{i_1,...,i_k} \frac{\partial x^{i_1}}{\partial y^{j_1}} ... \frac{\partial x^{i_k}}{\partial y^{j_k}} \tag{5.18}$$

Hasta hace uno pocos años, cuando la teoría de fibrados todavía no había sido inventada, se usaba la ecuación (5.18) para definir campo vectorial covariante de orden k.
Si A es un campo tensorial covariante de orden k éste da lugar a un operador

$$\bar{A} : \mathfrak{X}(M) \times ... \times \mathfrak{X}(M) \longrightarrow \mathcal{C}^\infty(M)$$

definido por

$$\bar{A}(X_1, ..., X_k)(p) = A(p)(X_1(p), ..., X_k(p))$$

el cual es k-lineal sobre $C^\infty(M)$. Esto es

$$\bar{A}(X_1,\ldots,fX_i,\ldots,X_k) = f\bar{A}(X_1,\ldots,X_i,\ldots,X_k) \quad \forall i.$$

Veamos que lo recíproco también se cumple. Para esto precisamos de un resultado previo.

Lema 5.2. *Sea*

$$S : \mathfrak{X}(M) \times \cdots \times \mathfrak{X}(M) \longrightarrow C^\infty(M)$$

Una función $C^\infty(M)$ k-lineal y sea $p \in M$, si

$$X_i(p) = Y_i(p), i = 1, \ldots, k,$$

entonces

$$S(X_1,\ldots,X_k)(p) = S(Y_1,\ldots,Y_k)(p)$$

Demostración. Bastará probar que si

$$X_i(p) = Y_i(p)$$

entonces

$$S(X_1,\ldots,X_i,\ldots,X_k)(p) = S(X_1,\ldots,X_{i-1},Y_i,X_{i+1},\ldots,X_k)(p).$$

ya que el resultado buscado se logrará después de k pasos.
Aún más, se ve claramente que para probar la implicación anterior, bastará hacerlo para el caso $k=1$; esto es
Si $X(p) = Y(p)$, entonces $S(X)(p) = S(Y)(p)$ probemos esto último. Lo hacemos en dos pasos.
Paso 1: $X = Y$ en una vecindad U de P.
Sea $f \in C^\infty(M)$ tal que $f(p) = 1$ y sop$(f) \subset U$. Se tiene que $fX = fY$ y

$$fS(X) = S(fX) = S(fY) = fS(Y)$$

Evaluando en p se obtiene

$$S(X)(p) = S(Y)(p)$$

Paso 2: Caso general
Por la linealidad de S, la ecuación anterior es equivalente a la siguiente
Si $X(p) = 0$, entonces $S(X)(p) = 0$
Probaremos esta última.
Sea (U,x) una carta alrededor de p. Si $X(p) = 0$, entonces
$X = \sum_i a^i \frac{\partial}{\partial x^i}$ Con $a^i(p) = 0$, $i = 1,...,m$ Sea $g \in C^\infty(M)$ tal que $g = J$ en una vecindad V de p y sop$(g) \subset U$. Tomemos

$$Y = gX = \sum_i a^i g \frac{\partial}{\partial x^i}.$$

Y está en $\mathfrak{X}(M)$ y $X = Y$ en V. Por caso 1,
$$S(X)(p) = S(Y)(p).$$
Pero
$$S(Y)(p) = \sum_i a^i(p) S\left(g\frac{\partial}{\partial x^i}(p)\right) = 0$$
Luego $S(X)(p) = 0$

$\square$

Teorema 5.2. *Si*
$$\underbrace{\mathfrak{X}(M) \times \cdots \times \mathfrak{X}(M)}_{k} \longrightarrow C^\infty(M)$$

es $C^\infty(M)$ k-lineal, entonces existe un único A, campo tensorial covariante de orden k, tal que $\bar{A} = S$.

Demostración. Para $p \in M$ definimos
$$A(p): T_pM \times \cdots \times T_pM \longrightarrow \mathbb{R}$$
del modo siguiente:
Si $v_1, ..., v_k \in T_pM$, sean $X_1, ..., X_k \in \mathfrak{X}(M)$ tales que $X_i(p) = v_i$, $i = 1, ..., k$. Establecemos
$$A(p)(v_1, ..., v_k) = S(X_1, ..., X_k)(p)$$

El lema anterior nos asegura que $A(p)(v_1, ..., v_k)$ está bien definida; es decir, este valor depende únicamente de los valores $X_i(p) = v_i$ y no de los campos que extienden los v_i. $\square$

En igual manera que hemos contenido el fibrado $(T_k(E), M, \pi^1)$, el **fibrado tensorial contravariante** de orden k, del fibrado (E, M, π), definiendo

$$T_k(E) = \bigcup_p \bigotimes^k E_p$$

En particular, Si $E = TM$, tendremos el fibrado $T_k(TM)$ al cual lo denotamos por $T_k(M)$. Notar que $T_1(M) = TM$.

Una sección $B: M \longrightarrow T_k(M)$ es llamada un **campo tensorial contravariante** de orden k. En particular, un campo tensorial contravariante de orden 1 es simplemente un campo vectorial.

Si (U, x) es una carta de M, entonces B, un campo tensorial contravariante de orden k se expresa, sobre U, del modo siguiente

$$B(p) = \sum_{i_1,...,i_k} B^{i_1,...,i_k}(p) (\frac{\partial}{\partial x^{i_1}})_p \times \cdots \times (\frac{\partial}{\partial x^{i_k}})_p.$$

Por supuesto que también tenemos fibrados mixtos $(T_e^k(E), M, \pi^1)$ definiendo

$$T_e^k(E) = \bigcup_{p \in M} (\bigotimes^k E_p^* \bigotimes^e E_p)$$

al cual se le llama fibrado tensorial covariante de orden k y contravariante de orden e o simplemente de orden (k, e).

Si $E = TM$, escribimos $T_e^k(TM) = T_e^k(M)$ Una sección A de $T_e^k(M)$ es campo tensorial de orden (k, e). Si (U, x) es una carta de M, entonces, sobre U, tenemos

$$A = \sum_{\substack{i_1,\dots,i_k \\ j_1,\dots,j_e}} A^{j_1,\dots,j_e}_{i_1,\dots,i_k} dx^{i_1} \times \cdots \times dx^{i_k} \times \frac{\partial}{\partial x^{j_1}} \times \dots \times \frac{\partial}{\partial x^{j_e}}$$

Problemas

Problema 5.4.1. *Hallar una ecuación similar a la (5.18) para campos contravariantes.*

Problema 5.4.2. *Hallar una ecuación similar a la ecuación (5.18) para campos mixtos de tipo (k,e).*

Problema 5.4.3. *1. Probar que un campo tensorial A de tipo $(1,1)$ da lugar a una función lineal sobre $C^\infty(M)$*

$$\bar{A} : \mathfrak{X}(M) \longrightarrow \mathfrak{X}(M)$$

2. Recíprocamente, dada una función lineal sobre $C^\infty(M)$

$$S : \mathfrak{X}(M) \longrightarrow \mathfrak{X}(M)$$

existe un único campo tensorial A de tipo $(1,1)$ tal que $\bar{A} = S$.

6

FORMAS DIFERENCIABLES

	ALEXANDER GROTHENDIECK	154
6.1.	Preliminares algebraicos	155
6.2.	k-formas diferenciables	164
6.3.	La Derivada Exterior	167

ALEXANDER GROTHENDIECK (1928–2014)

ALEXANDER GROTHENDIECK fue un matemático francés nacido en Alemania. Es considerado como uno de los matemáticos más importantes del siglo XX. Su mayor logro fue la reconstrucción de la geometría algebraica, lo cual consigue incorporando en su trabajo, tópicos de algebra conmutativa, algebra homológica y otras ramas modernas de la matemática.

Alexander nació en Berlín, Alemania. Su padre fue un judío anarquista ruso que fue perseguido por los zaristas y luego por los comunistas. En 1922 emigró a Alemania donde conoció a una periodista socialista quien en 1928 dio a luz a Alexander. Alexander vivió con sus padres en Berlín hasta el año 1933. Debido a la toma del poder por Hitler, sus padres se vieron obligados a dejar Alemania. Se mudaron a Francia, dejando a su hijo con una familia de un pastor. En 1939, Alexander viaja a Francia a vivir con sus padres. A finales de 1939 es declarada la Segunda Guerra Mundial, su padre fue tomado preso y entregado a los Nazis, quienes lo asesinaron en 1942.

El año 1945, Alexander y su mamá se mudaron a una villa cercana a Montpellier. Alexander entró a estudiar matemáticas en la Universidad de Montpellier. Después de graduarse, se mudó a París para estudiar en la Escuela Normal Superior. Allí asistió al seminario de Henri Cartan sobre topología algebraica. En 1949 se mudó a la Universidad de Nancy, donde, 4 años más tarde presentó su tesis doctoral, Productos tensoriales topológicos y espacios nucleares.

En 1966 recibió la Medalla Fields (equivalente a un premio Nóbel en matemáticas), por sus trabajos en algebra homológica y geometría algebraica.

FORMAS DIFERENCIABLES

6.1. Preliminares algebraicos

Al espacio de todas las funciones k-lineales

$$T: \underbrace{V \times V \times \cdots \times V}_{k} \to \mathbb{R}$$

lo denotaremos con $\mathcal{L}^k(V)$.

Definición 6.1. *Sea $T \in \mathcal{L}(V)$, entonces*

a. *T es* **alternante** *si*

$$T(v_1, \ldots, v_i, \ldots, v_j, \ldots, v_k) = 0 \quad si \quad v_i = v_j, i \neq j$$

b. *T es* **antisimétrica** *si para cada par de índices $i \neq j$*

$$T(v_1, \ldots, v_i \ldots, v_j, \ldots, v_k) = -T(v_1, \ldots, v_j \ldots, v_i, \ldots, v_k)$$

El siguiente lema es consecuencia inmediata de la definición anterior y se deja a cargo del lector.

Proposición 6.1. *T es alternante si y sólo si T es antisimétrica*

Sea $\Omega^k(V)$ el conjunto de todas las $T \in \mathcal{L}^k(V)$ que son alternantes. Es claro que $\Omega^k(V)$ es un subespacio vectorial de $\mathcal{L}^k(V)$. Notemos que $\Omega^1(V) = \mathcal{L}^1(V) = V^*$. Además convenimos en poner $\Omega^0(V) = \mathcal{L}^0(V) = \mathbb{R}$.
Si $f: V \to W$ es una transformación lineal, esta induce la transformación

$$\Omega^k(f): \Omega^k(W) \to \Omega^k(V)$$

dada por

$$\Omega^k(f)(T)(v_1, \ldots, v_k) = T(f(v_1), \ldots, f(v_k))$$

para cada $T \in \Omega^k(W)$. Notaremos a la transformación $\Omega^k(f)$ por f^* que denominaremos **pull-back**. De esta manera hemos obtenido un functor contravariante $\Omega^k(-)$ de la categoría de espacios vectoriales **Vec** en la categoría **Vec**, en otras palabras, a cada espacio vectorial V se le asigna el espacio vectorial $\Omega^k(V)$ y a cada transformación lineal $f: V \to W$ se la asigna la multilineal alternante

$$\Omega^k(T): \Omega^k(W) \to \Omega^k(V)$$

dada por $\Omega^k(f) = f^*$. Además se cumple que

1. $\Omega^k(\mathrm{Id}) = \mathrm{Id}_{\Omega^k(V)}$

2. $\Omega^k(f) \circ \Omega^k(g) = \Omega^k(g \circ f)$, con $f : V \to W$, $g : W \to S$

Sea S_k el grupo de todas las permutaciones del conjunto $\{1, 2, \ldots, k\}$. Cada $\sigma \in S_k$ induce la función

$$\sigma : \underbrace{V \times V \times \cdots \times V}_{k} \to \underbrace{V \times V \times \cdots \times V}_{k}$$

dada por

$$\sigma(v_1, \ldots, v_k) = (v_{\sigma(1)}, \ldots, v_{\sigma(k)})$$

Si ρ es otro elemento de S_k y $\boldsymbol{\rho}$ es la correspondiente función inducida, entonces

$$\boldsymbol{\sigma} \circ \boldsymbol{\rho} = \boldsymbol{\rho} \circ \boldsymbol{\sigma}$$

En efecto. Si en

$$\boldsymbol{\rho}(v_1, \ldots, v_k) = (v_{\sigma(1)}, \ldots, v_{\sigma(k)})$$

hacemos

$$v_{\rho(1)} = w_1, \ldots, v_{\rho(k)} = w_k$$

entonces

$$\begin{aligned}
\boldsymbol{\sigma} \circ \boldsymbol{\rho}(v_1, \ldots, v_k) &= \boldsymbol{\sigma}(\boldsymbol{\rho}(v_1, \ldots, v_k)) \\
&= \boldsymbol{\sigma}((v_{\rho(1)}, \ldots, v_{\rho(k)})) \\
&= \boldsymbol{\sigma}(w_1, \ldots, w_k) \\
&= (w_{\sigma(1)}, \ldots, w_{\sigma(k)}) \\
&= (v_{\rho(\sigma(1))}, \ldots, v_{\rho(\sigma(k))}) \\
&= \boldsymbol{\rho} \circ \boldsymbol{\sigma}(v_1, \ldots, v_k)
\end{aligned}$$

Recordemos que para cada $\sigma \in S_k$ se tiene que

$$\mathrm{sgn}\,\sigma = \begin{cases} +1 & \text{si } \sigma \text{ es par} \\ -1 & \text{si } \sigma \text{ es impar} \end{cases}$$

y se cumple que

$$\mathrm{sgn}(\rho \circ \sigma) = \mathrm{sgn}\,\rho \cdot \mathrm{sgn}\,\sigma$$

Definición 6.2. *Para cualquier $T \in \mathcal{L}^k(V)$ la **alternación** de T es la aplicación*

$$\mathrm{Alt}(T) = \frac{1}{k!} \sum_{\sigma \in S_k} \mathrm{sgn}\,\sigma\,(T \circ \boldsymbol{\sigma})$$

esto es, si $v_1, \ldots, v_k \in V$, entonces

$$\mathrm{Alt}(T)(v_1, \ldots, v_k) = \frac{1}{k!} \sum_{\sigma \in S_k} \mathrm{sgn}\,\sigma\, T(v_{\sigma(1)}, \ldots, v_{\sigma(k)})$$

Proposición 6.2. *Sean* $T \in \mathcal{L}^k(V)$ *y* $\omega \in \Omega^k(V)$, *entonces*

1. $\mathrm{Alt}(T) \in \Omega^k(V)$

2. $\mathrm{Alt}(\omega) = \omega$

3. $\mathrm{Alt}(\mathrm{Alt}(T)) = \mathrm{Alt}(T)$

Demostración. (1) Sea $\lambda \in S_k$ la permutación que intercambia i con j y deja fijo a los otros números. Esto es, $\lambda(i) = j, \lambda(j) = i$ y $\lambda(h) = h$ si $h \neq i$ o $h \neq j$. Se tiene que sgn $\lambda = -1$. Sea σ cualquier permutación. Consideramos $\rho = \sigma \circ \lambda$. Se tiene que sgn $\sigma \circ \lambda = -\mathrm{sgn}\,\sigma$ y

$$\mathrm{Alt}(T)(v_1, \ldots, v_j, \ldots, v_i, \ldots, v_k)$$
$$= \frac{1}{k!} \sum_{\sigma \in S_k} \mathrm{sgn}\,\sigma T(v_{\sigma(1)}, \ldots, v_{\sigma(j)}, \ldots, v_{\sigma(i)}, \ldots, v_{\sigma(k)})$$
$$= \frac{1}{k!} \sum_{\sigma \in S_k} \mathrm{sgn}\,\sigma T(v_{\sigma(\lambda(1))}, \ldots, v_{\sigma(\lambda(i))}, \ldots, v_{\sigma(\lambda(j))}, \ldots, v_{\sigma(\lambda(k))})$$
$$= -\frac{1}{k!} \sum_{\rho \in S_k} \mathrm{sgn}\,\sigma T(v_{\rho(1)}, \ldots, v_{\rho(i)}, \ldots, v_{\rho(j)}, \ldots, v_{\rho(k)})$$
$$= -\mathrm{Alt}(T)(v_1, \ldots, v_i, \ldots, v_j, \ldots, v_k)$$

(2) Sea λ como en (1). Esto es, λ intercambia i con j dejando fijo a los demás números. Como $\omega \in \Omega^k(V)$, tenemos que:

$$\omega(v_{\lambda(1)}, \ldots, v_{\lambda(i)}, \ldots, v_{\lambda(j)}, \ldots, v_{\lambda(k)}) = \omega(v_1, \ldots, v_j, \ldots, v_i, \ldots, v_k)$$
$$= -\omega(v_1, \ldots, v_i, \ldots, v_j, \ldots, v_k)$$
$$= \mathrm{sgn}\,\lambda\,\omega(v_1, \ldots, v_i, \ldots, v_j, \ldots, v_k)$$

Como todo $\sigma \in S_k$ es producto (composición) de permutaciones del tipo λ, entonces, para todo $\sigma \in S_k$ se cumple que

$$\omega(v_{\sigma(1)}, \ldots, v_{\sigma(i)}, \ldots, v_{\sigma(j)}, \ldots, v_{\sigma(k)}) = \mathrm{sgn}\,\sigma\,\omega(v_1, \ldots, v_i, \ldots, v_j, \ldots, v_k)$$

En consecuencia:

$$\mathrm{Alt}(\omega)(v_1, \ldots, v_k) = \frac{1}{k!} \sum_{\sigma \in S_k} \mathrm{sgn}\,\sigma \omega(v_{\sigma(1)}, \ldots, v_{\sigma(k)})$$
$$= \frac{1}{k!} \sum_{\sigma \in S_k} \mathrm{sgn}\,\sigma\,\mathrm{sgn}\,\sigma \omega(v_1, \ldots, v_k)$$
$$= \frac{1}{k!} \sum_{\sigma \in S_k} \omega(v_1, \ldots, v_k)$$
$$= \frac{1}{k!} k! \, \omega(v_1, \ldots, v_k)$$
$$= \omega(v_1, \ldots, v_k)$$

(3) Es consecuencia inmediata de (1) y (2). □

6.1.1. El producto cuña o producto exterior

Definición 6.3. *Si* $\omega \in \Omega^k(V)$ *y* $\eta \in \Omega^h(V)$, *definimos el* **producto cuña** *o* **producto exterior** *de* ω *por* η, *denotado con* $\omega \wedge \eta$, *como el elemento* $\omega \wedge \eta \in \Omega^{k+h}(V)$ *dado por*

$$\omega \wedge \eta = \frac{(k+h)!}{k!\,h!} \operatorname{Alt}(\omega \otimes \eta) \tag{6.1}$$

Tenemos el siguiente teorema

Teorema 6.1. *Sean* $\omega \in \Omega^k(V)$, $\eta, \eta_1, \eta_2 \in \Omega^h(V)$. *Entonces*

1. *El producto cuña es bilineal:*

$$\omega \wedge (\eta_1 + \eta_2) = \omega \wedge \eta_1 + \omega \wedge \eta_2$$

2. *Para todo número real a se cumple que*

$$a(\omega \wedge \eta) = (a\omega) \wedge \eta_1 = \omega \wedge (a\eta)$$

3. *El producto cu na es anticonmutativo:*

$$\omega \wedge \eta = (-1)^{kh} \eta \wedge \omega$$

4. *El pull-back respeta el producto cuña, esto es, si* $f : V \to W$ *es una transformación lineal, entonces*

$$f^*(\omega \wedge \eta) = f^*(\omega) \wedge f^*(\eta)$$

Demostración. Probemos (1)

$$\begin{aligned}
\omega \wedge (\eta_1 \wedge \eta_2) &= \frac{(k+h)!}{k!\,h!} \operatorname{Alt}(\omega \otimes (\eta_1 + \eta_2)) \\
&= \frac{(k+h)!}{k!\,h!} \operatorname{Alt}(\omega \otimes \eta_1 + \omega \otimes \eta_2) \\
&= \frac{(k+h)!}{k!\,h!} \operatorname{Alt}(\omega \otimes \eta_1) + \frac{(k+h)!}{k!\,h!} \operatorname{Alt}(\omega \otimes \eta_2) \\
&= \omega \wedge \eta_1 + \omega \wedge \eta_2
\end{aligned}$$

(2)

$$(a\omega) \wedge \eta = \frac{(k+h)!}{k!\,h!} \operatorname{Alt}((a\omega) \otimes \eta) = a\frac{(k+h)!}{k!\,h!} \operatorname{Alt}(\omega \otimes \eta) = a(\omega \wedge \eta_1)$$

similarmente $\omega \wedge (a\eta) = a(\omega \wedge \eta)$. Luego $(a\omega) \wedge \eta = a(\omega \wedge \eta) = \omega \wedge (a\eta)$.

(3)

(4) Tenemos que

$$f^*(\omega \wedge \eta)(v_1, \ldots, v_k, v_{k+1}, \ldots, v_{k+h})$$
$$= (\omega \wedge \eta)(f(v_1), \ldots, f(v_k), f(v_{k+1}), \ldots, f(v_{k+h}))$$
$$= (\omega \wedge \eta)(w_1, \ldots, w_k, w_{k+1}, \ldots, w_{k+h}) \quad \text{donde} \quad w_i = f(v_i)$$
$$= \frac{(k+h)!}{k!\,h!} \operatorname{Alt}(\omega \otimes \eta)(w_1, \ldots, w_k, w_{k+1}, \ldots, w_{k+h})$$
$$= \frac{(k+h)!}{k!\,h!} \frac{1}{(k+h)!} \sum_{\sigma \in S_{k+h}} \operatorname{sgn}\sigma\, (\omega \otimes \eta)(w_{\sigma(1)}, \ldots, w_{\sigma(k)}, w_{\sigma(k+1)}, \ldots, w_{\sigma(k+h)})$$
$$= \frac{(k+h)!}{k!\,h!} \frac{1}{(k+h)!} \sum_{\sigma \in S_{k+h}} \operatorname{sgn}\sigma\, \omega(w_{\sigma(1)}, \ldots, w_{\sigma(k)})\eta(w_{\sigma(k+1)}, \ldots, w_{\sigma(k+h)})$$
$$= \frac{(k+h)!}{k!\,h!} \frac{1}{(k+h)!} \sum_{\sigma \in S_{k+h}} \operatorname{sgn}\sigma\, \omega(f(v_{\sigma(1)}), \ldots, f(v_{\sigma(k)}))\eta(f(v_{\sigma(k+1)})), \ldots, f(v_{\sigma(k+h)}))$$
$$= \frac{(k+h)!}{k!\,h!} \frac{1}{(k+h)!} \sum_{\sigma \in S_{k+h}} \operatorname{sgn}\sigma\, (f^*\omega)(v_{\sigma(1)}, \ldots, v_{\sigma(k)})(f^*\eta)(v_{\sigma(k+1)}, \ldots, v_{\sigma(k+h)})$$
$$= \frac{(k+h)!}{k!\,h!} \operatorname{Alt}(f^*\omega \otimes f^*\eta)(v_1, \ldots, v_k, v_{k+1}, \ldots, v_{k+h})$$

$\square$

Queremos ahora verificar que la operación producto exterior es asociativa. Para eso, previamente necesitamos unos resultados que los ponemos en el siguiente lema.

Lema 6.1. *Sean* $S, \omega \in \mathcal{L}^k(V)$, $T, \eta \in \mathcal{L}^h(V)$ *y* $\theta \in \mathcal{L}^m(V)$, *entonces*

1. *Si* $\operatorname{Alt}(S) = 0$, *entonces* $\operatorname{Alt}(S \otimes T) = 0 = \operatorname{Alt}(T \otimes S)$

2. $\operatorname{Alt}(\operatorname{Alt}(\omega \otimes \eta) \otimes \theta) = \operatorname{Alt}(\omega \otimes \eta \otimes \theta) = \operatorname{Alt}(\omega \otimes \operatorname{Alt}(\eta \otimes \theta))$

Demostración. Probemos (1):

$$(k+h)!\operatorname{Alt}(S \otimes T)(v_1, \ldots, v_{k+h}) = \sum_{\sigma \in S_{k+h}} \operatorname{sgn}\sigma\, (S \otimes T)(v_{\sigma(1)}, \ldots, v_{\sigma(k+h)})$$
$$= \sum_{\sigma \in S_{k+h}} \operatorname{sgn}\sigma\, S(v_{\sigma(1)}, \ldots, v_{\sigma(k)}) T(v_{\sigma(k+1)}, \ldots, v_{\sigma(k+h)})$$

Sea G el subgrupo de S_{k+h} formado por todos los σ que dejan fijos a $k+$

$1, k+2, \ldots, k+h$. Se tiene que G es isomorfo a S_k. Ahora:

$$\sum_{\sigma \in G} \operatorname{sgn} \sigma \, S(v_{\sigma(1)}, \ldots, v_{\sigma(k)}) T(v_{\sigma(k+1)}, \ldots, v_{\sigma(k+h)}) =$$

$$= \left[\sum_{\sigma \in S_k} \operatorname{sgn} \sigma \, S(v_{\sigma(1)}, \ldots, v_{\sigma(k)}) \right] T(v_{\sigma(k+1)}, \ldots, v_{\sigma(k+h)})$$

$$= 0 \cdot T(v_{\sigma(k+1)}, \ldots, v_{\sigma(k+h)})$$

$$= 0$$

Sea $\rho \in S_{k+h}$ tal que $\rho \notin G$. Tomemos la clase a la izquierda ρG. Se tiene que $G \cap \rho G = \varnothing$. Ahora

$$\sum_{\lambda \in \rho G} \operatorname{sgn} \lambda (S \otimes T) \circ \boldsymbol{\lambda}(v_1, \ldots, v_{k+h}) =$$

$$= \sum_{\sigma \in G} \operatorname{sgn} \rho \circ \sigma (S \otimes T) \circ (\boldsymbol{\rho} \circ \boldsymbol{\sigma})(v_1, \ldots, v_{k+h})$$

$$= \sum_{\sigma \in G} \operatorname{sgn} \rho \operatorname{sgn} \sigma (S \otimes T) \circ (\boldsymbol{\sigma} \circ \boldsymbol{\rho})(v_1, \ldots, v_{k+h})$$

$$= \operatorname{sgn} \rho \sum_{\sigma \in G} (S \otimes T) \boldsymbol{\sigma}(v_{\rho(1)}, \ldots, v_{\rho(k+h)})$$

$$= 0$$

ya que $(v_{\rho(1)}, \ldots, v_{\rho(k+h)})$ es otra $(k+h)$-upla. Como S_{k+h} es una unión disjunta de clases a la izquierda, conlcuimos que $\operatorname{Alt}(S \otimes T) = 0$. Similarmente se prueba que $\operatorname{ALt}(T \otimes S) = 0$.

Probemos (2). Tenemos que

$$\operatorname{Alt}(\operatorname{Alt}(\eta \otimes \theta) - (\eta \otimes \theta)) = \operatorname{Alt}(\operatorname{Alt}(\eta \otimes \theta)) - \operatorname{Alt}(\eta \otimes \theta)$$
$$= \operatorname{Alt}(\eta \otimes \theta) - \operatorname{Alt}(\eta \otimes \theta)$$
$$= 0$$

Luego por (1) se tiene

$$0 = \operatorname{Alt}(\omega \otimes \operatorname{Alt}(\operatorname{Alt}(\eta \otimes \theta) - (\eta \otimes \theta)))$$
$$= \operatorname{Alt}(\omega \otimes \operatorname{Alt}(\eta \otimes \theta)) - \operatorname{Alt}(\omega \otimes \eta \otimes \theta)$$

Luego

$$\operatorname{Alt}(\omega \otimes \operatorname{Alt}(\eta \otimes \theta)) = \operatorname{Alt}(\omega \otimes \eta \otimes \theta)$$

En forma similar, se prueba que

$$\operatorname{Alt}(\operatorname{Alt}(\omega \otimes \eta) \otimes \theta) = \operatorname{Alt}(\omega \otimes \eta \otimes \theta)$$

□

Teorema 6.2. *Si* $\omega \in \Omega^k(V)$, $\eta \in \Omega^h(V)$ *y* $\theta \in \Omega^m(V)$, *entonces*

$$(\omega \wedge \eta) \wedge \theta = \omega \wedge (\eta \wedge \theta) = \frac{(k+h+m)!}{k!\,h!\,m!} \operatorname{Alt}(\omega \otimes \eta \otimes \theta)$$

Demostración.

$$\begin{aligned}
(\omega \wedge \eta) \wedge \theta &= \frac{(k+h+m)!}{(k+h)!\,m!} \operatorname{Alt}(\omega \wedge \eta) \otimes \theta) \\
&= \frac{(k+h+m)!}{(k+h)!\,m!} \frac{(k+h)!}{k!\,h!} \operatorname{Alt}(\operatorname{Alt}(\omega \otimes \eta) \otimes \theta) \\
&= \frac{(k+h+m)!}{k!\,h!\,m!} \operatorname{Alt}(\omega \otimes \eta \otimes \theta)
\end{aligned}$$

En forma similar,

$$\omega \wedge (\eta \wedge \theta) = \frac{(k+h+m)!}{k!\,h!\,m!} \operatorname{Alt}(\omega \otimes \eta \otimes \theta)$$

$\square$

Proposición 6.3. *Si* $\{v_1, v_2, \ldots, v_n\}$ *es una base de* V *y* $\varphi_1, \varphi_2, \ldots, \varphi_n$ *es la base dual de* V, *entonces*

1. $\varphi_1 \wedge \varphi_2 \wedge \cdots \wedge \varphi_n = \sum_{\sigma \in S_n} \operatorname{sgn} \sigma (\varphi_1 \otimes \cdots \otimes \varphi_n) \circ \boldsymbol{\sigma}$

2. $(\varphi_1 \wedge \varphi_2 \wedge \cdots \wedge \varphi_n)(v_1, v_2, \ldots, v_n) = 1$

Demostración. Probemos (1)

$$\begin{aligned}
\varphi_1 \wedge \varphi_2 \wedge \cdots \wedge \varphi_n &= \frac{1 + \cdots + 1}{1! \cdots 1!} \operatorname{Alt}(\varphi_1 \otimes \cdots \varphi_n) \\
&= n! \frac{1}{n!} \sum_{\sigma \in S_n} \operatorname{sgn} \sigma \, (\varphi_1 \otimes \cdots \varphi_n) \circ \boldsymbol{\sigma} \\
&= \sum_{\sigma \in S_n} \operatorname{sgn} \sigma \, (\varphi_1 \otimes \cdots \varphi_n) \circ \boldsymbol{\sigma}
\end{aligned}$$

Probemos ahora (2)

$$\begin{aligned}
(\varphi_1 \wedge \varphi_2 \wedge \cdots \wedge \varphi_n)(v_1, v_2, \ldots, v_n) &= \left(\sum_{\sigma \in S_n} \operatorname{sgn} \sigma (\varphi_1 \otimes \cdots \otimes \varphi_n) \circ \boldsymbol{\sigma} \right)(v_1, \ldots, v_n) \\
&= \sum_{\sigma \in S_n} \operatorname{sgn} \sigma \varphi_1(v_{\sigma(1)}) \cdots \varphi_n(v_{\sigma(n)}) \\
&= \varphi_1(v_1) \cdots \varphi_n(v_n) \\
&= 1
\end{aligned}$$

$\square$

Notemos que los resultados de la proposición anterior nos muestra la razón por la que se colocan los coeficientes $\frac{(k+h)!}{k!\,h!}$ en la ecuación 6.1.

Teorema 6.3. *El conjunto*
$$\{\varphi_{i_1} \wedge \varphi_{i_2} \wedge \cdots \wedge \varphi_{i_k} \mid 1 \leq i_1 < i_2 < \cdots < i_k \leq n\}$$
es una base para $\Omega^k(V)$.

Demostración. Sea $\omega \in \Omega^k(V)$. Como $\Omega^k(V) \subset \mathcal{L}^k(V)$, entonces
$$\omega = \sum a_{i_1\ldots i_k}\varphi_{i_1} \otimes \cdots \otimes \varphi_{i_k}$$
luego se tiene que
$$\omega = \mathrm{Alt}(\omega) = \sum_{i_1\ldots i_k} a_{i_1\ldots i_k}\, \mathrm{Alt}(\varphi_{i_1} \otimes \cdots \otimes \varphi_{i_k})$$
pero
$$\mathrm{Alt}(\varphi_{i_1} \otimes \cdots \otimes \varphi_{i_k}) = \pm\frac{1}{k}\varphi_{j_1} \wedge \cdots \wedge \varphi_{j_k}$$
para algún $j_1 < \cdots < k_j$ (y 0 para el resto). Luego estos elementos, $\varphi_{i_1} \wedge \cdots \wedge \varphi_{i_k}$, generan a $\Omega^k(V)$. Por otro lado, si
$$0 = \sum_{i_1<\cdots<i_k} a_{i_1\ldots i_k}\varphi_{i_1} \wedge \cdots \wedge \varphi_{i_k}$$
y aplicando ambos miembros a $(v_{j_1},\ldots,\varphi_{j_k})$ obtenemos, por la proposición anterior que $a_{j_1\ldots j_k} = 0$. □

Corolario 6.1. *La dimensión* $\Omega^k(V)$ *es* $\binom{n}{k} = \frac{n!}{k!(n-k)!}$

Corolario 6.2. *Si* $\dim V = n$, *entonces la dimensión de* $\Omega^n(V)$ *es 1*

Corolario 6.3. $\Omega^k(V) = 0$, *para* $k > n$.

Proposición 6.4. *Sean* $\omega_1,\ldots,\omega_k \in \Omega^k(V)$, *entonces*
$$\omega_1,\ldots,\omega_k \quad \textit{son linealmente independientes} \Leftrightarrow \omega_1 \wedge \cdots \wedge \omega_k \neq 0$$

Demostración. ($\Rightarrow$) Si $\omega_1,\ldots,\omega_k$ son linealmente independientes, existe una base $v_1,\ldots,v_k,\ldots,v_n$ de V, cuya base dual $\varphi_1,\ldots,\varphi_k,\ldots,\varphi_n$ satisface: $\varphi_1 = \omega_1,\ldots,\varphi_k = \omega_k$. Luego, por el teorema anterior, $\omega_1 \wedge \cdots \wedge \omega_k$ es un elemento básico de $\Omega^k(V)$ y por lo tanto es distinto de 0.

($\Leftarrow$) Probaremos el contrarreciproco: $\omega_1,\cdots,\omega_k$ son linealmente dependientes $\Rightarrow \omega_1 \wedge \cdots \wedge \omega_k = 0$. Bien, si $\omega_1,\cdots,\omega_k$ son linealmente dependientes, entonces
$$\omega_1 = a_2\omega_2 + \cdots + a_k\omega_k$$
luego,
$$\omega_1 \wedge \cdots \wedge \omega_k = (a_2\omega_2 + \cdots + a_k\omega_k) \wedge \omega_2 \wedge \cdots \wedge \omega_k = 0$$

□

Teorema 6.4. *Sea $v_1, \ldots, v_n$ una base de V y $\omega \in \Omega^k(V)$. Si*

$$\omega_1 = \sum_{j=1}^{n} \alpha_{ji} v_j$$

Entonces
$$\omega(w_1, \ldots, w_n) = \det(\alpha_{ji}) \omega(v_1, \ldots, v_n)$$

Demostración. Sea $\eta \in \Omega^n(\mathbb{R}^n)$ definida por

$$\eta((a_{11}, \ldots, a_{n1}), \ldots, (a_{1n}, \ldots, a_{nn})) = \omega \left(\sum_{j=1}^{n} a_{j1} v_j, \ldots, \sum_{j=1}^{n} a_{jn} v_j \right)$$

Puesto que $\Omega^n(\mathbb{R}^n)$ tiene dimensión 1 y $\det \in \Omega^n(\mathbb{R}^n)$, entonces existe $c \in \mathbb{R}$ tal que
$$\eta = c \det$$

tenemos que
$$\eta(e_1, \ldots, e_n) = c \det(e_1, \ldots, e_n) = c \cdot 1 = c$$

Además, $\eta(e_1, \ldots, e_n) = \omega(v_1, \ldots, v_n)$. Luego

$$\eta = \omega(v_1, \ldots, v_n) \det$$

Ahora,

$$\omega(w_1, \ldots, w_n) = \omega \left(\sum_{j=1}^{n} a_{j1} v_j, \ldots, \sum_{j=1}^{n} a_{jn} v_j \right)$$
$$= \eta((a_{11}, \ldots, a_{n1}), \ldots, (a_{1n}, \ldots, a_{nn}))$$
$$= \omega(v_1, \ldots, v_n) \det(a_{ji})$$

Esto es,
$$\omega(w_1, \ldots, w_n) = \det(a_{ji}) \omega(v_1, \ldots, v_n)$$

□

6.1.2. Orientación en espacios vectoriales

Sea $\mathcal{B}$ el conjunto formado por todas las bases ordenadas de V. Esto es,

$$\mathcal{B} = \{(v_1, \ldots, v_n) \mid (v_1, \ldots, v_n) \text{ es una base ordenada de } V\}$$

Si $(w_1, \ldots, w_n)$ y $(v_1, \ldots, v_n)$ son dos elementos de $\mathcal{B}$ y si

$$w_i = \sum_{j=1}^{n} \alpha_{ji} v_j \quad i = 1, \ldots, n$$

entonces la matriz (α_{ji}) es invertible y, por lo tanto, $\det(\alpha_{ji}) \neq 0$. Establecemos la relación

$$(w_1, \ldots, w_n) \sim (v_1, \ldots, v_n) \Leftrightarrow \det(\alpha_{ji}) > 0$$

La relación antes definida es una relación de equivalencia, la cual tiene solamente dos clases de equivalencia. Una **orientación para el espacio V** es la elección de cualquiera de estas dos clases.

Un **espacio vectorial orientado** es un par (V, μ), donde V es un espacio vectorial y μ es una orientación de V. La clase de $(v_1, \ldots, v_n)$ la denotaremos por $[v_1, \ldots, v_n]$. Si μ es una orientación de V, entonces $(v_1, \ldots, v_n) \in \mu \Leftrightarrow [v_1, \ldots, v_n] = \mu$. Si μ es una orientación de V, entonces la otra la denotaremos por $-\mu$. Se llama orinetación de $\mathbb{R}^n$ a la orientación $[e_1, \ldots, e_n]$.

Teorema 6.5. *Si V tiene dimensión n y $\omega \neq 0 \in \Omega^n(V)$, entonces existe una única orientación μ tal que*

$$[v_1, \ldots, v_n] = \mu \Leftrightarrow \omega(v_1, \ldots, v_n) > 0$$

Demostración. Sea $(v_1, \ldots, v_n) \in \mathcal{B}$ tal que $\omega(v_1, \ldots, v_n) > 0$. Tomamos $\mu = [v_1, \ldots, v_n]$. Ahora, si $(w_1, \ldots, w_n) \in \mathcal{B}$ y $w_i = \sum_{j=1}^{n} \alpha_{ji} v_j$, entonces por el teorema 6.5

$$\omega(w_1, \ldots, w_n) = \det(\alpha_{ji}) \omega(v_1, \ldots, v_n)$$

Luego, de acuerdo a esta igualdad y en vista de que $\omega(v_1, \ldots, v_n) > 0$,

$$(w_1, \ldots, w_n) \in \mu \Leftrightarrow \det(\alpha_{ji}) > 0 \Leftrightarrow \omega(w_1, \ldots, w_n) > 0$$

La unicidad es obvia. $\square$

6.2. k-formas diferenciables

Sea M^m una variedad diferenciable $C^\infty(M)$ de dimensión m. Si $p \in M$, notaremos por $\Omega^k(T_p M)$ al conjunto de todas las funciones k-lineales alternantes definidas sobre el espacio tangente $T_p M$. Definimos también

$$\Omega^k(TM) = \bigsqcup_{p \in M} \Omega^k(T_p M)$$

Sabemos que $(\Omega^k(TM), M, \pi)$, donde $\pi : \Omega^k(TM) \to M$ es la proyección obvia, es un fibrado vectorial y que la dimensión de la variedad $\Omega^k(TM)$ es $m + \binom{m}{k}$.

Definición 6.4. *Una k-forma diferenciable sobre M es una sección ω del fibrado $(\Omega^k(TM), M, \pi)$. Es decir, es una función $\omega : M \to \Omega^k(TM)$ tal que*

$$\pi \circ \omega = I_M$$

Denotaremos con $\Omega^k(M)$ al conjunto formado por todas las k-formas diferenciables sobre M. $\Omega^k(M)$ es un espacio vectorial sobre $\mathbb{R}$ y es un módulo sobre $C^\infty(M)$. Por completitud estableceremos $\Omega^0(M) = C^\infty(M)$.
Si (U_α, x_α) es una carta local de M, entonces el conjunto

$$dx_\alpha^{l_1} \wedge \cdots \wedge dx_\alpha^{l_k}, \quad 1 \leq l_1 < \cdots < l_k \leq m$$

constituye una base para $\Omega^k(U_\alpha)$. Por tanto, si $\omega \in \Omega^k(M)$, la restricción de ω a ω_α se expresa por:

$$\omega = \sum_{l_1 < \cdots < l_k} \omega_{l_1 \cdots l_k} dx_\alpha^{l_1} \wedge \cdots \wedge dx_\alpha^{l_k}$$

donde $\omega_{l_1 \cdots l_k}$ son funciones diferenciables de U_α en $\mathbb{R}$. Con ánimo de simplificar haremos $I = (l_1, \ldots, l_k)$, entonces la igualdad anterior se escribe así

$$\omega = \sum_I \omega_I \, dx_\alpha^I$$

Sean M^m y N^n dos variedades diferenciables y $F : M \to N$ una función diferenciable. Esta función F induce la función

$$F^* : \Omega^k(N) \to \Omega^k(M)$$

definida del modo siguiente

1. $F^*(f) = f \circ F$ si $f \in \Omega^0(N) = C^\infty(N)$

2. $(F^*\omega)_p(X_1(p), \ldots, X_k(p)) = \omega_{F(p)}(F_{*,p}(X_1(p)), \ldots, F_{*,p}(X_k(p)))$ donde $\omega \in \Omega^k(N); p \in M; X_1, \ldots, X_k \in \Xi(M)$.

Teorema 6.6. *Si $I_M : M \to M$ es la identidad, entonces*

$$(I_M)^* : \Omega^k(M) \to \Omega^k(M)$$

es la identidad en $\Omega^k(M)$. Es decir

$$(I_M)^* = I_{\Omega^k(M)}$$

Demostración. Inmediata. $\square$

Teorema 6.7. *Si $F : M \to N$ y $G : N \to Z$ son funciones diferenciables, entonces*

$$(G \circ F)^* = F^* \circ G^*$$

Demostración. Sean $\omega \in \Omega^k(Z)$, $p \in M$ y $X_1, \ldots, X_k \in \Xi(M)$, entonces

$(G \circ F)^*\omega(p)(X_1(p), \ldots, X_k(p))$
$= \omega(G \circ F)(p)((G \circ F)_{*p}(X_1(p)), \ldots, (G \circ F)_{*p}(X_k(p)))$
$= \omega(G(F(p))(G_{*F(p)}(F_{*p}(X_1(p))), \ldots, G_{*F(p)}(F_{*p}(X_k(p)))))$
$= (G^*\omega)(F(p))(F_{*p}(F_{*p}(X_1(p)), \ldots, F_{*p}(X_k(p))))$
$= F^*(G^*\omega)(p)(X_1(p), \ldots, X_k(p))$

luego
$$(G \circ F)^*\omega = F^*(G^*\omega) = (F^* \circ G^*)\omega$$

$\square$

Corolario 6.4. *Si* $F : M \to N$ *es un difeomorfismo, entonces*

(a) $(F^{-1})^* = (F^*)^{-1}$

(b) $F^* : \Omega^k(N) \to \Omega^k(M)$ *es un isomorfismo.*

Demostración. Por una parte tenemos
$$F \circ F^{-1} = I_N \to (F \circ F^{-1})^* = I_N^* \to (F^{-1})^* \circ F^* = I_{\Omega^k(N)}$$

De manera similar se tiene que
$$F^* \circ (F^{-1})^* = I_{\Omega^k(M)}$$

$\square$

Teorema 6.8. *Sean* M *y* N *dos variedades de dimensión* m *y* $F : M \to N$ *una función diferenciable. Si* (U, x) *y* (V, y) *son dos cartas locales alrededor de* $p \in U$ *y de* $g(p) \in V$ *respectivamente, con* $g \in C^\infty(V)$ *entonces*
$$F^*(g\, dy^1 \wedge \cdots \wedge dy^m) = (g \circ F) \det\left(\frac{\partial(y^i \circ F)}{\partial x^j}\right) dx^1 \wedge \cdots \wedge dx^m$$

Demostración. Caso 1. $g \equiv 1$:
$$F^*(dy^1 \wedge \cdots \wedge dy^m) = \det\left(\frac{\partial(y^i \circ F)}{\partial x^j}\right) dx^1 \wedge \cdots \wedge dx^m$$

En efecto
$$F^*(dy^1 \wedge \cdots \wedge dy^m)_p \left(\frac{\partial}{\partial x^1}\bigg|_p, \ldots, \frac{\partial}{\partial x^m}\bigg|_p\right)$$
$$= (dy^1 \wedge \cdots \wedge dy^m)_q \left(F_* \frac{\partial}{\partial x^1}\bigg|_p, \ldots, F_* \frac{\partial}{\partial x^m}\bigg|_p\right)$$
$$= (dy^1 \wedge \cdots \wedge dy^m)_q \left(\sum_{i=1}^m \frac{\partial y^i \circ F}{\partial x^1}(p) \frac{\partial}{\partial y^i}\bigg|_q, \ldots, \sum_{i=1}^m \frac{\partial y^i \circ F}{\partial x^m}(p) \frac{\partial}{\partial y^i}\bigg|_q\right)$$
$$= \det\left(\frac{\partial y^i \circ F}{\partial x^j}(p)\right) (dy^1 \wedge \cdots \wedge dy^m)_q \left(\frac{\partial}{\partial y^1}\bigg|_q, \ldots, \frac{\partial}{\partial y^m}\bigg|_q\right)$$
$$= \det\left(\frac{\partial y^i \circ F}{\partial x^j}(p)\right)$$
$$= \det\left(\frac{\partial y^i \circ F}{\partial x^j}(p)\right) (dx^1 \wedge \cdots \wedge dx^m)_p \left(\frac{\partial}{\partial x^1}\bigg|_p, \ldots, \frac{\partial}{\partial x^m}\bigg|_p\right)$$

Caso 2. Se sigue aplicando el caso 1. En efecto

$$F^*(g\, dy^1 \wedge \cdots \wedge dy^m) = (g \circ F) F^*(dy^1 \wedge \cdots \wedge dy^m)$$
$$= (g \circ F) \det\left(\frac{\partial y^i \circ F}{\partial x^j}\right) dx^1 \wedge \cdots \wedge dx^m$$

$\square$

Corolario 6.5. *Si (U,x) y (V,y) son cartas de M, $U \cap V \neq \emptyset$ y*
$$g\, dy^1 \wedge \cdots \wedge dy^m = h\, dx^1 \wedge \cdots \wedge dx^m$$
entonces
$$h = g \det\left(\frac{\partial y^i}{\partial x^j}\right)$$

Demostración. Aplicar el teorema anterior al caso $F = \mathrm{Id}_M$ $\square$

Sea M^m una variedad diferenciable. Consideremos el espacio

$$\Omega(M) = \bigoplus_{i=0}^{m} \Omega^i(M)$$

En $\Omega(M)$ definimos tres operaciones: adición, multiplicación por un escalar y el producto cuña. $\Omega(M)$ con estas operaciones constituye un álgebra, llamada **álgebra de Grassmann** o **álgebra exterior** de M.

6.3. La Derivada Exterior

Sea M una variedad diferenciable. Probaremos que existe una única aplicación lineal
$$d : \Omega(M) \to \Omega(M)$$
llamada **derivada exterior** o **diferencial exterior** que cumple

a. $d : \Omega^k(M) \to \Omega^{k+1}(M)$

b. $d(f) = df$, donde df es la diferencial de $f \in \Omega^0(M)$

c. $d(\omega \wedge \eta) = d\omega \wedge \eta + (-1)^k \omega \wedge d\eta$

d. $d^2 = d \circ d = 0$

Esto lo haremos en los siguientes pasos: Recordar que si $f \in \Omega^0(M)$, entonces df es la 1-forma definida por

$$df(X) = X(f), \quad X \in \mathfrak{X}(M)$$

se demostró que si (U,x) es una carta local, entonces

$$df = \sum_{i=1}^{m} \frac{\partial f}{\partial x_i} dx^i$$

Definición 6.5. *Si* $\Omega \in \Omega^k(M)$, $k \geq 1$ *y en* (U,x), $\omega = \sum_I \omega_I \, dx^I$, *entonces*

$$d\omega = \sum_I d\omega_I \wedge dx_I = \sum_I \sum_{i=1}^m \frac{\partial \omega_I}{\partial x_i} dx^i \wedge dx^I \tag{6.2}$$

Teorema 6.9. *Se cumple que*

1. $d(\omega_1 + \omega_2) = d\omega_1 + d\omega_2$

2. $d(\omega \wedge \eta) = d\omega \wedge \eta + (-1)^k \omega \wedge d\eta$, $\omega \in \Omega^k(M)$

3. $d \circ d = 0$

Demostración. (1) Inmediato.
(2) En vista de (1) es suficiente probar (2) para el caso $\omega = f \, dx^I$, $\eta = g \, dx^J$, y por tanto, $\omega \wedge \eta = fg \, dx^I \wedge dx^J$. Se tiene

$$\begin{aligned}
d(\omega \wedge \eta) &= d(fg) \wedge dx^I \wedge dx^J \\
&= g \, df \wedge dx^I \wedge dx^J + f \, dg \wedge dx^I \wedge dx^J \\
&= (df \wedge dx^I) \wedge (g \, dx^J) + (-1)^k f \, dx^I \wedge (dg \wedge dx^J) \\
&= d\omega \wedge \eta + (-1)^k \omega \wedge d\eta
\end{aligned}$$

(3) Es suficiente probar sólo para k-formas del tipo $\omega = f \, dx^I$

$$d\omega = \sum_{i=1}^n \frac{\partial f}{\partial x^i} dx^i \wedge dx^I$$

luego,

$$d(d\omega) = \sum_{i=1}^m \sum_{j=1}^m \frac{\partial^2 f}{\partial x^j \partial x^i} dx^j \wedge dx^i \wedge dx^I$$

En esta suma, si $i \neq j$, entonces

$$\frac{\partial^2 f}{\partial x^j \partial x^i} dx^j \wedge dx^i + \frac{\partial^2 f}{\partial x^i \partial x^j} dx^i \wedge dx^j = 0$$

si $i = j$, entonces

$$\frac{\partial^2 f}{\partial x^i \partial x^i} dx^i \wedge dx^i = 0$$

Por tanto $d(d\omega) = 0$. □

Teorema 6.10. *Si existe* $d' : \Omega^k(M) \to \Omega^{k+1}(M)$ *tal que*

1. $d'(\omega_1 + \omega_2) = d'\omega_1 + d'\omega_2$

2. $d'(\omega \wedge \eta) = d'\omega \wedge \eta + (-1)^k \omega \wedge d'\eta$, $\omega \in \Omega^k(M)$

3. $d'(d'f) = 0$

4. $d'f = df$

Entonces $d' = d$

Demostración. Debido a (1) es suficiente probar el resultado para formas del tipo $\omega = f\, dx^I$. Bien por (2)

$$d'(f\, dx^I) = d'f \wedge dx^I + f \wedge d'(dx^I)$$
$$= df \wedge dx^I + f \wedge d'(dx^I)$$
$$= d(f\, dx^I) + f \wedge d'(d^I)$$

por tanto es suficiente probar que

$$d'(dx^I) = 0$$

Probemos esto último por inducción sobre k. Para $k = 0$ tenemos $d'(dx^i) = d'(d'x^i) = 0$. Supongamos ahora que la igualdad vale para $k-1$, entonces

$$d'(dx^I) = d'(dx^{i_1} \wedge \cdots \wedge dx^{i_k})$$
$$= d'(d'x^{i_1} \wedge \cdots \wedge d'x^{i_k})$$
$$= d'(d'x^{i_1}) \wedge (d'x^{i_2} \wedge \cdots \wedge d'x^{i_k}) - d'x^{i_1} \wedge d'(d'x^{i_2} \wedge \cdots \wedge d'x^{i_k})$$
$$= 0$$

□

Teorema 6.11. *Si $\omega \in \Omega^1(M)$ y $X, Y \in \mathfrak{X}(M)$, entonces*

$$d\omega(X, Y) = X\omega(Y) - Y\omega(X) - \omega([X, Y])$$

Demostración. La idea de la demostración es definir el operador

$$S : \mathfrak{X} \times \mathfrak{X} \to C^\infty(M)$$

dado por

$$S(X, Y) = X\omega(Y) - Y\omega(X) - \omega([X, Y])$$

Determinamos las propiedades, las que nos llevarán a concluir que $S = d\omega$.
Paso 1: S es bilineal sobre $C^\infty(M)$. En efecto
a)

$$S(X_1 + X_2, Y) = (X_1 + X_2)\omega(Y) - Y\omega(X_1 + X_2) - \omega([X_1 + X_2, Y])$$
$$= X_1\omega(Y) + X_2\omega(Y) - Y(\omega(X_1) + \omega(X_2)) - \omega([X_1, Y] + [X_2, Y])$$
$$= X_1\omega(Y) - Y\omega(X_1) - \omega([X_1, Y]) + X_2\omega(Y) - Y\omega(X_2) - \omega([X_2, Y])$$
$$= S(X_1, Y) + S(X_2, Y)$$

b) De manera similar se prueba que $S(X, Y_1 + Y_2) = S(X, Y_1) + S(X, Y_2)$
c) $S(fX, Y) = fS(X, Y)$, $f \in C^\infty(M)$. En efecto: usando que $[fX, Y] = f[X, Y] - (Yf)X$ se tiene

$$\begin{aligned} S(fX, Y) &= (fX)\omega(Y) - Y(\omega(fX)) - \omega([fX, Y]) \\ &= f(X\omega(Y)) - Y(f\omega(X)) - fY(\omega(X)) - f\omega([X, Y]) + (Yf)\omega(X) \\ &= f(X\omega(Y) - Y\omega(X) - \omega([X, Y])) \\ &= fS(X, Y) \end{aligned}$$

(d) $S(X, fY) = fS(X, Y)$, $f \in C^\infty(M)$ se prueba similar a (c). Paso 2. S es alternante, esto es $S(X, X) = 0$. En efecto

$$S(X, X) = X\omega(X) - X\omega(X) - \omega([X, X]) = 0$$

luego existe una única 2-formas $\eta \in \Omega^2(M)$ tal que

$$S(X, Y)(p) = \eta(X(p), Y(p))$$

Paso 3. $\eta = d\omega$. Sea (U, x) una carta de M. Basta probar que

$$\eta \mid_U = d\omega \mid_U \qquad (*)$$

Sabemos que en U,

$$X = \sum_{i=1}^m f_i \frac{\partial}{\partial x^i}, \quad Y = \sum_{i=1}^m g_i \frac{\partial}{\partial x^i}$$

Como η y $d\omega$ son bilineales, basta probar (*), para campos de la forma $X = \frac{\partial}{\partial x^i}$ y $Y = \frac{\partial}{\partial x^j}$, para los cuales se cumple que

$$\left[\frac{\partial}{\partial x^i}, \frac{\partial}{\partial x^j} \right] = 0$$

Luego para probar (*) basta mostrar que

$$d\omega \left(\frac{\partial}{\partial x^i}, \frac{\partial}{\partial x^j} \right) = \frac{\partial}{\partial x^i} \omega \left(\frac{\partial}{\partial x^j} \right) - \frac{\partial}{\partial x^j} \omega \left(\frac{\partial}{\partial x^i} \right) = \eta \left(\frac{\partial}{\partial x^i}, \frac{\partial}{\partial x^j} \right) \qquad (**)$$

Aún más, puesto que si (**) se cumple para ω_1 y ω_2, se cumple par $\omega_1 + \omega_2$, podemos suponer entonces que

$$\omega = f dx^j, \quad f \in C^\infty(M)$$

En este caso tenemos que

$$\begin{aligned} \eta \left(\frac{\partial}{\partial x^i}, \frac{\partial}{\partial x^j} \right) &= \frac{\partial}{\partial x^i} \left(f \, dx^l \left(\frac{\partial}{\partial x^j} \right) \right) - \frac{\partial}{\partial x^j} \left(f \, dx^l \left(\frac{\partial}{\partial x^i} \right) \right) \\ &= \delta_j^l \frac{\partial f}{\partial x^i} - \delta_i^l \frac{\partial f}{\partial x^j} \end{aligned}$$

Por otro lado
$$d(f\, dx^l) = df \wedge dx^l$$
Luego, por definiciones de la operación $\wedge$ se tiene

$$\begin{aligned}
(df \wedge dx^l)\left(\frac{\partial}{\partial x^i}, \frac{\partial}{\partial x^j}\right) &= \frac{(1+1)!}{1!1!}\left(\frac{1}{2!}\operatorname{Alt}(df \otimes dx^l)\right)\left(\frac{\partial}{\partial x^i}, \frac{\partial}{\partial x^j}\right) \\
&= df\left(\frac{\partial}{\partial x^i}\right) dx^l\left(\frac{\partial}{\partial x^j}\right) \\
&= \delta^l_j \frac{\partial f}{\partial x^i} - \delta^l_i \frac{\partial f}{\partial x^j}
\end{aligned}$$

En consecuencia $\eta = d\omega$ □

Teorema 6.12. *Si* $\omega \in \Omega^k(M)$ *y* $X_1, \ldots, X_k \in \mathfrak{X}(M)$, *entonces*

$$d\omega(X_1, \ldots, X_k) = \sum_{i=1}^{k}(-1)^{i+1} X_i \omega(X_1, \ldots, \widehat{X_i}, \ldots, X_k) + \\ \sum_{i<j}(-1)^{i+1}\omega([X_i, X_j], X_1, \ldots, \widehat{X_i}, \ldots, \widehat{X_j}, \ldots, X_k) \quad (6.3)$$

Demostración. La prueba es por inducción utilizando el teorema anterior. Se deja como ejercicio para el lector. □

Teorema 6.13. *Si* $F : M \to N$ *es diferenciable, entonces el siguiente diagrama conmuta*

$$\begin{array}{ccc}
\Omega^k(N) & \xrightarrow{F^*} & \Omega^k(M) \\
{\scriptstyle d}\downarrow & & \downarrow{\scriptstyle d} \\
\Omega^{k+1}(N) & \xrightarrow{F^*} & \Omega^{k+1}(M)
\end{array}$$

esto es $F^* \circ d = d \circ F^*$

Demostración. Por inducción sobre k.
Para $k = 0$. Si $f \in \Omega^0(M)$. Debemos probar que

$$F^*(df) = d(F^*f)$$

Recordar que (1) $F^*f = f \circ F$, (2) $(F_{*p}(v))(h) = v(h \circ F)$.
Bien

$$\begin{aligned}
(F^*(df)_p)(v) &= df_{F(p)}(F_{*p}(v)) = (F_{*p}(v))(f) \\
&= v(f \circ F) = d(f \circ F)_p(v) \\
&= d(F^*f)_p(v)
\end{aligned}$$

luego $F^*(df) = d(F^*f)$, así $F^* \circ d = d \circ F^*$. Supongamos que la proposición es cierta para $k = 0, 1, \ldots, k-1$. Sea $\omega \in \Omega^k(N)$ y (U, x) una carta de M. Como F^*f y d son lineales, podemos suponer que

$$\omega = g\, dx^{i_1} \wedge \cdots \wedge dx^{i_k}$$

así

$$\begin{aligned}
d(F^*\omega) &= d(F^*(g\, dx^{i_1} \wedge \cdots \wedge dx^{i_k})) \\
&= d(F^*(g\, dx^{i_1} \wedge \cdots \wedge dx^{i_{k-1}}) \wedge F^*dx^{i_k}) \\
&= d(F^*(g\, dx^{i_1} \wedge \cdots \wedge dx^{i_{k-1}})) \wedge F^*dx^{i_k} \\
&= F^*(d(g dx^{i_1} \wedge \cdots \wedge dx^{i_{k-1}} \wedge dx^{i_k})) \\
&= F^*(dg \wedge dx^{i_1} \wedge \cdots \wedge dx^{i_{k-1}} \wedge dx^{i_k}) \\
&= F^*(d\omega)
\end{aligned}$$

$\square$

Problemas

Problema 6.3.1. *Sea $\omega = dx^1 \wedge dx^2 + dx^3 \wedge dx^4 + \cdots + dx^{2n-1} \wedge dx^{2n}$ una 2-forma en $\mathbb{R}^{2n}$. Calcular*

$$\omega^n = \underbrace{\omega \wedge \cdots \wedge \omega}_{n-veces}$$

Problema 6.3.2. *Sea $\omega = x\, dy \wedge dz + y\, dz \wedge dx + z\, dy \wedge dx$ una 2-forma en $\mathbb{R}^3$.*

1. *Calcular ω en coordenadas esféricas (ρ, θ, ϕ), dadas por*

$$(x, y, z) = (\rho \sin\phi \sin\theta, \rho \sin\phi \cos\theta, \rho \cos\phi)$$

2. *Calcular $d\omega$ en coordenadas cartesianas y esféricas y verificar que representan la misma 2-forma.*

3. *Calcular la restricción de ω a la esfera S^2, con coordenadas (θ, ϕ).*

Problema 6.3.3. *Si $F_{ij} = -F_{ji}$, mostrar que $F_{ij}dx^i \wedge dx^j = F_{ij}dx^i \otimes dx^j$*

Problema 6.3.4. *Consideremos la forma diferencial $\omega = x^1 dx^2 - x^2 dx^1$ en $\mathbb{R}^2$. Mostrar que ω es invariante bajo la transformación*

$$\begin{pmatrix} y^1 \\ y^2 \end{pmatrix} = \begin{pmatrix} \cos\theta & -\sin\theta \\ \sin\theta & \cos\theta \end{pmatrix} \begin{pmatrix} x^1 \\ x^2 \end{pmatrix}$$

Mostrar que $\omega = dx^1 \wedge dx^2$ es invariante bajo esta misma transformación. (Ayuda: Si $F : \mathbb{R}^2 \to \mathbb{R}^2$ es dicha transformación, entonces la invarianza se traduce en mostrar $F^*\omega = \omega$)

Problema 6.3.5. *Sea ω la $(n-1)$-forma en $\mathbb{R}^n$ dada por*

$$\omega = \sum_{j=1}^{n}(-1)^{j-1}x^j\, dx^1 \wedge \cdots \widehat{dx^j} \wedge \cdots \wedge dx^n$$

Aquí $\widehat{}$ significa que ese término se omite. Mostrar que ω es invariante bajo el grupo ortogonal de $\mathbb{R}^n$.

Problema 6.3.6. *Sea $F : \mathbb{R}^2 \to \mathbb{R}^2$ una transformación diferenciable del plano con determinante Jacobiano igual a 1. Supongamos que las coordenadas de F son $F^1(p,q)$ y $F^2(p,q)$, donde (p,q) son coordenadas para $\mathbb{R}^2$. Consideremos la 2-forma en $\mathbb{R}^2$ (de área) dada por*

$$\sigma = dp \wedge dq$$

1. *Calcular $F^*\sigma$*

2. *Mostrar que $p\, dq - F^*(p\, dq) = df$ para alguna $f: \mathbb{R}^2 \to \mathbb{R}$.*

Problema 6.3.7. *Considerar la 1-forma en $\mathbb{R}^3$ dada por*

$$\omega = x^1 dx^2 + x^2 dx^3 + x^3 dx^1$$

Calcular $\omega \wedge d\omega$. Calcular las soluciones de la ecuación $\omega \wedge d\omega = 0$.

Problema 6.3.8. *Sea $j,k,l \in \{1,2,\ldots,n\}$. Consideremos las 1-formas diferenciables*

$$\omega_{jk} = \frac{dz_j - dz_k}{z_j - z_k}$$

Calcular

$$\omega_{jk} \wedge \omega_{kl} + \omega_{kl} \wedge \omega_{lj} + \omega_{lj} \wedge \omega_{jk}$$

Problema 6.3.9. *1) Considere la 1-forma diferenciable en $\mathbb{R}^3$*

$$\alpha = f_1(x^1,x^2,x^3)dx^1 + f_2(x^1,x^2,x^3)dx^2 + f_3(x^1,x^2,x^3)dx^3$$

Encontrar la ecuación diferencial que resulta de la operación

$$\alpha \wedge d\alpha + \frac{2}{3}\alpha \wedge \alpha \wedge \alpha$$

2) Considere la 1-forma diferenciable en $\mathbb{R}^4$

$$\alpha = f_1(x^1,\ldots,x^4)dx^1 + f_2(x^1,\ldots,x^4)dx^2 + f_3(x^1,\ldots,x^4)dx^3 + f_4(x^1,\ldots,x^4)dx^4$$

Encontrar la ecuación diferencial que resulta de la operación

$$\alpha \wedge d\alpha + \frac{2}{3}\alpha \wedge \alpha \wedge \alpha$$

3) Puede conjeturar y mostrar un resultado similar para la 1-forma en $\mathbb{R}^n$ dada por

$$\alpha = \sum_{j=1}^{n} f_j(x^1,\ldots,x^n)dx^j$$

7

INTEGRACIÓN DE FORMAS

	GEORGES DE RHAM	176
7.1.	Variedades orientables	177
7.2.	Variedades con borde	180
7.3.	Integración de formas	183
7.4.	Teorema de Stokes	185

GEORGES DE RHAM
(1903–1990)

GEORGES DE RHAM nació en Roche, una pequeña villa del canton de Vaud, Suiza. Durante sus estudios de primaria y secundaria no fue un estudiante distinguido. Durante esta época su interés se inclinó por la filosofía y la literatura. En 1921 entró a estudiar ciencias en la Universidad de Lausanne, donde se graduó en 1935. Después de su graduación de Rham fue nombrado asistente de su profesor y consejero Gustavo Dumas. A sugerencia de su consejero, empezó a estudiar los trabajos de **Henri Poincaré** en topología.

Durante 7 meses del año 1926 y siete meses del año 1928 de Rham estuvo en París asistiendo a cursos en la Universidad de la Sorbona. Allí asistió a las clases de bf Élie Cartan. El año 1931, con su tesis "Sur lánalysis situs des variétés à n dimensions", de Rham obtuvo el grado de doctor.

En topología algebraica, homología y cohomología son términos genéricos que se usan para denominar una sucesión de grupos abelianos definidos a partir de un complejo de cadenas.

La cohomología de De Rham se construye formando grupos cocientes de ciertas formas diferenciables. Fue introducida por De Rham en 1931 en su tesis doctoral. Esta cohomología nos proporciona un camino a través del cual podemos obtener algunas propiedades topológicas de las variedades.

INTEGRACIÓN DE FORMAS

7.1. Variedades orientables

Introducimos la noción global de orientación en una variedad, con el fin de tratar adecuadamente la integración de formas en variedades. La idea es orientar los espacios tangentes de manera coherente, es decir, que los espacios tangentes vecinos tengan la misma orientación.

Definición 7.1. *Sea M^m una variedad diferenciable y $\mathcal{A} = \{(U_\alpha, \varphi_\alpha)\}$ un atlas diferenciable. Diremos que $\mathcal{A}$ es un **atlas orientado** si todos los cambios de coordenadas $\varphi_\beta \circ \varphi_\alpha^{-1}$ tienen determinante Jacobiano positivo. Diremos que la variedad M es **orientable** si tiene un atlas orientado.*

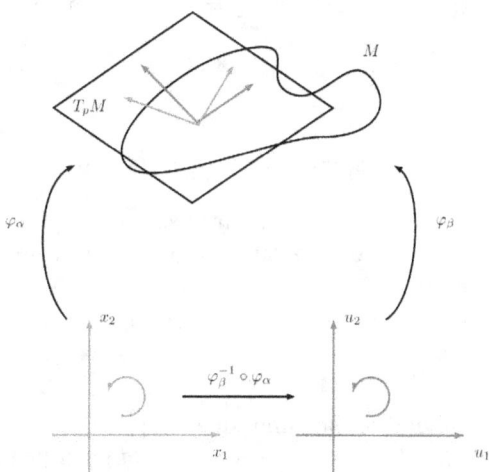

Figura 7.1: Atlas orientado

Ejemplo 7.1.1. $\mathbb{R}^m$ *es una variedad orientable. En efecto el atlas $(\mathbb{R}^m, \mathrm{Id})$ es un atlas orientado.*

Ejemplo 7.1.2. *La esfera unitaria S^2 es orientable. Un atlas orientable es el dado en el ejemplo 1.2.5, en esta situación hay 6 cartas que denotaremos $\{(U_i^\pm, \varphi_i^\pm)\}$, $i = 1, 2, 3$. Por ejemplo en U_1^+, $x > 0$ tenemos el sistema de coordenadas (y, z), en U_2^+, $y > 0$ tenemos el sistema de coordenadas (z, x),* notemos que no es (x,z), la razón de esto está en los computos siguientes. El cambio de coordenadas en $U_1^+ \cap U_2^+$ está dado por

$$\left(\varphi_1^+ \circ (\varphi_2^+)^{-1}\right)(y,z) = \begin{cases} z = z \\ x = \sqrt{1 - y^2 - z^2} \end{cases}$$

Ahora bien el determinante del Jacobiano del cambio de coordenadas es

$$\frac{\partial(z,x)}{\partial(y,z)} = \begin{pmatrix} 0 & 1 \\ \frac{-y}{\sqrt{1-y^2-z^2}} & \frac{-z}{\sqrt{1-y^2-z^2}} \end{pmatrix} = \frac{y}{\sqrt{1-y^2-z^2}} > 0$$

ya que en U_2^+, $y > 0$. Invitamos al lector a considerar los demás casos y obtener un atlas orientado para S^2. (ver problema 7.1.1).

La definición anterior no es muy práctica, sin embargo tenemos el siguiente resultado

Proposición 7.1. *Una variedad diferenciable M^m es orientable si y sólo si existe una m-forma que no se anula en ningún punto de M.*

Demostración. ($\Leftarrow$) Sea ω una m-forma que no se anula en ningún punto de M. Sea $(U_\alpha, \varphi_\alpha)$ una carta local con $\varphi_\alpha = (x^i)$. Entonces localmente ω tiene la forma

$$\omega_\alpha = f_\alpha\, dx^1 \wedge \cdots dx^m$$

se tiene que

$$\omega_\alpha\left(\frac{\partial}{\partial x^1}, \ldots, \frac{\partial}{\partial x^m}\right) = f_\alpha \neq 0$$

Como U_α es conexo y f_α es continua, entonces, f_α es positiva en todo U_α o negativa en todo U_α. Si f_α es negativa, entonces intercambiamos x^1 por x^2 en la carta local, así

$$\omega_\alpha\left(\frac{\partial}{\partial x^2}, \frac{\partial}{\partial x^2}, \ldots, \frac{\partial}{\partial x^m}\right) = -f_\alpha > 0$$

Sin perdida de generalidad supongamos que $(U_\alpha, \varphi_\alpha)$ y (U_β, φ_β) son dos cartas locales con $U_{\alpha\beta} = U_\alpha \cap U_\beta \neq \emptyset$, tales que f_α y f_β son positivas en todo U_α y U_β respectivamente. Pongamos el cambio de coordenadas $g_{\alpha\beta} : U_{\alpha\beta} \to U_{\alpha\beta}$ dado por $y^j = y^j(x^1, \ldots, x^m)$, $j = 1, \ldots, m$. Ahora bien

$$\omega_\alpha = g_{\alpha\beta}^* \omega_\beta$$

luego por el corolario 6.5

$$f_\alpha dx^1 \wedge \cdots \wedge dx^m = f_\beta \circ g_{\alpha\beta} \det J_{g_{\alpha\beta}}\, dx^1 \wedge \cdots \wedge dx^m$$

Entonces

$$\det J_{g_{\alpha\beta}} = \frac{f_\beta}{f_\alpha \circ g_{\alpha\beta}} > 0 \qquad (7.1)$$

ya que f_α y f_β son positivas en $U_{\alpha\beta}$. Por tanto el atlas así obtenido es orientado.

($\Rightarrow$) Supongamos ahora que $(U_\alpha, \varphi_\alpha)$ es un atlas orientado. Dado una carta local $(U_\alpha, \varphi_\alpha)$ tomemos la m-forma

$$\omega_\alpha = dx^1 \wedge \cdots \wedge dx^m$$

la cual no se anula en ningún punto de U_α. Por la ecuación 7.1 se tiene que en otra carta local, digamos (U_β, φ_β) se tiene que $\omega_\beta = f_\beta dy^1 \wedge \cdots \wedge dy^m$ y $f_\beta > 0$ en $U_{\alpha\beta}$. Sea $\{\rho_\alpha\}$ una partición de la unidad subordinada al cubrimiento coordenado $\{U_\alpha\}$. Pongamos $\omega = \sum_\alpha \rho_\alpha \omega_\alpha$. Así ω es una m-forma diferenciable y además no se anula en ninún punto ya que los coeficientes locales de la m-forma ω son todos positivos. $\square$

Recordemos que una variedad paralelizable (ver 4.8) es aquella que posee un referencial global. Tenemos el resultado siguiente

Proposición 7.2. *Toda variedad paralelizable es orientable.*

Demostración. Ver problema 7.1.4 $\square$

La proposición anterior nos muestra que las esferas S^1, S^3 y S^7 son orientables y por el problema 7.1.3 el toro n-dimensional $\mathbb{T}^n$ es orientable.
No todas las variedades son orientables, de hecho tenemos la siguiente proposición

Proposición 7.3. *La banda de Möbius no es orientable*

Demostración. Sea $M = \{(x, y) \mid x \in \mathbb{R}, -1 < y < 1\}$ la banda infinita y abierta en $\mathbb{R}^2$. Sea $L > 0$ y definamos la relación de equivalencia en M dada por $(x + L, y) \equiv (x, -y)$. El espacio cociente $\hat{M}$ se denomina la banda de Möbius. Denotamos por $\pi : M \to \hat{M}$ a la proyección. $\hat{M}$ tiene la estructura diferenciable que hereda de $\mathbb{R}^2$, es decir de una subvariedad abierta. Supongamos que $\hat{M}$ tiene un atlas orientado $(U_\alpha, \varphi_\alpha)$. Definamos la función $\rho : \mathbb{R} \to \{-1, 1\}$ dada por

$$\rho(x) = \text{sgn} \det J_{f_\alpha}(x, 0)$$

donde $f_\alpha = \varphi_\alpha \circ \pi$ y U_α es un entorno coordenado que contiene a $(x, 0)$. Notemos que

$$d\pi(x, 0) = \begin{pmatrix} 1 & 0 \\ 0 & -1 \end{pmatrix}$$

entonces f_α es un difeomorfismo local alrededor de $(x, 0)$. Notemos además que la función está bien definida, esto es no depende de la carta elegida. En efecto si (U_β, φ_β) es otra carta que contiene $(x, 0)$, entonces

$$f_\beta = \varphi_\beta \circ \pi = \varphi_\beta \circ \varphi_\alpha^{-1} \circ f_\alpha$$

luego
$$\det J_{f_\beta} = \det J_{\varphi_\beta \circ \varphi_\alpha^{-1}} \cdot \det J_{f_\alpha}$$
como hemos supuesto el atlas orientado, entonces $J_{\varphi_\beta \circ \varphi_\alpha^{-1}} > 0$ y resulta que
$$\operatorname{sgn} \det J_{f_\beta}(x,0) = \operatorname{sgn} \det J_{f_\alpha}(x,0)$$
es decir ρ está bien definida, además es localmente constante y por tanto constante en todo $\mathbb{R}$ por conexidad. Ahora bien $f_\alpha(x+L, y) = f_\alpha(x, -y)$ en un entorno de $(x, 0)$, entonces
$$\rho(L) = -\rho(0)$$
lo cual es una contradicción. Por tanto tal atlas orientado no puede existir. $\square$

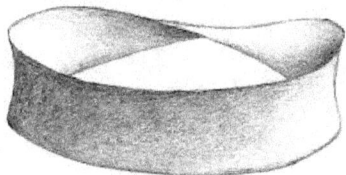

Figura 7.2: Banda de Möbius

Problemas

Problema 7.1.1. *Mostrar que S^2 es orientable con el atlas dado por las 6 cartas determinadas en el ejemplo 1.2.5*

Problema 7.1.2. *Mostrar que si M es orientable entonces cualquier subvariedad abierta de M también es orientable.*

Problema 7.1.3. *Mostrar que el producto de variedades orientables es orientable*

Problema 7.1.4. *Probar la proposición 7.2*

7.2. Variedades con borde

Notaremos al semiespacio $\mathbb{H}^m$ de $\mathbb{R}^m$ al subconjunto
$$\mathbb{H}^m = \{(x^1, \ldots, x^m) \in \mathbb{R}^n \mid x^1 \geq 0\}$$
con la topología de subespacio. Así como $\mathbb{R}^m$ es modelo local para las variedades diferenciables, $\mathbb{H}^m$ es el modelo local para las variedades con borde. Tenemos la siguiente definición

Definición 7.2. *Una* **variedad diferenciable con borde** *m-dimensional es un conjunto M junto con una familia de aplicaciones inyectivas $\varphi_\alpha : U_\alpha \to \mathbb{H}$ tal que*

1. $\bigcup_\alpha U_\alpha = M$

2. *Para todo α, $\varphi_\alpha(U_\alpha)$ es abierto en $\mathbb{H}^m$*

3. *Para todo α y β con $U_\alpha \cap U_\beta \neq \varnothing$, $\varphi(U_\alpha \cap U_\beta)$ es abierto en $\mathbb{H}^m$. Además los cambios de coordenadas $\varphi_\beta \circ \varphi_\alpha^{-1}$ son diferenciables entre abiertos de $\mathbb{H}^m$.*

En una variedad con borde distinguimos dos tipos de puntos, aquellos que están en el borde y los que no están en el borde, con más precisión tenemos

Definición 7.3. *Sea M^m una variedad con borde. Diremos que un punto $p \in M$, es un* **punto de borde** *si existe una carta $(U_\alpha, \varphi_\alpha)$ tal que*

$$\varphi_\alpha(p) = (0, x^2, \ldots, x^m)$$

La buena definición de punto de borde se establece en el siguiente

Lema 7.1. *La definición de punto de borde no depende de la carta elegida.*

Demostración. Sea $(U_\alpha, \varphi_\alpha)$, una carta de M tal que $\varphi_\alpha(p) = (0, x^2, \ldots, x^m)$. Procedemos por reducción al absurdo. Supongamos que para alguna carta (U_β, φ_β) alrededor de p, se tenga que

$$\varphi_\beta(p) = (y^1, \ldots, y^m), \quad y^1 \neq 0$$

Sea $U_{\alpha\beta} = U_\alpha \cap U_\beta$. Consideremos el cambio de coordenadas $\varphi_\alpha \circ \varphi_\beta^{-1} : U_\beta \to U_\alpha$. Como $y^1 \neq 0$, entonces existe un disco abierto en $\varphi_\beta^{-1}(U_{\alpha\beta})$, digamos W que contiene $\varphi_\beta(p)$. Notando que la restricción del cambio de coordenadas a W, es un difeomorfismo sobre su imagen, entonces el disco abierto W es llevado en un disco abierto $\varphi_\alpha \circ \varphi_\beta^{-1}(W)$, por tanto debe haber puntos en este disco con coordenadas $y^1 < 0$ lo cual contradice el hecho de que $\varphi_\beta(p) \in \mathbb{H}^m$. Luego $\varphi_\beta(p) = (0, y^1, \ldots, y^m)$. $\square$

El conjunto de puntos de borde de una variedad diferenciable M con borde se denomina **borde** de M y se denota por ∂M.

El concepto de función diferenciable en una variedad con borde, es similar a la definición dada en una variedad diferenciable. Es decir, $f : M \to \mathbb{R}$ es diferenciable en p si existe una carta $\varphi_\alpha : U_\alpha \to \mathbb{H}^m$, $p \in U_\alpha$ tal que $f \circ \varphi_\alpha^{-1}$ es diferenciable en un entorno de $\mathbb{H}^m$ que contiene $\varphi_\alpha(p)$. Los demás objetos geométricos, como vectores tangentes, plano tangente, orientación, etc, se definen de manera similar. Esto se debe en parte a que los objetos de carácter funcional operan sobre el algebra de funciones diferenciables, esto es $C^\infty(\mathbb{H}^m)$.

El borde de una variedad m-dimensional con borde M es una variedad diferenciable sin borde, donde la expresión, sin borde, es sinónimo de variedad diferenciable en el sentido usual. Con más precisión tenemos

Proposición 7.4. *El borde ∂M de una variedad diferenciable con borde M^m es una variedad diferenciable de dimensión $m-1$. Además si M es orientable, entonces M induce una orientación en ∂M.*

Demostración. Sea $p \in \partial M$ un punto de borde y $\varphi_\alpha : U_\alpha \to \mathbb{H}^m$ una carta alrededor de p, entonces $\varphi_\alpha(p) = (0, x^2, \ldots, x^m)$ en $\varphi_\alpha(\mathbb{H}^m)$. Pongamos

$$W_\alpha = \varphi_\alpha(U_\alpha) \cap \{(x^1, \ldots, x^m) \mid x^1 = 0\}$$

Entonces podemos identificar a W_α con un subconjunto de $\mathbb{R}^{m-1}$. Notemos que W_α es abierto en la topología de subespacio de $\mathbb{R}^{m-1}$. Pongamos ahora

$$\tilde{\varphi}_\alpha = \varphi_\alpha|_{W_\alpha}$$

Entonces $(W_\alpha, \tilde{\varphi}_\alpha)$ es un atlas diferenciable para ∂M.

Supongamos ahora que $(U_\alpha, \varphi_\alpha)$ es un atlas orientado de M, entonces el determinante $\det J_{\varphi_\beta \circ \varphi_\alpha^{-1}}$ es positivo. Consideremos el atlas inducido por el atlas orientado, esto es, $(W_\alpha, \tilde{\varphi}_\alpha)$. Mostremos que este atlas es un atlas orientado para ∂M. Pongamos $F_{\beta\alpha} = \varphi_\beta \circ \varphi_\alpha^{-1}$. Si $\varphi_\beta = (y^i)$ y $\varphi_\alpha = (x^i)$, entonces

$$y^j = F_{\beta\alpha}^j(x^1, \ldots, x^m), \quad j = 1, \ldots m$$

Así los cambios de coordenadas inducidos están dados por

$$\tilde{y}^j = F_{\beta\alpha}(0, x^2, \ldots, x^m) = \tilde{F}_{\beta\alpha}(x^2, \ldots, x^m), \quad j = 2, \ldots, m$$

Por una parte tenemos que $\det J(F_{\beta\alpha}^j) > 0$ y como los puntos de borde no dependen de la carta, entonces $y^1 = F_{\beta\alpha}^1(0, x^2, \ldots, x^m) = 0$ y entonces

$$\frac{\partial F_{\beta\alpha}^1(0, \ldots, x^m)}{\partial x^j} = 0, \quad j = 2, \ldots, m$$

de manera que la matriz Jacobiana

$$\det J(F_{\beta\alpha}^j) = \frac{\partial(y^1, \ldots, y^m)}{\partial(x^1, \ldots, x^m)}(\varphi_\alpha(p)) > 0$$

tiene salvo el primer término la primera fila de ceros. Por tanto tenemos

$$\frac{\partial(y^1, \ldots, y^m)}{\partial(x^1, \ldots, x^m)} = \frac{\partial F_{\beta\alpha}^1}{\partial x^1}(\varphi_\alpha(p)) \cdot \frac{\partial(y^2, \ldots, y^m)}{\partial(x^2, \ldots, x^m)}(\varphi_\alpha(p))$$

Como $x^1 > 0$, entonces $\partial y^1/\partial x^1(\varphi_\alpha(p)) = \partial F_{\beta\alpha}^1/\partial x^1(\varphi_\alpha(p))) > 0$, ya que $y^1 > 0$ cuando $x^1 > 0$ en $\mathbb{H}^m$. Luego concluimos que

$$\frac{\partial(y^2, \ldots, y^m)}{\partial(x^2, \ldots, x^m)}(\varphi_\alpha(p)) = \frac{\partial(\tilde{y}^2, \ldots, \tilde{y}^m)}{\partial(x^2, \ldots, x^m)}(\tilde{\varphi}_\alpha(p))) > 0$$

Así el atlas inducido $(W_\alpha, \tilde{\varphi}_\alpha)$ es orientado. □

7.3. Integración de formas

Sea ω una k-forma en M^m, tenemos la siguiente definición

Definición 7.4. *El* **soporte** *de ω es el conjunto*

$$\text{sop}(\omega) = \overline{\{p \in M \mid \omega_p \neq 0\}}$$

Es decir, el soporte de ω es el cerrado más pequeño para el cual ω no es cero. De manera equivalente su complemento es el abierto más grande para el cual ω es nula.

Consideremos ahora una m-forma en M^m y supongamos primero que el soporte de ω es compacto y está contenido en un entorno coordenado, dado por la carta $(\varphi_\alpha, U_\alpha)$ y $\varphi = (x^i)$, entonces la representación local de ω en U_α, está dada por

$$\omega_\alpha = f_\alpha(x^1, \ldots, x^m) dx^1 \wedge \cdots \wedge dx^n$$

con $f_\alpha(x^1, \ldots, x^m)$ una función diferenciable en $R_\alpha = \varphi^{-1}(U_\alpha)$. Notemos que R_α está contenido en un conjunto a soporte compacto, ya que las aplicaciones φ son homeomorfismos. Definimos la integral de la m-forma ω en M^m como

$$\int_M \omega = \int_{U_\alpha} \omega_\alpha = \int_{R_\alpha} f_\alpha(x^1, \ldots, x^m) dx^1 \cdots dx^m$$

siendo la integral sobre R_α una integral múltiple en $\mathbb{R}^m$. Para que esta definición sea correcta debemos mostrar que no depende del abierto coordenado que contenga al soporte de ω. Sin embargo para lograr esto debemos agregar orientación a la variedad. Tenemos el

Lema 7.2. *Sean M^m una variedad diferenciable orientable y ω una m-forma a soporte compacto en M, sean además $(\varphi_\alpha, U_\alpha)$ y (φ_β, U_β) dos cartas coordenadas que contienen el soporte de ω. Entonces*

$$\int_{R_\alpha} \omega_\alpha = \int_{R_\beta} \omega_\beta$$

Demostración. Pongamos $U_{\alpha\beta} = U_\alpha \cap U_\beta$, y $(x^i), (y^i)$ coordenadas en U_α y U_β respectivamente, entonces $\text{sop}(\omega) \subset U_{\alpha\beta}$ y el cambio de coordenadas $g = \varphi_\beta \circ \varphi_\alpha^{-1}$ está dado por $y^i = g^i(x^1, \ldots, x^m)$. Como $\omega_\alpha = g^* \omega_\beta$, entonces

$$\omega_\alpha = \det(g) f_\alpha dx^1 \wedge \cdots \wedge dx^m$$

con $f_\alpha = f_\beta \circ g$. Como la variedad es orientable entonces $\det(g) > 0$, además por el teorema de cambio de variable en integrales múltiples se tiene que

$$\int_{g^{-1}(R_{\alpha\beta})} \det(g) f_\alpha dx^1 \wedge \cdots \wedge dx^m = \int_{R_{\alpha\beta}} f_\beta dy^1 \wedge \cdots \wedge dy^m$$

donde $R_{\alpha\beta} = \varphi_\beta(U_{\alpha\beta})$. Como $g^{-1}(R_{\alpha\beta}) \subset R_\alpha$ y $R_{\alpha\beta} \subset R_\beta$, entonces

$$\int_{R_\alpha} \omega_\alpha = \int_{R_\beta} \omega_\beta$$

$\square$

El lema anterior nos afirma que la definición de integral de una m-forma en M cuyo soporte esté contenido en un entorno coordenado es independiente de tales entornos.

Pasamos ahora a definir de manera general la integral de una m-forma a soporte compacto, en la cual el soporte no esté necesariamente contenido en un entorno coordenado. Notemos que $\text{sop}(\omega) \subset \bigcup_\alpha U_\alpha = M$. Sea $\{\phi_\alpha\}$ una partición de la unidad subordinada a $\{U_\alpha\}$, entonces definimos

$$\int_M \omega = \sum_\alpha \int_M \phi_\alpha \omega$$

Esta definición no depende ni del cubrimiento abierto ni de la partición de la unidad que se escoja,

Lema 7.3. *Sea M^m una variedad diferenciable orientable y ω una m-forma a soporte compacto en M. Sean además $\{U_\alpha\}$ y $\{V_\beta\}$ dos cubrimientos abiertos de M por entornos coordenados con $\{\phi_\alpha\}$ y $\{\rho_\beta\}$ sus respectivas particiones de la unidad subordinadas. Entonces*

$$\sum_\alpha \int_M \phi_\alpha \omega = \sum_\beta \int_M \rho_\beta \omega$$

Demostración. Sin pérdida de generalidad podemos suponer que $\{U_\alpha\}$ y $\{V_\beta\}$ son cubrimientos por entornos coordenados compatibles con la orientación de M. Entonces $\{U_\alpha \cap V_\beta\}$ sigue siendo un cubrimiento abierto de M por entornos coordenados compatible con la orientación de M. Además $\{\phi_\alpha \rho_\beta\}$ es una partición de la unidad subordinada a $\{U_\alpha \cap V_\beta\}$. Por tanto

$$\sum_\alpha \int_M \phi_\alpha \omega = \sum_\alpha \int_M \phi_\alpha \left(\sum_\beta \rho_\beta\right) \omega = \sum_{\alpha,\beta} \int_M \phi_\alpha \rho_\beta \omega$$

de manera similar se tiene,

$$\sum_\beta \int_M \rho_\beta \omega = \sum_\beta \int_M \rho_\beta \left(\sum_\alpha \phi_\alpha\right) \omega = \sum_{\beta,\alpha} \int_M \phi_\alpha \rho_\beta \omega$$

De aquí se sigue la igualdad. $\square$

7.4. Teorema de Stokes

El teorema de Stokes generaliza el teorema fundamental del cálculo en una dimensión, el teorema de Green en dos dimensiones y el teorema de la divergencia de Gauss en tres dimensiones, estás dimensiones hacen referencia a los objetos geométricos sobre los cuales se integra, es decir, curvas, superficies y volúmenes. Estos teoremas se expresan clasicamente por

$$\int_C \nabla F \cdot dr = \int_{\{a\}\cup\{b\}} F = F(b) - F(a)$$

$$\int_S (\nabla \times F) \cdot ds = \int_{\partial S} F \cdot dr$$

$$\int_V (\nabla \cdot F) \, dV = \int_{\partial V} F \cdot ds$$

Notemos que estos teoremas relacionan la integral de una función derivada sobre una región limitada por su frontera con la integral de la función sobre su frontera. Una clave importante es notar que $\nabla \times \nabla F = 0$ y $\nabla \cdot (\nabla \times F) = 0$, es decir la derivada aplicada dos veces es cero. La derivada exterior goza de esta propiedad, esto es $d^2 = 0$. Veremos en la siguiente sección que la derivada exterior generaliza los operadores gradiente, rotacional y divergencia.

Teorema 7.1 (Teorema de Stokes). *Sea M^m una variedad orientable con borde y ω una $(m-1)$-forma en M a soporte compacto, entonces*

$$\int_M d\omega = \int_{\partial M} i^*\omega$$

donde $i : \partial M \to M$ es la inclusión.

Demostración. Primero supongamos que el soporte de ω está contenido en algún entorno coordenado U de la carta $(U_\alpha, \varphi_\alpha)$, con $\varphi : U \to H^m$ y $\varphi_\alpha \equiv (x^i)$. Como ω es una $(m-1)$-forma esta se escribe localmente

$$\omega_\alpha = \sum_{j=1}^m a_j \, dx^1 \wedge \cdots dx^{j-1} \wedge dx^j \wedge \cdots \wedge dx^m$$

donde $a_j \in C^\infty(U)$. Tomando la derivada exterior tenemos

$$d\omega_\alpha = \left(\sum_{j=1}^m (-1)^{j-1} \frac{\partial a_j}{\partial x^j} \right) dx^1 \wedge \cdots \wedge dx^m$$

Puede suceder que el soporte no corte a la frontera o bien que intersecte a la frontera.

Supongamos primero que $\text{sop}(\omega) \cap \partial M = \varnothing$. Entonces $\omega = 0$ en ∂M y por tanto $i^*\omega = 0$. Así
$$\int_{\partial M} i^*\omega = 0$$
Mostremos ahora que
$$\int_M \omega = 0$$
En efecto, por la definición de la integral y del hecho que sop $\subset U$, tenemos que
$$\int_M \omega = \int_U \omega_\alpha = \int_{R_\alpha} \left(\sum_{j=1}^m (-1)^{j-1} \frac{\partial a_j}{\partial x^j} \right)$$
donde $R_\alpha = \varphi^{-1}(U_\alpha)$ y la última integral es una integral de Riemann. Con el fin de aplicar el teorema de Fubini, extendemos primeramente las funciones a_j a funciones diferenciables en H^m de la siguiente manera
$$a_j(x^1, \ldots, x^m) = \begin{cases} a_j(x^1, \ldots, x^m) & \text{si} \quad x \in R_\alpha \\ 0 & \text{si} \quad x \in H^m - R_\alpha \end{cases}$$
Como $\varphi^{-1}(\text{sop}(\omega)) \subset R_\alpha$, entonces las a_j extendidas son diferenciables. Consideramos ahora el paralelepípedo m-dimensional $Q^m \subset H^m$, tal que $\text{sop}(\omega)$ esté contenido en el interior de Q^m. Supongamos que en las coordenadas (x^i), Q^m esté descrito por
$$x_0^j \leq x^j \leq x_1^j, \quad j = 1, \ldots, m$$
entonces, aplicando Fubini y el teorema fundamental del cálculo tenemos
$$\int_{R_\alpha} \left(\sum_{j=1}^m (-1)^{j-1} \frac{\partial a_j}{\partial x^j} \right) = \sum_{j=1}^m (-1)^{j-1} \int_{Q^m} \frac{\partial a_j}{\partial x^j}$$
$$= \sum_{j=1}^m (-1)^{j-1} \int_{Q^{m-1}} \left[a_j(x^1, \ldots, x_1^j, \ldots, x^m) - a_j(x^1, \ldots, x_0^j, \ldots, x^m) \right]$$
$$= 0$$
ya que $a_j(x^1, \ldots, x_1^j, \ldots, x^m) = a_j(x^1, \ldots, x_0^j, \ldots, x^m) = 0$, esto se debe a que los puntos $(x^1, \ldots, x_1^j, \ldots, x^m), (x^1, \ldots, x_0^j, \ldots, x^m)$ no están en el soporte de ω. Supongamos ahora que el soporte intersecta el borde de M. Un punto en $\text{sop}(\omega) \cap \partial M \neq \varnothing$ tiene la forma $(0, x^2, \ldots, x^m)$, así que en la orientación inducida por M en ∂M se tiene
$$i^*\omega_\alpha = a_j(0, x^2, \ldots, x^m) \, dx^2 \wedge \cdots \wedge dx^m$$

Extendiendo las funciones a_j como se hizo anteriormnte, y considerando el paralelepípedo m-dimensional Q^m tal que sop(ω) esté contenido en el interior de Q^m unido con el hiperplano $x^1 = 0$, cuya descripción en coordenadas es

$$0 \leq x^1 \leq x_1^1, \qquad x_0^j \leq x^j \leq x_1^j, \qquad j = 2, \ldots, m$$

Entonces

$$\int_M d\omega = \sum_{j=1}^m (-1)^{j-1} \int_{Q^m} \frac{\partial a_j}{\partial x^j}$$

$$= \int_{Q^{m-1}} [a_1(0, x^2, \ldots, x^m) - a_1(x_1^1, x^2, \ldots, x^m)] +$$

$$+ \sum_{j=2}^m (-1)^{j-1} \int_{Q^{m-1}} [a_j(x^1, \ldots, x_1^j, \ldots, x^m) - a_j(x^1, \ldots, x_0^j, \ldots, x^m)]$$

$$= \int_{Q^{m-1}} a_1(0, x^2, \ldots, x^m) = \int_{V_\alpha} i^* \omega_\alpha = \int_{V_\alpha} (i^* \omega)_\alpha$$

$$= \int_{\partial M} i^* \omega$$

donde $V_\alpha = U_\alpha \cap \partial M$ y

$$a_j(x_1^1, \ldots, x^m) = 0, a_j(x^1, \ldots, x_1^j, \ldots, x^m) = a_j(x^1, \ldots, x_0^j, \ldots, x^m) = 0$$

para $j = 2, \ldots, m$.

En el caso general donde no necesariamente el sop(ω) esté contenido en un entorno coordenado, procedemos como sigue. Consideremos un cubrimiento de M por entonnos coordenados compatible con la orientación de M, digamos $\{U_j\}$ y sea $\{\phi_j\}$ una partición de la unidad subordinada a dicho cubrimiento. Entonces las formas $\omega_j = \phi_j \omega$ tienen soporte contenido en U_j y así por lo mostrado anteriormente vale

$$\int_M d\omega_j = \int_{\partial M} i^* \omega_j$$

Como $\sum_j d\phi_j = 0$, se tiene que $\sum_j d\omega_j = d\omega$. Entonces

$$\int_M d\omega = \sum_j \int_M d\omega_j$$

$$= \sum_j \int_{\partial M} i^* \omega_j$$

$$= \int_{\partial M} \sum_j i^* \omega_j$$

$$= \int_{\partial M} i^* \omega$$

$\square$

Una aplicación interesante del teorema de Stokes es la prueba del teorema de punto fijo de Brouwer para el caso diferencial. En el siguiente capítulo haremos la prueba para el caso continuo. Tenemos primero el lema siguiente

Lema 7.4. *Sea M una variedad compacta orientable con borde. Entonces no existe ninguna aplicación diferenciable $f : M \to \partial M$ tal que $f\mid_{\partial M}$ es la identidad.*

Una aplicación f como en el lema anterior se denomina una **retracción diferenciable**.

Demostración. Sea $\dim M = m$ y supongamos además que tal $f : M \to \partial M$ existe. Sea ω la $(m-1)$-forma en ∂M cuya existencia está asegurada en la proposición 7.1 con la orientación inducida por M. Como $\Omega^k(\partial M) = 0$ para $k > m - 1$, entonces $d\omega = 0$. Luego

$$d(f^*\omega) = f^*(d\omega) = 0$$

Así

$$\int_M d(f^*\omega) = 0$$

Además por el teorema de Stokes se tiene

$$\int_M d(f^*\omega) = \int_{\partial M} i^* f^* \omega$$
$$= \int_{\partial M} (f \circ i)^* \omega$$
$$= \int_{\partial M} \omega$$

En la última ecuación utilizamos el hecho de que f es una retracción. Como ω define la orientación, entonces $\omega_p > 0$ o $\omega_p < 0$, para todo $p \in \partial M$. Luego $\int_{\partial M} \omega \neq 0$. Pero esto contradice que $\int_M d(f^*\omega) = 0$. □

Teorema 7.2 (Punto fijo de Brouwer). *Sea $D^n = \{p \in \mathbb{R}^n \mid |p| \leq 1\}$ el disco cerrado. Entonces toda función diferenciable $f : D^n \to D^n$ tiene un punto fijo, esto es existe $q \in D^n$ tal que $f(q) = q$.*

Demostración. Supongamos por el contrario que para todo $p \in D^n$, $f(p) \neq p$. Podemos entonces construir la aplicación $F : D^n \to \partial D^n$, dada de la siguiente manera: dado $p \in D^n$ consideramos la semi recta que comienza en $f(p)$ y pasa por p, ponemos $F(p)$ el único punto de intersección de la semirecta con ∂D^n. La función F es diferenciable ya que g lo es y adméas F es una retracción. Como D^n es una variedad compacta con borde, tal retracción no existe, lo cual contradice la construcción de F. □

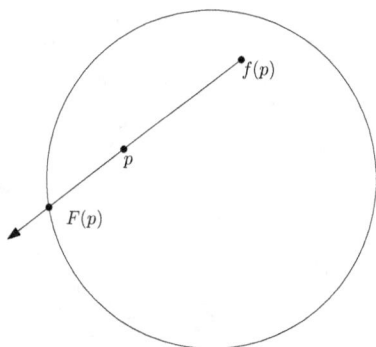

Figura 7.3: Construcción de F del teorema 7.2

Problemas

Problema 7.4.1. *1) Sea $\omega = xdy - ydx$ una 1-forma en $\mathbb{R}^2$, e $i : M \to \mathbb{R}^2$ la inculsión de una región acotada con frontera regular ∂M. Mostrar que el área de M está dada por*
$$\frac{1}{2} \int_{\partial M} i^*\omega$$

2) Sea $\omega = xdy \wedge dz + ydz \wedge dx + zdx \wedge dy$ e $i : M \to \mathbb{R}^3$ la inculsión de una región acotada con frontera regular ∂M. Mostrar que el volumen de M está dado por
$$\frac{1}{3} \int_{\partial M} i^*\omega$$

3) Generalizar para un volumen en $\mathbb{R}^n$.

Problema 7.4.2. *Sean ω y α dos formas en una variedad diferenciable M. Suponga que ω y α son cerradas y que además α es exacta. Mostrar que $\omega \wedge \alpha$ es cerrada y exacta.*

Problema 7.4.3. *Sea M^m una variedad compacta orientable sin borde. Suponga que ω es una $(m-1)$ forma en M. Mostrar que existe un punto $p \in M$ tal que $d\omega_p = 0$.*

8

COHOMOLOGÍA DE LAS FORMAS DIFERENCIABLES

	JOHN MILNOR	192
8.1.	Cohomología de complejos de cadena	193
8.2.	La cohomología de De Rham	201
8.3.	Cohomología de De Rham a soporte compacto	208
8.4.	Aplicaciones de la cohomología de De Rham	213

JOHN MILNOR
(1931–)

JOHN MILNOR. John Willard Milnor es un notable matemático americano cuyos descubrimientos han configurado, en gran parte, la matemática de la segunda mitad del siglo XX. Es considerado como el padre de la Topología diferencial. Ha recibido muchos premios y reconocimientos. Tres de ellos son los siguientes: **La Medalla Fields** en 1962 cuando tenía sólo 31 años de edad, por sus trabajos en la Topología diferencial. **El Premio Wolf en Matemáticas** el año 1989 "por sus descubrimientos ingeniosos y sumamente originales en geometría, que han abierto nuevas e importantes perspectivas en topología desde el punto de vista algebraico, combinatorio y diferencial". **El premio Abel** en el año 2011, por sus descubrimientos pioneros en topología, geometría y algebra. John Milnor nació en Orange, Nueva Jersey. Estudió en la Universidad de Princeton, donde recibió su grado de Bachiller en Artes en año 1951. Sus logros en investigación comienzan temprano en su vida. En 1950, un año antes de su graduación, el Annals of Mathemathics su primer "paper"; *On the total curvatura of knots*. Se sabe que este articulo fue aceptado para su publicación 1n 1948, cuando Milnor tenía 17 años. Recibió su título de doctor en 1954, pero un año antes ya había sido incorporado a la plana docente de la universidad de Princeton. En 1970 se incorporó al Instituto de Estudios Avanzado de Princeton y en 1989 asumió la dirección del Instituto de Ciencias Matemáticas de la Universidad del Estado de Nueva York en Stony Brook.

COHOMOLOGÍA DE LAS FORMAS DIFERENCIABLES

8.1. Cohomología de complejos de cadena

8.1.1. Complejos de cadena

Sean $f : X \to Y$ y $g : Y \to Z$, transformaciones lineales entre los espacios vectoriales X, Y y Z. Diremos que el siguiente diagrama

$$X \xrightarrow{f} Y \xrightarrow{g} Z$$

es una **secuencia exacta** en Y o simplemente **exacta** si $\operatorname{Im} f = \operatorname{Ker} g$.
Con el diagrama

$$0 \longrightarrow X$$

nos referimos implícitamente a la transformación que envía el cero en el cero de X. Con el diagrama

$$X \longrightarrow 0$$

nos referimos a la transformación nula, que envia todo elemento de X en el único elemento del espacio trivial 0. Al diagrama siguiente

$$0 \longrightarrow X \xrightarrow{f} Y \xrightarrow{g} Z \longrightarrow 0 \qquad (8.1)$$

lo llamaremos **secuencia exacta corta**, si es exacta en X, en Y y en Z. Notemos que en una secuencia como en (8.1) se tiene que f es inyectiva y g es sobreyectiva.
Sea $\{X^i\}_{i \in \mathbb{Z}}$ una sucesión de espacios vectoriales y $\{d^i : X^i \to X^{i+1}\}_{i \in \mathbb{Z}}$ una sucesión de transformaciones lineales. Llamaremos al par (X^i, d^i) un **complejo de cadenas** si para cada $i \in \mathbb{Z}$ se tiene

$$d^{i+1} \circ d^i = 0 \qquad (8.2)$$

Notemos que (8.2) es equivalente a

$$\operatorname{Im} d^i \subseteq \operatorname{Ker} d^{i+1} \qquad (8.3)$$

Un complejo de cadenas se expresa por medio del diagrama

$$\cdots \longrightarrow X^{i-1} \xrightarrow{d^{i-1}} X^i \xrightarrow{d^i} X^{i+1} \xrightarrow{d^{i+1}} X^{i+2} \longrightarrow \cdots \qquad (8.4)$$

Notaremos un complejo de cadenas por X^*. Diremos que un complejo de cadenas X^* es exacto si para cada $i \in \mathbb{Z}$ se tiene

$$\operatorname{Im} d^i = \operatorname{Ker} d^{i+1}$$

Si el complejo de cadenas X^* es exacto, entonces obtenemos la siguiente secuencia exacta corta

$$0 \longrightarrow \operatorname{Im} d^{i-1} \xrightarrow{\iota} X^i \xrightarrow{d^i} \operatorname{Im} d^i \longrightarrow 0 \qquad (8.5)$$

donde ι es la inclusión. En una secuencia exacta corta como (8.1) podemos calcular Y de la siguiente manera

Proposición 8.1. *Sea una secuencia exacta corta de espacios vectoriales como en (8.1). Entonces Y es de dimensión finita si X y Z lo son y además*

$$Y \approx X \oplus Z$$

Demostración. Escojamos una base para X, digamos $\{a_1, \ldots, a_n\}$ y una base para Z, digamos $\{c_1, \ldots, c_m\}$, así $\dim X = n$ y $\dim Z = m$. Como g es sobreyectiva existen $b_j \in Y$, tales que $g(b_j) = c_j$, $j = 1, \ldots, m$.

Afirmamos que $\{f(a_1), \ldots, f(a_n), b_1, \ldots, b_m\}$ es una base para Y. Notemos que esto implica $Y \approx X \oplus Z$, ya que la asignación

$$(a_i, 0) \mapsto f(a_i) \qquad (0, c_j) \mapsto b_j$$

es un isomorfismo y $\{(a_i, 0), (0, c_j)\}$ es una base de $X \oplus Z$. Mostremos la afirmación. En efecto sea $b \in Y$, entonces $g(b) = \sum \lambda_j c_j$, por tanto

$$b - \sum \lambda_j b_j \in \operatorname{Ker} g$$

En efecto

$$g(b - \sum \lambda_j b_j) = g(b) - \sum \lambda_j g(b_j) = g(b) - g(b) = 0$$

Como la secuencia es exacta, entonces $\operatorname{Im} f = \operatorname{Ker} g$, así existe $a \in X$, tal que $b - \sum \lambda_j b_j = f(a)$ y además $a = \sum \mu_j a_j$, para algunos $\mu_j \in \mathbb{R}$, luego

$$b = \sum \mu_j f(a_j) + \sum \lambda_j b_j$$

esto muestra que $\{\{f(a_1), \ldots, f(a_n), b_1, \ldots, b_m\}$ genera a Y. Sólo falta mostrar que $\{f(a_1), \ldots, f(a_n), b_1, \ldots, b_m\}$ es linealmente independiente. Consideremos

$$\sum \mu_i f(a_i) + \sum \lambda_j b_j = 0$$

entonces

$$f\left(\sum \mu_i a_i\right) = -\sum \lambda_j b_j$$

como $f\left(\sum \mu_i a_i\right) \in \operatorname{Im} f$ y la secuencia es exacta, entonces $g(\sum \lambda_j b_j) = 0$. Así $\sum \lambda_j c_j = 0$ y entonces todos los λ_j son cero. Luego $f\left(\sum \mu_i a_i\right) = 0$ y como f es inyectiva, entonces $\sum \mu_i a_i = 0$. Entonces todos los μ_i son cero. Por tanto $\{\{f(a_1), \ldots, f(a_n), b_1, \ldots, b_m\}$ es linealmente independiente. $\square$

8.1.2. Cohomología de un complejo de cadenas

Dado un complejo de cadenas, se define el **p-espacio vectorial de cohomología**, que llamaremos también **p-grupo de cohomología** al espacio vectorial cociente

$$H^p(X^*) = \frac{\operatorname{Ker} d^p}{\operatorname{Im} d^{p-1}}$$

los elementos de $\operatorname{Ker} d^p$ los llamaramemos **p-ciclos**, en el caso de las formas diferenciables se denominan **p-formas cerradas**. Los elementos de $\operatorname{Im} d^{p-1}$ los llamaremos **p-bordes**, en el caso de las formas diferenciables se denominan **p-formas exactas**. A los elementos de $H^p(X^*)$ que son clases de equivalencia los llamaremos **clases cohomológicas**. Una **aplicación de cadenas** entre dos complejos de cadenas X^* y Y^*, es una familia de transformaciones lineales

$$\{f^p : X^p \to Y^p\}$$

denotada por $f : X^* \to Y^*$, tales que los cuadrados del siguiente diagrama son conmutativos

$$\cdots \longrightarrow X^{p-1} \xrightarrow{d_X^{p-1}} X^p \xrightarrow{d_X^p} X^{p+1} \xrightarrow{d_X^{p+1}} \cdots \qquad (8.6)$$
$$\Big\downarrow f^{p-1} \qquad \Big\downarrow f^p \qquad \Big\downarrow f^{p+1}$$
$$\cdots \longrightarrow Y^{p-1} \xrightarrow{d_Y^{p-1}} Y^p \xrightarrow{d_Y^p} Y^{p+1} \longrightarrow \cdots$$

es decir para cada $p \in \mathbb{Z}$ se tiene

$$f^{p+1} \circ d_X^p = d_Y^p \circ f^p \qquad (8.7)$$

Tenemos el siguiente resultado

Teorema 8.1. *Una aplicación de cadenas $f : X^* \to Y^*$ induce una aplicación lineal $H^p(f) : H^p(X^*) \to H^p(Y^*)$, dada por $H^p(f)([a]) = [f^p(a)]$*

Demostración. Probemos que $H^p(f)$ está bien definida. En efecto sea a un p-ciclo, mostremos que $f^p(a)$ es un p-ciclo, de manera que tiene sentido de hablar de su clase de equivalencia. Tenemos por medio de (8.7) que

$$d_Y^p(f^p(a)) = f^{p+1}(d_X^p(a)) = f^{p+1}(0) = 0$$

luego $f^p(a)$ es un p-ciclo. Ahora mostremos que $H^p(f)$ no depende del representante a. Sea a' otro p-ciclo tal que $a' = a + d_X^{p-1} u$, con $u \in X^{p-1}$, entonces

$$\begin{aligned} H^p(f)([a']) &= H^p(f)\left([a + d_X^{p-1} u]\right) \\ &= [f^p(a + d_X^{p-1} u)] \\ &= [f^p(a) + f^p(d_X^{p-1}(u))] \\ &= [f^p(a) + d_Y^{p-1}(f^{p-1}(u))] \\ &= [f^p(a)] \end{aligned}$$

La linealidad de $H^p(f)$ se sigue inmediatamente de la linealidad de f^p. $\square$

Llamaremos *secuencia exacta corta de complejos de cadena* a la secuencia representada por

$$0 \longrightarrow X^* \xrightarrow{f} Y^* \xrightarrow{g} Z^* \longrightarrow 0 \qquad (8.8)$$

donde f y g son aplicaciones de cadena y para cada $p \in \mathbb{Z}$ la secuencia

$$0 \longrightarrow X^p \xrightarrow{f^p} Y^p \xrightarrow{g^p} Z^p \longrightarrow 0$$

es exacta.

Una secuencia como (8.8) induce una secuencia exacta.

Teorema 8.2. *Dada una secuencia exacta corta como* (8.8), *entonces la secuencia*

$$H^p(X^*) \xrightarrow{H^p(f)} H^p(Y^*) \xrightarrow{H^p(g)} H^p(Z^*) \qquad (8.9)$$

es exacta.

Demostración. Notemos primero que $g^p \circ f^p = 0$ para cada $p \in \mathbb{Z}$ ya que la secuencia (8.8) es exacta. Luego para cualquier $[a] \in H^p(X^*)$, se tiene

$$H^p(g) \circ H^p(f)([a]) = H^p(g)([f^p(a)]) = [g^p(f^p(a))] = [0] = 0$$

luego $\operatorname{Im} H^p(f) \subseteq \operatorname{Ker} H^p(g)$. Probemos ahora que $\operatorname{Ker} H^p(g) \subseteq \operatorname{Im} H^p(f)$. En efecto sea $[b] \in \operatorname{Ker} H^p(g)$, entonces $H^p(g)([b]) = [g^p(b)] = 0$, así para algún $c \in Z^{p-1}$ se tiene

$$g^p(b) = d_Z^{p-1} c$$

Como g^{p-1} es sobreyectiva, entonces existe $b_0 \in Y^{p-1}$ tal que $g^{p-1}(b_0) = c$. Luego

$$\begin{aligned}
g^p(b - d_Y^{p-1} b_0) &= g^p(b) - g^p(d_Y^{p-1}(b_0)) \\
&= g^p(b) - d_Z^{p-1}(g^{p-1}(b_0)) \\
&= g^p(b) - d_Z^{p-1}(c) \\
&= g^p(b) - g^p(b) \\
&= 0
\end{aligned}$$

Así $b - d_Y^{p-1} b_0 \in \operatorname{Ker} g^p$. Por la exactitud, existe $a \in X^p$ tal que $f^p(a) = b - d_Y^{p-1} b_0$. Afirmamos que $H^p(g)([a]) = [b]$. Primero mostraremos que $[a]$ es un p-ciclo de manera de considerar su clase cohomológica $[a]$. Para esto es suficiente mostrar que $f^{p+1}(d_X^p(a)) = 0$ ya que f^{p+1} es inyectiva. Entonces

$$\begin{aligned}
f^{p+1}(d_X^p(a)) &= d_Y^p(f^p(a)) \\
&= d_Y^p(b - d_Y^{p-1} b_0) \\
&= d_Y^p(b) - d_Y^p(d_Y^{p-1} b_0) \\
&= 0
\end{aligned}$$

la última linea se justifica ya que b es un p-ciclo y la ecuación (8.2). Así a es un p-ciclo. Calculemos ahora $H^p(f)([a])$.

$$\begin{aligned} H^p(f)([a]) &= [f^p(a)] \\ &= [b - d_Y^{p-1} b_0] \\ &= [b] \end{aligned}$$

Por tanto $[b] \in \operatorname{Im} H^p(f)$. $\square$

8.1.3. Homomorfismo de conexión y la secuencia larga de homología

Notemos que en la secuencia (8.9) $H^p(f)$ no es necesariamente inyectiva ni $H^p(g)$ es necesariamente sobreyectiva. Así la secuencia no se puede extender a una secuencia exacta corta. Sin embargo podemos extender la secuencia (8.9) a través del homomorfismo de conexión.

Definición 8.1. *Dada una secuencia exacta corta de complejos de cadena*

$$0 \longrightarrow X^* \xrightarrow{f} Y^* \xrightarrow{g} Z^* \longrightarrow 0$$

se define el **homomorfismo de conexión**

$$\partial^* : H^p(Z^*) \to H^{p+1}(X^*)$$

por

$$\partial^*([c]) = [a]$$

donde a está determinado por las relaciones

$$f^{p+1}(a) = d_Y^p(b) \tag{8.10}$$
$$g^p(b) = c \tag{8.11}$$

Para establecer esta definición como correcta debemos chequear varias cosas. Mostremos primero que $d_Y^p(b) \in \operatorname{Im} f^{p+1}$, así tiene sentido la ecuación (8.10). Mostremos ahora que a es un $(p+1)$-ciclo, de manera que tiene sentido considerar la clase de cohomología $[a] \in H^{p+1}(X^*)$. En efecto

$$f^{p+2}(d_X^{p+1}(a)) = d_Y^{p+1}(f^{p+1}(a)) = d_Y^{p+1}(d_Y^p(b)) = 0$$

Como f^{p+2} es inyectiva, entonces $d_X^{p+1}(a) = 0$ y por tanto a es un $(p+1)$-ciclo. Hay que notar también que $c \in \operatorname{Im} g^p$ así la elección de b no es necesariamente única. Debemos mostrar que la clase $[a]$ no depende de la elección de b. Supongamos que $b' \in Y^p$ tal que $g^p(b') = c$, entonces $b - b' \in$

$\operatorname{Ker} g^p = \operatorname{Im} f^p$, luego existe $u \in X^p$ tal que $f^p(u) = b' - b$, entonces

$$\begin{aligned} d_Y^p(b') &= d_Y(b + f^p(u)) \\ &= d_Y^p(b) + d_Y^p(f^p(u)) \\ &= d_Y^p(b) + f^{p+1}(d_X^p(u)) \\ &= f^{p+1}(a + d_X^p(u)) \end{aligned}$$

Luego de las relaciones (8.10) y (8.11) se tiene que

$$\partial^*([c]) = [a + d_X^p(u)] = [a]$$

Veamos por último que ∂^* es una aplicación $\mathbb{R}$-lineal. En efecto supongamos que $g^p(b_1) = c_1$ y $g^p(b_2) = c_2$, con $f^{p+1}(a_1) = d_Y^p(b_1)$ y $f^{p+1}(a_2) = d_Y^p(b_2)$, es decir $\partial^*([c_1]) = [a_1]$ y $\partial^*([c_2]) = [a_2]$. Entonces $g^p(b_1 + b_2) = c_1 + c_2$ y $f^{p+1}(a_1 + a_2) = d_Y^p(b_1 + b_2)$. Así

$$\begin{aligned} \partial^*([c_1] + [c_2]) &= \partial^*([c_1 + c_2]) \\ &= [a_1 + a_2] \\ &= [a_1] + [a_2] \\ &= \partial^*([c_1]) + \partial^*([c_2]) \end{aligned}$$

Similarmente se prueba que $\partial^*(\lambda [c]) = \lambda \partial^*([c])$ para todo $\lambda \in \mathbb{R}$.
Veamos ahora como el homomorfismo de conexión extiende la secuencia (8.9).

Proposición 8.2. *La secuencia*

$$H^p(Y^*) \xrightarrow{H^p(g)} H^p(Z^*) \xrightarrow{\partial^*} H^{p+1}(X^*)$$

es exacta.

Demostración. Sea $[b] \in H^p(Y^*)$, entonces

$$\partial^* \circ H^*(g)([b]) = \partial^*([g^p(b)]) = [a]$$

donde a está determinado por las relaciones (8.10) y (8.11). Como b es un p-ciclo, entonces $d_Y^p b = 0$ y como $f^{p+1}(a) = d_Y^p b = 0$, se tiene que $a = 0$ ya que f^{p+1} es inyectiva, luego

$$\partial^* \circ H^*(g)([b]) = [0] = 0$$

Así $\operatorname{Im} H^p(g) \subseteq \operatorname{Ker} \partial^*$. Probemos ahora que $\operatorname{Ker} \partial^* \subseteq \operatorname{Im} H^p(g)$. Sea $[c] \in H^p(Z^*)$ tal que $\partial^*([c]) = 0$. Sea $b \in Y^p$, tal que $g^p(b) = c$ y $f^{p+1}(a) = d_Y^p(b)$. Como $[a] = 0$, entonces $a = d_X^p(u)$ para algún $u \in X^p$. Así

$$f^{p+1}(d_X^p(u)) = d_Y^p(b) \Rightarrow d_Y^p(f^p(u)) = d_Y^p(b) \Rightarrow b - f^p(u) \in \operatorname{Ker} d_Y^p$$

es decir que $b - f^p(u)$ es un p-ciclo. Entonces
$$H^p(g)([b - f^p(u)]) = [g^p(b) - g^p(f^p(u))] = [g^p(b)] = [c]$$
luego $[c] \in \operatorname{Im} H^p(g)$

Proposición 8.3. *La secuencia*
$$H^p(Z^*) \xrightarrow{\partial^*} H^{p+1}(X^*) \xrightarrow{H^{p+1}(f)} H^{p+1}(Y^*)$$
es exacta.

Demostración. Sea $[c] \in H^p(Z^*)$, entonces de acuerdo a las relaciones que definen el homomorfismo de conexión, se tiene
$$(H^{p+1}(f) \circ \partial^*)([c]) = H^{p+1}(f)\left((f^{p+1})^{-1}(d_Y(b))\right) = [d_Y(b)] = 0$$
luego $\operatorname{Im} \partial^* \subseteq \operatorname{Ker} H^{p+1}(f)$. Supongamos ahora que $H^{p+1}(f)([a]) = 0$, es decir que $[a] \in \operatorname{Ker} H^{p+1}(f)$, entonces $f^{p+1}(a) = d_Y^p(b)$ para algún $b \in Y^p$. Mostremos que $g^p(b)$ es un p-ciclo. En efecto
$$d_Z^p(g^p(b)) = g^{p+1}(d_Y^p(b)) = g^{p+1}(f^{p+1}(a)) = 0$$

De las proposiciones 8.2 y 8.3 se tiene el siguiente resultado

Teorema 8.3 (Secuencia Larga Exacta de Homología). *Sea la secuencia exacta corta de complejos de cadenas*
$$0 \longrightarrow X^* \xrightarrow{f} Y^* \xrightarrow{g} Z^* \longrightarrow 0$$
entonces la secuencia
$$\cdots \longrightarrow H^p(X^*) \xrightarrow{H^p(f)} H^p(Y^*) \xrightarrow{H^p(g)} H^p(Z^*) \xrightarrow{\partial^*} H^{p+1}(X^*) \xrightarrow{H^{p+1}(f)} H^{p+1}(Y^*) \longrightarrow \cdots$$
es exacta

8.1.4. Homotopía de cadenas

Diremos que dos aplicaciones de cadenas $f, g : X^* \to Y^*$ son **homotópicas** si existen aplicaciones lineales $I^p : X^p \to Y^{p-1}$ tal que para cada p satisfacen
$$d_Y^{p-1} \circ I^p + I^{p+1} \circ d_X^p = f^p - g^p \tag{8.12}$$
A la aplicación I^p la denominaremos **homotopía de cadenas** en p
Notemos que el siguiente diagrama conmuta

Teorema 8.4. *Si $f, g : X^* \to Y^*$ son aplicaciones de cadenas homotópicas, entonces $H^p(f) = H^p(g)$*

Demostración. Si $[a] \in H^p(X^*)$, entonces

$$\begin{aligned}(H^p(f) - H^p(g))([a]) &= [(f^p - g^p)(a)] \\ &= [d_Y^{p-1}(I^p(a)) - I^{p+1}(d_X^p(a))] \\ &= [d_Y^{p-1}(I^p(a))] \\ &= 0\end{aligned}$$

luego $H^p(f) = H^p(g)$ □

Si X^* y Y^* son complejos de cadena, entonces la suma directa de ambos complejos es el complejo de cadena $X^* \oplus Y^*$, determinado por

$$\cdots \longrightarrow X^{p-1} \oplus Y^{p-1} \xrightarrow{d} X^p \oplus Y^p \xrightarrow{d} X^{p+1} \oplus X^{p+1} \longrightarrow \cdots \tag{8.13}$$

donde el operador d, está determinado por

$$d(a, b) := d_{X \oplus Y}(a, b) = (d_X(a), d_Y(b))$$

El siguiente resultado nos va a permitir realizar algunos cálculos de cohomología de grupos.

Proposición 8.4. *Si X^* y Y^* son complejos de cadena, entonces*

$$H^p(X^* \oplus Y^*) = H^p(X^*) \oplus H^p(Y^*)$$

Demostración. Consideremos la aplicación

$$\varphi : H^p(X^* \oplus Y^*) \to H^p(X^*) \oplus H^p(Y^*)$$

dada por

$$[(a, b)] \mapsto ([a], [b])$$

donde $a \in X^p$ y $b \in Y^p$ son p-ciclos. Entonces φ es un isomorfismo. La aplicación φ es claramente $\mathbb{R}$-lineal, además es inyectiva. En efecto si $\varphi([(a, b)]) = 0$, entonces $([a], [b]) = 0$, es decir que $a = d_X^{p-1} u_1$ y $b = d_Y^{p-1} u_2$ para $u_1 \in X^{p-1}$ y $u_2 \in Y^{p-1}$, luego

$$(a, b) = d^{p-1}(u_1, u_2)$$

así $[(a, b)] = 0$. Notemos que φ es claramente sobreyectiva. Así φ es un isomorfismo. □

8.2. La cohomología de De Rham

La cohomología de De Rham es la cohomología de las formas diferenciables. Sea M una variedad diferenciable y ω una k-forma en M. Recordemos que ω es cerrada si $d\omega = 0$ y es exacta si existe $\eta \in \Omega^{k-1}(M)$ tal que $\omega = d\eta$. Como $d \circ d = 0$, entonces $(\Omega^k(M), d)_{k \in \mathbb{N}}$ es un complejo de cadenas, esto es

$$\Omega^0(M) \xrightarrow{d^0} \Omega^1(M) \xrightarrow{d^1} \cdots \xrightarrow{d} \Omega^{k-1}(M) \xrightarrow{d^{k-1}} \Omega^k(M) \xrightarrow{d^k} \cdots$$

denominado **complejo de De Rham** y cuya cohomología se denomina **cohomología de De Rham**. Convenimos que $\Omega^{-n} = 0$, si $n \in \mathbb{Z}^+$. Así la cohomología de formas es

$$H^k(M) = \frac{\text{formas cerradas}}{\text{formas exactas}}$$

Definición 8.2. *Se denomina grupo de cohomología de De Rham de orden k de la variedad M al grupo cociente (espacio vectorial)*

$$H^k(M) = \frac{\operatorname{Ker} d^k}{\operatorname{Im} d^{k-1}}$$

De la definición anterior se sigue que dos k-formas cerradas son cohomólogas si y y sólo si se diferencian por una diferencial exacta, es decir si $\omega_1, \omega_2 \in \Omega^k(M)$ tal que $d\omega_1 = d\omega_2 = 0$, entonces $\omega_1 \sim \omega_2$ si y sólo si, existe una $(k-1)$-forma γ tal que $\omega_1 - \omega_2 = d\gamma$.

Ejemplo 8.2.1. *Si M es conexa, entonces $H^0(M) = \mathbb{R}$. En efecto, como $\Omega^{-1}(M) = 0$, entonces $\operatorname{Im} d^{-1} = 0$ y resulta que $H^0(M) = \operatorname{Ker} d^0$. Además se tiene que*

$$\operatorname{Ker} d^0 = \{f : M \to \mathbb{R} \mid df = 0\}$$

Si (U, φ) es una carta local y $df = 0$, entonces f es localmente constante en U. Como M es conexo, entonces f es contante en todo M. Luego podemos definir la aplicación $F : H^0(M) \to \mathbb{R}$ dada por

$$[f] \mapsto f(p)$$

donde p es un punto arbitrario de p. Es inmediato verificar F es un isomorfismo. Luego

$$H^0(M) \approx \mathbb{R}$$

De manera similar se muestra que si M tiene q componentes conexas, entonces

$$H^0(M) \approx \mathbb{R}^q$$

Ejemplo 8.2.2 (Cohomología de De Rham del circulo). *Sea S^1 el circulo unitario. Entonces $H^1(S^1) = \mathbb{R}$. En efecto, como $\Omega^2(S^1) = 0$, entonces*

$$\operatorname{Ker} d^1 = \Omega^1(S^1)$$

Sea $f : S^1 \to (0, 2\pi)$, dada por $f(p) = \theta$, donde θ representa el ángulo que posiciona el punto p en S^1. Si $\omega \in \Omega^1(S^1)$ entonces existe $g : S^1 \to \mathbb{R}$ 2π-periódica tal que $\omega = g(\theta)d\theta$. Afirmamos que $\omega = cd\theta$, donde

$$c = \frac{1}{2\pi} \int_0^{2\pi} g(\theta)d\theta$$

En efecto, sea $f(\theta) = \int_0^\theta (g(t) - c)dt$, entonces $f \in C^\infty(S^1)$ ya que f es 2π-periódica. Entonces por el teorema fundamental del cálculo se tiene que $f'(\theta) = g(\theta) - c$, luego

$$df_\theta = f'(\theta)d\theta = (g(\theta) - c)d\theta = \omega - cd\theta$$

Por tanto $\omega \sim cd\theta$ y obtenemos $H^1(S^1) \approx \mathbb{R}$. En definitiva la cohomología de De Rham del círculo es

$$H^k(S^1) = \begin{cases} \mathbb{R} & si \quad k = 0, 1 \\ 0 & si \quad k > 1 \end{cases}$$

8.2.1. Operador de Homotopía y equivalencia homotópica

Definición 8.3. *Dos funciones diferenciables $f_0, f_1 : M \to N$, entre variedades diferenciables se dicen homotópicas si existe una función diferenciable*

$$F : M \times \mathbb{R} \to N$$

tal que $F(x, 0) = f_0(x)$ y $F(x, 1) = f_1(x)$.

En este caso notaremos $f_0 \approx f_1$ y llamaremos a F una **homotopía diferenciable** de f_0 a f_1. Una manera útil de ver la homotopía es a través de una familia $\{f_t : M \to N\}$ de funciones continuas parametrizadas por $t \in \mathbb{R}$ tal que

$$f_t(x) = F(x, t)$$

de esta manera podemos entender la homotopía como una deformación de f_0 a f_1 de forma continua a través de las funciones f_t. Resulta ser que la relación $f_0 \approx f_1$ es una relación de equivalencia.

Lema 8.1. *La relación $\approx$ es una relación de equivalencia*

Definición 8.4. *Sean M y N dos variedades diferenciables. Diremos que M y N tienen el mismo* **tipo de homotopía** *si existen aplicaciones diferenciables $f : M \to N$ y $g : N \to M$ tal que $g \circ f$ y $f \circ g$ son homotópicas a la identidad en M y N respectivamente. Una variedad que tiene el mismo tipo de homotopía de un punto se denomina* **contractil**.

Tenemos el siguiente resultado que será necesario en la construcción del operador de homotopía.

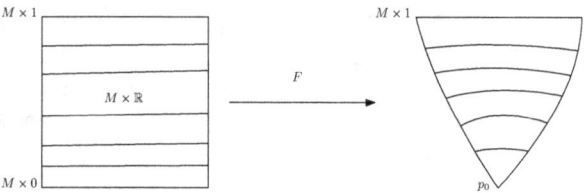

Figura 8.1: Variedad Contractil

Lema 8.2. *Toda k-forma ω en $M \times \mathbb{R}$ se puede escribir de manera única como*
$$\omega = \omega_1 + dt \wedge \omega_2$$
donde la forma ω_1 es una k-forma en $M \times \mathbb{R}$ que cumple con $\omega_1(v_1, \ldots, v_k) = 0$ si $v_j \in d\pi$ donde $\pi : M \times \mathbb{R} \to M$ y la forma ω_2 es una $(k-1)$-forma en $M \times \mathbb{R}$ que satisface una condición similar a ω_1.

Demostración. Sea $p \in M$ y $(U_\alpha, \varphi_\alpha)$ una carta alrededor de p. Así una carta en la variedad producto $M \times \mathbb{R}$ está dada por $(U_\alpha \times \mathbb{R}, \varphi_\alpha \times \mathrm{Id})$. Luego si $\varphi_\alpha = (x^1, \ldots, x^m)$ y t coordenadas en $\mathbb{R}$, entonces $(x^1, \ldots, x^m, t)$ son coordenadas en $U_\alpha \times \mathbb{R}$. Localmente podemos escribir

$$\omega = \sum a_{i_1 \ldots i_k} dx^{i_1} \wedge \cdots \wedge dx^{i_k} + dt \wedge \sum b_{j_1 \ldots j_{k-1}} dx^{j_1} \wedge \cdots \wedge dx^{j_{k-1}}$$
$$= \omega_1 + dt \wedge \omega_2$$

Se verifica facimente que ω_1 y ω_2 satisfacen las condiciones del lema. $\square$

Consideremos ahora la aplicación $i_t : M \to M \times \mathbb{R}$. Esta aplicación lleva $p \in M$ al nivel t, esto es a (p, t). Es claramente una inmersión de M en $M \times \mathbb{R}$ Dada una k-forma ω en $M \times \mathbb{R}$ se define el **operador de homotopía** como la aplicación
$$I^k : \Omega^k(M \times \mathbb{R}) \to \Omega^{k-1}(M)$$
dada de la siguiente manera. Por el lema anterior si $\omega \in \Omega^k(M \times \mathbb{R})$, entonces $\omega = \omega_1 + dt \wedge \omega_2$, luego $i_t^*(\omega_2) \in \Omega^k(M)$. Ponemos

$$I^k(\omega) = \int_0^1 i_t^*(\omega_2) = \left(\int_0^1 \sum_J b_J(x, t) dt \right) dx^J \qquad (8.14)$$

si $\omega_2 = \sum_J b_J(x, t) dx^J$

El **operador de homotopía** así definido es una homotopía de cadenas (ver la sección 8.1.4) en k. En efecto se tiene el importante resultado

Lema 8.3. *Las aplicaciones $i_1^*\omega$ y $i_0^*\omega$ son homotópicas, más aún se cumple que*
$$i_1^*\omega - i_0^*\omega = d(I^k\omega) - I^k(d\omega) \qquad (8.15)$$

Demostración. Sea $p \in M$ y $(U_\alpha, \varphi_\alpha)$ un entorno coordenado alrededor de p. Sean $(x^1, \ldots, x^m, t)$ coordenadas locales para $M \times \mathbb{R}$. De la definición del operador de homotopía se sigue que I^k es aditiva, es decir que $I^k(\omega + \gamma) = I^k(\omega) + I^k(\gamma)$ De esta manera es suficiente considerar los casos siguientes:
a) $\omega = f dx^{i_1} \wedge \cdots \wedge dx^{i_k}$
b) $\omega = f dt \wedge dx^{i_1} \wedge \cdots \wedge dx^{i_{k-1}}$
Para el caso a) tenemos

$$d\omega = \frac{\partial f}{\partial t} dt \wedge dx^{i_1} \wedge \cdots \wedge dx^{i_k} + \sum_j \frac{\partial f}{\partial x^j} dx^j \wedge dx^{i_1} \wedge \cdots \wedge dx^{i_k}$$

luego

$$I^k(d\omega)(p) = \left(\int_0^1 \frac{\partial f}{\partial t} dt\right) dx^{i_1} \wedge \cdots \wedge dx^{i_k}$$
$$= (f(p,1) - f(p,0)) dx^{i_1} \wedge \cdots \wedge dx^{i_k}$$
$$= i_1^*\omega(p) - i_2^*\omega(p)$$

Como ω no tiene en su forma local a dt, entonces $I^k(\omega) = 0$. Luego la ecuación (8.15) se cumple.
Caso b). Notemos que $i_1^*\omega = i_0^*\omega = 0$. Por otra parte se tiene que

$$d\omega = -\sum_j \frac{\partial f}{\partial x^j} dt \wedge dx^j \wedge dx^{i_1} \wedge \cdots \wedge dx^{i_{k-1}}$$

Por tanto

$$I^k(d\omega)(p) = -\sum_j \left(\int_0^1 \frac{\partial f}{\partial x^j} dt\right) dx^j \wedge dx^{i_1} \wedge \cdots \wedge dx^{i_{k-1}}$$

Por otra parte

$$d(I^k\omega)(p) = d\left(\sum_j \left(\int_0^1 f dt\right) dx^j \wedge dx^{i_1} \wedge \cdots \wedge dx^{i_{k-1}}\right)$$
$$= \sum_j \left(\int_0^1 \frac{\partial f}{\partial x^j} dt\right) dx^j \wedge dx^{i_1} \wedge \cdots \wedge dx^{i_{k-1}}$$

Así $d(I^k\omega) + I^k(d\omega) = 0$ y la ecuación (8.15) se cumple. $\square$

8.2.2. Lema de Poincaré para la cohomología de De Rham

Como consecuencia del lema anterior se establece el siguiente e importante teorema

Teorema 8.5 (Lema de Poincaré). *Si M es una variedad diferenciable contractil, entonces toda k-forma cerrada es exacta, es decir*

$$H^k(M) = 0, \quad \text{para todo} \quad k > 0$$

Demostración. Como M es contráctil, existe una aplicación diferenciable $F : M \times \mathbb{R} \to M$ tal que $F(p,1) = p$ y $F(p,0) = p_0$, donde $p_0 \in M$ es el punto donde contrae la variedad M tal que

$$F \circ i_1 = \text{Id}_M, \quad F \circ i_0 = c_{p_0}$$

con c_{p_0} la función constante a valor p_0. Sean $\omega \in \Omega^k(M)$ una k-forma cerrada y $\sigma \in \Omega^k(M \times \mathbb{R})$ dada por $\sigma = F^*\omega$. Entonces

$$\omega = (F \circ i_1)^*\omega = i_1^*(F^*\omega) = i_1^*\sigma$$

y

$$0 = (F \circ i_0)^*\omega = i_0^*(F^*\omega) = i_0^*\sigma$$

En la última ecuación $F \circ i_0$ es una aplicación constante, por eso $(F \circ i_0)^*\omega = 0$. Luego del lema 8.15 y como $d\omega = 0$, resulta

$$\omega = i_1^*\sigma = d(I^*\omega)$$

Por tanto ω es exacta. $\square$

Corolario 8.1.

$$H^k(\mathbb{R}^n) = 0 \quad k > 0, n \geq 0$$

Corolario 8.2 (Axioma de homotopía para la cohomología de Rham). *Si $f, g : M \to N$ son dos aplicaciones homotópicas, entonces $H^p(f) = H^p(g) : H^p(M) \to H^p(N)$.*

Demostración. Se sigue del lema de Poincaré y el teorema 8.4 $\square$

Corolario 8.3. *Si M y N tienen el mismo tipo de homotopía entonces $H^q(M) \approx H^q(N)$ para todo $q \geq 0$*

8.2.3. La secuencia de Mayer-Vietoris para la cohomología de De Rham

La secuencia de Mayer-Vietoris nos permite calcular, grupos de cohomología de De Rham a partir de grupos de cohomología ya conocidos. Esto se logra si podemos descomponer el espacio en sub-espacios cuyos grupos de cohomología ya son conocidos. Para construir la secuencia de Mayer-Vietoris necesitamos construir primero una secuencia exacta.

Teorema 8.6. *Sean U_1 y U_2, abiertos de $\mathbb{R}^n$ cuya unión es $U = U_1 \cup U_2$. Para $k = 1, 2$ consideremos las inclusiones $i_k : U_k \to U$ y $j_k : U_1 \cap U_2 \to U_k$. Entonces la secuencia*

$$0 \longrightarrow \Omega^p(U) \xrightarrow{I^p} \Omega^p(U_1) \oplus \Omega^p(U_2) \xrightarrow{J^p} \Omega^p(U_1 \cap U_2) \longrightarrow 0 \quad (8.16)$$

es exacta. Donde $I^p(\omega) = (i_1^*(\omega), i_2^*(\omega))$ y $J^p(\omega_1, \omega_2) = j_1^*(\omega_2) - j_2^*(\omega_1)$

Demostración. Mostremos primero que I^p es inyectiva. En efecto si $I^p(\omega) = 0$, entonces $i_1^*(\omega) = 0$ y $i_2^*(\omega) = 0$. Supongamos que en coordenadas se tiene

$$\omega = \sum_I f_I \, dx_I$$

entonces para $\nu = 1, 2$ se tiene

$$i_\nu^*(\omega) = \sum_I f_I \circ i_\nu \, dx_I$$

Luego $f_I \circ i_1 = 0$ y $f_I \circ i_2 = 0$, por tanto $f_I = 0$ ya que $U = U_1 \cup U_2$. Mostremos ahora que $\operatorname{Ker} I^p = \operatorname{Im} J^p$. Sea $\omega \in \Omega^p(U)$, entonces

$$\begin{aligned} J^p \circ I^p(\omega) &= J^p(i_1^*(\omega), i_2^*(\omega)) \\ &= j_1^*(i_1^*(\omega)) - j_2^*(i_2^*(\omega)) \\ &= (i_1 \circ j_1)^*(\omega) - (i_2 \circ j_2)^*(\omega) \\ &= 0 \end{aligned}$$

la última linea se justifica ya que $(i_1 \circ j_1) = j = (i_2 \circ j_2)$, donde $j : U_1 \cap U_2 \to U$ es la inclusión. Luego $\operatorname{Im} I^p \subseteq \operatorname{Ker} J^p$. Supongamos ahora que $(\omega_1, \omega_2) \in \operatorname{Ker} J^p$, es decir $J^p(\omega_1, \omega_2) = 0$, así

$$j_1^*(\omega_1) = j_2^*(\omega_2)$$

Si en coordenadas $\omega_1 = \sum_I f_I \, dx_I$ y $\omega_2 = \sum_I g_I \, dx_I$, entonces

$$j_1^*(\omega_1) = j_2^*(\omega_2) \Rightarrow f_I \circ j_1 = g_I \circ j_2$$

es decir que $f_I = g_I$ para todo $x \in U_1 \cap U_2$. Luego consideremos la p-forma definida

$$\omega = \sum_I h_I \, dx_I$$

donde $h_I : U \to \mathbb{R}$, dada por

$$h_I(x) = \begin{cases} f_I(x) & \text{si } x \in U_1 \\ g_I(x) & \text{si } x \in U_2 \end{cases}$$

Notemos que h_I está bien definida y es diferenciable, además

$$I^p(\omega) = (i_1^*(\omega), i_2^*(\omega)) = (\omega_1, \omega_2)$$

luego $(\omega_1, \omega_2) \in \operatorname{Im} I^p$, por tanto $\operatorname{Ker} J^p \subseteq \operatorname{Im} I^p$. Hemos probado que $\operatorname{Im} I^p = \operatorname{Ker} J^p$. Sólo falta mostrar que J^p es sobreyectiva. Sea

$$\omega = \sum_I f_I \, dx_I \in \Omega^p(U_1 \cap U_2)$$

donde las funciones f_I están definidas en $U_1 \cap U_2$ y son diferenciables. Vamos a extender estas funciones a U_1 y U_2 respectivamente. Para esto utilizamos la partición de la unidad. Para el cubrimiento $\{U_1, U_2\}$ de U, existen funciones diferenciables $\varphi_1 : U \to \mathbb{R}$ y $\varphi_2 : U \to \mathbb{R}$ tales que $\operatorname{supp}_U \varphi_1 \subseteq U_1$ y $\operatorname{supp}_U \varphi_2 \subseteq U_2$. Construimos las funciones siguientes

$$f_{I,1} = \begin{cases} f_I(x)\varphi_2(x) & \text{si } x \in U_1 \cap U_2 \\ 0 & \text{si } x \in U_1 - \operatorname{supp}_U \varphi_2 \end{cases}$$

y

$$f_{I,2} = \begin{cases} -f_I(x)\varphi_1(x) & \text{si } x \in U_1 \cap U_2 \\ 0 & \text{si } x \in U_2 - \operatorname{supp}_U \varphi_1 \end{cases}$$

Notemos que estas funciones están bien definidas ya que $\operatorname{supp}_U \varphi_1 \cap U_2 \subseteq U_1 \cap U_2$ y $U_1 \cap \operatorname{supp}_U \varphi_2 \subseteq U_1 \cap U_2$. Notemos que para $x \in U_1 \cap U_2$ se tiene que

$$f_{I,1} - f_{I,2} = f_I$$

ya que para todo $x \in U$ se cumple que $\varphi_1(x) + \varphi_2(x) = 1$. Consideremos ahora las p-formas

$$\omega_1 = \sum_I f_{I,1} \, dx_I \in \Omega^p(U_1)$$

y

$$\omega_2 = \sum_I f_{I,2} \, dx_I \in \Omega^p(U_2)$$

entonces

$$\begin{aligned} J^p(\omega_1, \omega_2) &= j_1^*(\omega_1) - j_2^*(\omega_2) \\ &= \sum_I (f_{I,1} - f_{I,2}) \, dx_I \\ &= \sum_I f_I \, dx_I \\ &= \omega \end{aligned}$$

luego J^p es sobreyectiva. $\square$

Notemos que las familias

$$\{I^p : \Omega^p(U) \to \Omega^p(U_1) \oplus \Omega^p(U_2)\}_{p \in \mathbb{Z}}$$

y
$$\{J^p : \Omega^p(U_1) \oplus \Omega^p(U_2) \to \Omega^p(U_1 \cap U_2)\}_{p \in \mathbb{Z}}$$

definen aplicaciones de cadenas

$$I : \Omega^*(U) \to \Omega^*(U_1) \oplus \Omega^*(U_2)$$

y

$$J : \Omega^*(U_1) \oplus \Omega^*(U_2) \to \Omega^*(U_1 \cap U_2)$$

Veamos que esto es así. Notemos que el siguiente diagrama conmuta,

$$\begin{array}{ccc} \Omega^p(U) & \xrightarrow{I^p} & \Omega^p(U_1) \oplus \Omega^p(U_2) \\ \downarrow d & & \downarrow d_\oplus \\ \Omega^{p+1}(U) & \xrightarrow{I^{p+1}} & \Omega^{p+1}(U_1) \oplus \Omega^{p+1}(U_2) \end{array}$$

en efecto,

$$d_\oplus \circ I^p(\omega) = d_\oplus(i_1^*\omega, i_2^*\omega) = (i_1^*d\omega, i_2^*d\omega) = I^{p+1}(d\omega) = I^{p+1} \circ d(\omega)$$

luego I define una aplicación de cadenas. De manera similar se comprueba para J. Tenemos así una secuencia exacta corta de complejos de cadena dada por

$$0 \longrightarrow \Omega^*(U) \xrightarrow{I} \Omega^*(U_1) \oplus \Omega^*(U_2) \xrightarrow{J} \Omega^*(U_1 \cap U_2) \longrightarrow 0$$

8.3. Cohomología de De Rham a soporte compacto

Sea M una variedad diferenciable. Para cada $r > 0$, notaremos por $\Omega_c^r(M)$ el espacio vectorial de las r-formas diferenciables con soporte compacto. Notemos que si $\omega \in \Omega_c^r(M)$, entonces $d\omega \in \Omega_c^{r+1}(M)$. En efecto, basta ver que

$$\{p \in M \mid d\omega_p \neq 0\} \subset \overline{\{p \in M \mid \omega_p \neq 0\}}$$

De esta manera $\{\Omega_c^r(M), d\}$ define un subcomplejo de cadenas del complejo de De Rham $\Omega^*(M)$ denotado por $\Omega_c^*(M)$. Probaremos el siguiente teorema

Teorema 8.7 (Lema de Poincaré).

$$H_c^*(\mathbb{R}^n) = \begin{cases} \mathbb{R} & \text{en dimensión } n \\ 0 & \text{en otro caso} \end{cases}$$

Demostración. Mostremos primero que $H_c^r(\mathbb{R}^n) = 0$ para $0 \leq r < n$. Cuando $r = 0$ y del hecho que $\mathbb{R}^n$ no es compacto, se tiene que la única 0-forma con soporte compacto es la función 0. Luego $H_c^0(\mathbb{R}^n) = 0$. Supongamos ahora que $0 < r < m$. Sea $\omega \in \Omega_c^r(\mathbb{R}^n)$ cerrada. Por el lema de Poncaré se tiene que existe $\alpha \in \Omega^{r-1}(\mathbb{R}^n)$ tal que $d\alpha = \omega$, donde α no es necesariamente a soporte compacto. Cuando $r = 1$, α es una 0-forma es decir $\alpha \in C^\infty(\mathbb{R}^n)$. Sea B la bola cerrada de centro 0 en $\mathbb{R}^n$ tal que $\operatorname{supp}\omega \subset \operatorname{Int} B$. Como $d\alpha = \omega$ se anula en el conexo $\mathbb{R}^n - B$, entonces α es constante en $\mathbb{R}^n - B$. Pongamos $\alpha(x) = c$ para cada $c \in \mathbb{R}^n - B$. Entonces la función $\beta(x) = \alpha(x) - c$ se anula en $\mathbb{R}^n - B$. Luego $\operatorname{supp}\beta \subset B$ y entonces $\operatorname{supp}\beta$ es compacto, es decir $\beta \in \Omega_c^0(Re^n)$ y además
$$d\beta = d\alpha = \omega$$
por tanto $H_c^1(\mathbb{R}^n) = 0$, ya que toda forma cerrada es exacta.

Ahora cuando $1 < r < n$, tomemos las bolas cerradas $B_0 = B[0;\epsilon]$, $B_1 = B[0;2\epsilon]$, $B_2 = B[0;3\epsilon]$, tomando $\epsilon > 0$ tal que $\operatorname{supp}\omega \subset \operatorname{Int} B_0$.

Afirmación: Existe una función $f : \mathbb{R}^n \to [0,1]$ de clase $C^\infty(\mathbb{R}^n)$ tal que $f(B_1) = 0$ y $f(\mathbb{R}^n - B_2) = 1$.

La existencia de esta función f está dada por la existencia de funciones bump: dado A un subconjunto cerrado de una variedad diferenciable M y U un abierto que contiene A, entonces existe una $\varphi \in C^\infty(M)$ tal que $\varphi(A) = 1$ y $\operatorname{supp}\varphi \subset U$. Como $B_1 \subset \operatorname{Int} B_2$ entonces definamos $f = 1 - \varphi$. Esto prueba la afirmación 1.

Ahora bien $d\alpha = \omega$ se anula fuera del soporte, entonces
$$\tilde{\alpha} := \alpha|_{\mathbb{R}^n - \operatorname{Int} B} \quad \text{es cerrada}$$

Como $\mathbb{R}^n - \operatorname{Int} B$ tiene el mismo tipo de homotopía que $S^{n-1} = \partial \operatorname{Int} B$, ya que S^{n-1} es un retracto de deformación de $\mathbb{R}^n - \operatorname{Int} B$, entonces
$$H^{r-1}(\mathbb{R}^n - \operatorname{Int} B) = H^{r-1}(S^{n-1}) = 0$$
puesto que $r - 1 < n - 1$. Así $\tilde{\alpha}$ es exacta, luego existe $\beta \in \Omega^{r-2}(\mathbb{R}^n - \operatorname{Int} B)$ tal que $d\beta = \tilde{\alpha}$. Definimos la forma $\gamma \in \Omega^{r-1}(\mathbb{R}^n)$ dada por
$$\gamma_p = \begin{cases} \alpha_p & \text{si } p \in B \\ \tilde{\alpha}_p - d(f\beta)_p & \text{si } p \in \mathbb{R}^n - \operatorname{Int} B \end{cases}$$
entonces γ es de soporte compacto y $\operatorname{supp}\gamma \subset B_2$. En efecto si $p \in \mathbb{R}^n - B_2$, entonces $f(p) = 1$, así
$$\gamma_p = \tilde{\alpha}_p - (d\beta)_p = \tilde{\alpha}_p - \tilde{\alpha}_p = 0$$
luego en todo punto $p \in \mathbb{R}^n - \operatorname{Int} B$ se tiene
$$d\gamma_p = d\tilde{\alpha}_p - d^2(f\beta)_p = d\tilde{\alpha}_p = d\alpha_p$$
Así para todo punto $p\mathbb{R}^n$ se tiene que $d\gamma = \alpha = \omega$, es decir ω es exacta a soporte compacto. Por tanto $H_c^r(\mathbb{R}^n) = 0$ para $1 < r < n$. $\square$

Para terminar la demostración del lema de Poincaré demostramos el siguiente teorema, que vincula la derivada exterior y la integración. De cierta manera la integración es un aspecto de la cohomología.

Teorema 8.8. *Si M es una variedad diferenciable n dimensional orientable y conexa, entonces la secuencia*

$$\Omega_c^{m-1}(M) \xrightarrow{d} \Omega_c^m(M) \xrightarrow{\int_M} \mathbb{R} \longrightarrow 0 \qquad (8.17)$$

es exacta.

Demostración. Hay que demostrar dos cosas, primero que $\int_M$ es sobreyectiva y que $\ker \int_M = \operatorname{Im} d$. Para ver que $\int_M$ es sobreyectiva ...
Sea $\omega = d\alpha$ es decir $\omega \in \operatorname{Im} d$, entonces

$$\int_M \omega = \int_M d\alpha = \int_{\partial M} \alpha = 0$$

así $\operatorname{Im} d \subset \ker \int_M$. Probemos ahora que $\ker \int_M \subset \operatorname{Im} d$. La prueba se hará mostrando una serie de afirmaciones. Comenzamos mostrando que la sucesión exacta (8.17) vale en el caso de $M = \mathbb{R}^n$. Sea $\omega \in \Omega_c^n(\mathbb{R}^n)$ tal que $\int_M \omega = 0$. Si $(x_1, \ldots, x_n)$ son coordenadas de $\mathbb{R}^n$ pongamos

$$\omega = f dx_1 \wedge \cdots \wedge dx_n$$

con $f \in C_c^\infty(\mathbb{R}^n)$. Consideremos la $(n-1)$-forma α definida por

$$\alpha = \sum_{j=1}^n (-1)^{j-1} f_j \, dx_1 \wedge \cdots \wedge \widehat{dx_j} \wedge \cdots \wedge dx_n$$

entonces un cálculo sencillo muestra que

$$d\alpha = \sum_{j=1}^n \frac{\partial f_j}{\partial x_j} \, dx_1 \wedge \cdots \wedge dx_n$$

Tenemos la siguiente afirmación.
Afirmación 1: *Sea $f \in C_c^\infty(\mathbb{R}^n)$ tal que $\int_{\mathbb{R}^n} f = 0$. Entonces existen funciones $f_1, \ldots, f_n \in C_c^\infty(\mathbb{R}^n)$ tales que*

$$\sum_{j=1}^n \frac{\partial f_j}{\partial x_j} = f$$

Probemos esta afirmación por inducción. La afirmación vale para $n = 1$. Supongamos que $f \in C_c^\infty(\mathbb{R})$ tal que $\int_{-\infty}^\infty f = 0$ y pongamos

$$f_1(x) = \int_{-\infty}^x f(t) \, dt$$

entonces por el teorema fundamental de calculo se tiene que $f_1 \in C^\infty(\mathbb{R})$ y además f_1 tiene soporte compacto. Tenemos entonces que
$$\frac{\partial f_1}{\partial x} = f$$
Supongamos ahora que la afirmacion vale para $n-1$ y mostremos que vale para n. Consideremos $f \in C_c^\infty(\mathbb{R}^n)$ tal que $\int_{\mathbb{R}^n} f = 0$. Pongamos
$$g(x_1,\ldots,x_{n-1}) = \int_{-\infty}^{\infty} f(x_1,\ldots,x_{n-1},t)\,dt$$
entonces $g \in C^\infty(\mathbb{R}^{n-1})$. Veamos que g tiene soporte compacto. Sea $L > 0$ tal que $\operatorname{supp} f \subset [-L,L]^n$ entonces $\operatorname{supp} g \subset [-L,L]^{n-1}$. Por tanto $g \in C_c^\infty(\mathbb{R}^{n-1})$. Luego existen $g_1,\ldots,g_n \in C_c^\infty(\mathbb{R}^{n-1})$ tales que
$$\sum_{j=1}^{n-1} \frac{\partial g_j}{\partial x_j} = g$$
Sea $\beta \in C_c^\infty(\mathbb{R})$ tal que $\int_{-\infty}^{\infty} \beta = 1$. Definamos $f_j \in C_c^\infty(\mathbb{R}^n)$ como
$$f_j(x_1,\ldots,x_{n-1},x_n) = g_j(x_1,\ldots,x_{n-1})\beta(x_n) \qquad \text{para} \quad 1 \leq j \leq n-1$$
Sólo falta definir la función f_n. Para esto pongamos
$$h = f - \sum_{j=1}^{n-1} \frac{\partial f_j}{\partial x_j}$$
entonces basta definr f_n como
$$f_n(x_1,\ldots,x_{n-1},x_n) = \int_{-\infty}^{x_n} h(x_1,\ldots,x_{n-1},t)\,dt$$
luego
$$\frac{\partial f_n}{\partial x_n} = h$$
Para culminar sólo falta ver que h tiene soporte compacto. En efecto es suficiente probar que
$$\int_{-\infty}^{\infty} h(x_1,\ldots,x_{n-1},t)\,dt = 0$$
veamos que es así
$$\int_{-\infty}^{\infty} h(x_1,\ldots,x_{n-1},t)\,dt = \int_{-\infty}^{\infty} f(x_1,\ldots,x_{n-1},t)\,dt - \sum_{j=1}^{n-1} \frac{\partial g_j}{\partial x_j} \int_{-\infty}^{\infty} \beta(t)\,dt$$
$$= \int_{-\infty}^{\infty} f(x_1,\ldots,x_{n-1},t)\,dt - g(x_1,\ldots,x_{n-1})$$
$$= 0$$

Afirmación 2: *Sea $U \subset M$ abierto difeomorfo a $\mathbb{R}^m$ y $W \subset U$ abierto no vacío. Para cada $\omega \in \Omega_c^k(M)$ con $\operatorname{supp}\omega \subset U_j$ existe $\alpha \in \Omega_c^{m-1}(M)$ tal que $\operatorname{supp}\alpha \subset U$ y $\operatorname{supp}(\omega - d\alpha) \subset W$.*

En efecto es suficiente considerar $M = U = \mathbb{R}^n$. Escojemos $\omega_0 \in \Omega_c^m(\mathbb{R}^m)$ con $\operatorname{supp}\omega_0 \subset W$ y $\int_{\mathbb{R}^m} \omega_0 = 1$. Entonces si ponemos $a = \int_{\mathbb{R}^m} \omega$, se tiene que

$$\int_{\mathbb{R}^m} \omega - a\omega_0 = 0$$

luego $\omega - a\omega_0 \in \ker \int_{\mathbb{R}^m}$ y por la afirmación 1 se tiene que existe $\alpha \in \Omega_c^{m-1}(\mathbb{R}^m)$ tal que

$$\omega - a\omega_0 = d\alpha$$

y entonces $\operatorname{supp}(\omega - d\alpha) \subset W$.

Afirmación 3: *Sea W abierto de M. Para cada $\omega \in \Omega_c^m(M)$ existe $\alpha \in \Omega_c^{m-1}(M)$ con $\operatorname{supp}(\omega - d\alpha) \subset W$.*

En efecto, supongamos primero que el soporte esté cubierto por un entorno coordenado digamos $U_1 \approx \mathbb{R}^m$ tal que $\operatorname{supp}\omega \subset U_1$. Como M es conexo, entonces existen abiertos $U_2, \ldots, U_k$ difeomorfos a $\mathbb{R}^m$ tal que $U_{i-1} \cap U_i \neq \varnothing$ y $U_k \subset W$. Aplicando ahora la afirmación 2, se tiene que existen $\alpha_1, \ldots, \alpha_k \in \Omega_c^{m-1}(M)$ tales que

$$\operatorname{supp}(\omega - \sum_{i=1}^{j} d\alpha_i) \subset U_j \cap U_{j+1}$$

pongamos

$$\alpha = \sum_{j=1}^{k-1} \alpha_i$$

entonces

$$\operatorname{supp}(\omega - d\alpha) \subset W$$

En el caso general, para el cual el soporte de ω no esté cubierto por una sola carta coordenada, consideremos ρ_j una partición de la unidad subordinada a $\{U_j\}$ un cubrimiento por cartas coordenadas de M. Pongamos

$$\omega = \sum_{j=1}^{m} \omega_j$$

donde $\omega_j = \rho_j \omega$. Como $\operatorname{supp}\omega_j \subset U_j$ por lo probado anteriormente, existe γ_j, tal que

$$\operatorname{supp}(\omega_j - d\gamma_j) \subset W$$

Poniendo

$$\gamma = \sum_{j=1}^{m} \gamma_j$$

se tiene que
$$\omega - d\gamma = \sum_{j=1}^{m} \omega_j - d\gamma_j$$

y entonces
$$\operatorname{supp}(\omega - d\gamma) \subset \bigcup_j \operatorname{supp}(\omega_j - d\gamma_j) \subset W$$

Para finalizar la prueba del teorema, sean $\omega \in \Omega_c^m(M)$ con $\int_M \omega = 0$ y W un abierto de M difeomorfo a $\mathbb{R}^m$. Entonces existe $\alpha \in \Omega_c^{m-1}(M)$ tal que $\operatorname{supp}(\omega - d\alpha) \subset W$. Luego

$$\int_W \omega - d\alpha = \int_M \omega - d\alpha = -\int_M d\alpha = 0$$

así por la afirmación 1, se tiene que existe $\tau_0 \in \Omega_c^{m-1}(M)$ tal que

$$\omega - d\alpha|_W = d\tau_0$$

sea τ la extensión de τ_0 dada por

$$\tau = \begin{cases} \tau_0 & \text{en } W \\ 0 & \text{en } M - \operatorname{supp}_W \tau_0 \end{cases}$$

entonces $\tau \in \Omega_c^{m-1}(M)$ y
$$\omega - d\alpha = d\tau$$

esto es $\omega = d(\tau + \alpha)$ y resulta ω exacta. $\square$

8.4. Aplicaciones de la cohomología de De Rham

El siguiente lema tiene aplicaciones importantes. Para este lema identificaremos a $\mathbb{R}^n$ con $\mathbb{R}^n \times \{0\}$ en $\mathbb{R}^{n+1}$ y pondremos a $\mathbb{R} \cdot \mathbf{1}$ como el espacio 1-dimensional de las funciones constantes con $\mathbf{1}$ la función constante 1 cuyo dominio se especificará luego.

Lema 8.4. *Para cualquier subconjunto cerrado A de $\mathbb{R}^n$ con $A \neq \mathbb{R}^n$, tenemos los isomorfismos siguientes*

$$H^{p+1}(\mathbb{R}^{n+1} - A) \approx H^p(\mathbb{R}^n - A), \quad p \geq 1 \tag{8.18}$$

$$H^1(\mathbb{R}^{n+1} - A) \approx H^0(\mathbb{R}^n - A)/\mathbb{R} \cdot \mathbf{1} \tag{8.19}$$

$$H^0(\mathbb{R}^{n+1} - A) \approx \mathbb{R} \tag{8.20}$$

Demostración. Definamos los subconjuntos abiertos de $\mathbb{R}^{n+1}$ dados por

$$U_1 = \mathbb{R}^n \times (0, +\infty) \cup (\mathbb{R}^n - A) \times (-1, +\infty)$$

$$U_2 = \mathbb{R}^n \times (-\infty, 0) \cup (\mathbb{R}^n - A) \times (-\infty, 1)$$

Notemos que $U_1 \cap U_2 = \mathbb{R}^{n+1} - A$. Probemos que tanto U_1 como U_2 son espacios contráctiles. En efecto, sea $\phi : U_1 \to U_1$, dada por

$$\phi(x_1, \ldots, x_n, t) = (x_1, \ldots, x_n, t+1)$$

entonces se tiene que $\phi \approx \text{Id}_{U_1}$, por medio de una homotopía lineal. Además $\phi \approx c_x$, donde c_x es la función en $\mathbb{R}^n \times (0, +\infty)$ con valor constante igual a x. Por tanto $\text{Id}_{U_1} \approx \phi \approx c_x$ y resulta U_1 un espacio contráctil. El mismo proceder muestra que U_2 es contráctil tomando $\phi(x,t) = (x, t-1)$. De esta manera tenemos que

$$H^p(U_i) = \begin{cases} \mathbb{R} & \text{si} \quad p = 0 \\ 0 & \text{si} \quad p \geq 1 \end{cases} \quad i = 1, 2$$

Notemos que $U_1 \cap U_2 = (\mathbb{R}^n - A) \times (-1, 1)$ y consideremos la proyección

$$\pi : U_1 \cap U_2 \to \mathbb{R}^n - A$$

Definamos la aplicación

$$i : \mathbb{R}^n - A \to U_1 \cap U_2$$

dada por $i(x) = (x, 0)$, entonces se tiene que $\pi \circ i = \text{Id}_{\mathbb{R}^n - A}$ además $i \circ \pi \approx Id_{U_1 \cap U_2}$. Luego π es una equivalencia homotópica y entonces induce el isomorfismo

$$\pi^* : H^p(\mathbb{R}^n - A) \to H^p(U_1 \cap U_2)$$

para cada $p \geq 0$. Ahora bien, para cada $p \geq 1$ la secuencia de Mayer-Vietoris establece que

$$\cdots \longrightarrow H^p(U_1) \oplus H^p(U_2) \longrightarrow H^p(U_1 \cap U_2) \xrightarrow{\partial^*} H^p(\mathbb{R}^{n+1} - A) \longrightarrow H^{p+1}(U_1) \oplus H^{p+1}(U_2) \cdots$$

como U_1 y U_2 son contráctiles entonces $H^p(U_1) = H^p(U_2) = 0$, luego resulta

$$0 \longrightarrow H^p(U_1 \cap U_2) \xrightarrow{\partial^*} H^p(\mathbb{R}^{n+1} - A) \longrightarrow 0$$

de acá obtenemos que ∂^* es un isomorfismo. Luego la composición

$$\partial^* \circ \pi^* : H^p(\mathbb{R}^n - A) \to H^{p+1}(\mathbb{R}^{n+1} - A)$$

es un isomorfismo para $p \geq 1$. Consideremos ahora la secuencia exacta que resulta de la secuencia de Mayer-Vietoris, dada por

$$
\begin{array}{c}
\hookrightarrow H^1(\mathbb{R}^{n+1} - A) \longrightarrow 0 \\
\xrightarrow{\partial^*} \\
\hookrightarrow H^0(\mathbb{R}^{n+1} - A) \xrightarrow{I^*} H^0(U_1) \oplus H^0(U_2) \xrightarrow{J^*} H^0(U_1 \cap U_2) \\
0
\end{array}
$$

Notemos que un elemento de $H^0(U_1) \oplus H^0(U_2)$ es un par de funciones constantes en U_1 y U_2 respectivamente, digamos (c_1, c_2). Por definición tenemos que

$$J^*(c_1, c_2) = c_1 - c_2$$

donde $c_1 - c_2$ es una función constante en $U_1 \cap U_2$. Así $\operatorname{Im} J^*$ es el subespacio generado por todas las funciones constantes en $U_1 \cap U_2$ esto es $\mathbb{R} \cdot \mathbf{1}$. Como la secuencia es exacta entonces

$$\ker \partial^* = \operatorname{Im} J^* = \mathbb{R} \cdot \mathbf{1}$$

dado que ∂^* es sobreyectiva, entonces por el primer teorema de isomorfismo tenemos que

$$H^1(\mathbb{R}^{n+1} - A) \approx \frac{H^0(U_1 \cap U_2)}{\mathbb{R} \cdot \mathbf{1}} \approx \frac{H^0(\mathbb{R}^n - A)}{\mathbb{R} \cdot \mathbf{1}}$$

Notemos por último que $J^*(c_1, c_2) = 0$ si y sólo si $c_1 = c_2$, así $\ker J^* \approx \mathbb{R}$. Por la exactitud se tiene que I^* es inyectiva y

$$H^0(\mathbb{R}^{n+1} - A) = \operatorname{Im} I^* = \ker J^* \approx \mathbb{R}$$

$\square$

Corolario 8.4. *Para $n \geq 2$ tenemos*

$$H^p(\mathbb{R}^n - 0) \approx \begin{cases} \mathbb{R} & si \quad p = 0, n-1 \\ 0 & en\ otro\ caso \end{cases} \quad (8.21)$$

Ya sabemos que vale para $n = 2$, luego el corolario sigue por inducción y el lema 8.4.

Notaremos a la n-upla de ceros en $\mathbb{R}^n$ como 0_n.

Lema 8.5. *Sea $A \subset \mathbb{R}^n$ y $B \subset \mathbb{R}^m$ conjuntos cerrados y sea $\phi : A \to B$ un homeomorfismo. Entonces existe un homeomorfismo*

$$h : \mathbb{R}^{n+m} \to \mathbb{R}^{n+m}$$

tal que para cada $x \in A$ se tiene

$$h(x, 0_m) = (0_n, \phi(x))$$

Demostración. Notemos que $\phi : A \to \mathbb{R}^m$ es continua, entonces por el teorema de extensión de Uryshon-Tietze (1.6) se tiene que existe $f_1 : \mathbb{R}^n \to \mathbb{R}^m$ continua tal que $f_1|_A = \phi$. Consideremos $h_1 : \mathbb{R}^{n+m} \to \mathbb{R}^{n+m}$ dada por

$$h_1(x,y) = (x, y + f_1(x))$$

entonces h_1 es un homeomorfismo ya que posee inversa continua dada explícitamente por

$$h_1^{-1}(x,y) = (x, y - f_1(x))$$

De manera similar para $\phi^{-1} : B \to A$, existe $f_2 : \mathbb{R}^m \to \mathbb{R}^n$ tal que $f_2|_B = \phi^{-1}$. Definamos el homeomorfismo $h_2 : \mathbb{R}^{n+m} \to \mathbb{R}^{n+m}$ dado por

$$h_2(x,y) = (x + f_2(y), y)$$

cuya inversa continua está dada por

$$h_2^{-1}(x,y) = (x - f_2(y), y)$$

Pongamos $h = h_2^{-1} \circ h_1$. Entonces h es un homeomorfismo y además para $x \in A$ se tiene

$$\begin{aligned} h(x, 0_m) &= h_2^{-1} \circ h_1(x, 0_m) \\ &= h_2^{-1}(x, f_1(x)) \\ &= (x - f_2(f_1(x)), f_1(x)) \\ &= (x - (\phi^{-1} \circ \phi)(x), \phi(x)) \\ &= (0_n, \phi(x)) \end{aligned}$$

$\square$

Corolario 8.5. *Si $\phi : A \to B$ es un homeomorfismo entre subconjuntos cerrados de $\mathbb{R}^n$, entonces ϕ puede ser extendida a un homeomorfismo $\tilde{\phi} : \mathbb{R}^{2n} \to \mathbb{R}^{2n}$*

Demostración. En este corolario identificamos a $\mathbb{R}^n$ con el subconjunto de $\mathbb{R}^{2n}$ por medio de $x \mapsto (x, 0_n)$. De acuerdo al lema anterior existe $h : \mathbb{R}^{2n} \to \mathbb{R}^{2n}$ homeomorfismo tal que $h(x, 0_n) = (0_n, \phi(x))$ para cada $x \in A$. Pongamos $\tilde{\phi} = g \circ h$, donde $g : \mathbb{R}^{2n} \to \mathbb{R}^{2n}$ es el homeomorfismo dado por

$$g(x,y) = (y,x)$$

entonces $\tilde{\phi}$ es un homeomorfismo y además para cada $x \in A$ se tiene

$$\tilde{\phi}(x, 0) = (g \circ h)(x, 0) = g(0, \phi(x)) = (\phi(x), 0)$$

Así $\tilde{\phi}|_A = \phi$. $\square$

Corolario 8.6. *Si $\phi : A \to B$ es un homeomorfismo entre subconjuntos cerrados de $\mathbb{R}^n$, entonces $\mathbb{R}^{2n} - A$ es homeomorfo a $\mathbb{R}^{2n} - B$.*

Demostración. Por el corolario 8.6 se tiene que ϕ se extiende a un homeomorfismo $\tilde{\phi} : \mathbb{R}^{2n} \to \mathbb{R}^{2n}$. Luego

$$\tilde{\phi}(\mathbb{R}^{2n} - A) = \mathbb{R}^{2n} - \tilde{\phi}(A) = \mathbb{R}^{2n} - B$$

□

Es importante notar que si bien A y B son cerrados en $\mathbb{R}^n$ homeomorfos, no necesariamente $\mathbb{R}^n - A$ es homeomorfo a $\mathbb{R}^n - B$, sin embargo el corolario 8.6 nos dice que aumentando la dimensión se tiene un homeomorfismo entre $\mathbb{R}^{2n} - A$ y $\mathbb{R}^{2n} - B$.

Lema 8.6. *Supongamos que $A \neq \mathbb{R}^n$ y $B \neq \mathbb{R}^n$ son cerrados. Si A y B son homeomorfos entonces*

$$H^p(\mathbb{R}^n - A) \approx H^p(\mathbb{R}^n - B)$$

Demostración. Procediendo por inducción sobre p y con el lema 8.4 se deducen los siguientes isomorfismo para $m \geq 1$

$$H^{p+m}(\mathbb{R}^{n+m} - A) \approx H^p(\mathbb{R}^n - A), \quad p > 0$$

y

$$H^m(\mathbb{R}^{n+m} - A) \approx H^0(\mathbb{R}^n - A)/\mathbb{R} \cdot \mathbf{1}$$

De la misma manera se deducen para B. Como consecuencia del corolario 8.6 se tiene que $\mathbb{R}^{2n} - A$ es homeomorfo a $\mathbb{R}^{2n} - B$ y por tanto tienen grupos de cohomología de De Rham isomorfos. Así para $p > 0$ se tiene

$$H^p(\mathbb{R}^n - A) \approx H^{p+n}(\mathbb{R}^{2n} - A) \approx H^{p+n}(\mathbb{R}^{2n} - B) \approx H^p(\mathbb{R}^n - B)$$

además para $p = 0$ se tiene

$$H^0(\mathbb{R}^n - A)/\mathbb{R} \cdot \mathbf{1} \approx H^n(\mathbb{R}^{2n} - A) \approx H^n(\mathbb{R}^{2n} - B) \approx H^0(\mathbb{R}^n - B)/\mathbb{R} \cdot \mathbf{1}$$

luego

$$H^0(\mathbb{R}^n - A) \approx H^0(\mathbb{R}^n - B)$$

□

Corolario 8.7. *Si $A \neq \mathbb{R}^n$ y $B \neq \mathbb{R}^n$ son subconjuntos cerrados y homeomorfos de $\mathbb{R}^n$, entonces $\mathbb{R}^n - A$ y $\mathbb{R}^n - B$ tienen el mismo número de componentes conexas.*

Demostración. Si $A \neq \mathbb{R}^n$ y $B \neq \mathbb{R}^n$, entonces el lema 8.6 establece que

$$H^0(\mathbb{R}^n - A) \approx H^0(\mathbb{R}^n - B)$$

por tanto tienen las mismas componentes conexas. □

Corolario 8.8. *Si $A \subset \mathbb{R}^n$ es homeomorfo al disco cerrado D^k cuya frontera es S^{k-1} con $k \leq n$, entonces $\mathbb{R}^n - A$ es conexo.*

Demostración. Notemos que para cada $k \leq n$, $\mathbb{R}^n - D^k$ tiene el mismo tipo de homotopía de $\mathbb{R}^n - \{0\}$. Así

$$H^0(\mathbb{R}^n - A) \approx H^0(\mathbb{R}^n - D^k) \approx H^0(\mathbb{R}^n - \{0\}) \approx \mathbb{R}$$

luego $\mathbb{R}^n - A$ es conexo. $\square$

8.4.1. El teorema de punto fijo de Brouwer

Este teorema fue uno de los primeros exitos de la topología algebraica y precursor de nuevos teoremas de punto fijo, sobre todo por su demostración no constructiva. Comenzamos primero con la no existencia de una **retracción continua**, es decir una aplicación continua $r : X \to A$, entre un espacio topológico X y un subespacio $A \subset X$, tal que $r \circ i = \mathrm{Id}_A$, con $i : A \to X$ la inclusión. En lo que sigue S^n representa la esfera unitaria n-dimensional en $\mathbb{R}^{n+1}$ y D^n la bola unitaria cerrada en $\mathbb{R}^n$. Notemos que la frontera de D^n, es S^{n-1}.

Lema 8.7. *No existe ninguna retracción continua de la bola unitaria en su frontera*

Demostración. El caso $n = 1$ es sencillo, ya que si $r : [0,1] \to \{0,1\}$ es una retracción continua, entonces r tiene que ser constante a valor bien sea 0 o 1. Es claro entonces que $r \circ i \neq \mathrm{Id}_{\{0,1\}}$.
Consideremos ahora el caso $n \geq 2$. Supongamos que existe tal retracción continua $r : D^n \to S^{n-1}$ y consideremos la aplicación $f : D^n - \{0\} \to S^{n-1}$ dada por $f(x) = x/||x||$. Notemos que $f \approx \mathrm{Id}_{D^n - \{0\}}$ por medio de la homotopía lineal $(1-t)x + tf(x)$. Tenemos también que $D^n - \{0\} \times I \to D^n - \{0\}$ dada por $F(x,t) = r(tf(x))$ define una homotopía, así $f \approx r(0)$. Luego $\mathrm{Id}_{D^n - \{0\}} \approx r(0)$, por lo que $D^n - \{0\}$ es contráctil y por el lema de Poincaré $H^p(D^n - \{0\}) = 0$, para todo $p \geq 0$. Por otra parte, como $D^n - \{0\}$ tiene el mismo de homotopía de $\mathbb{R}^n - \{0\}$, entonces por el corolario 8.4,

$$0 = H^{n-1}(D^n - \{0\}) \approx H^{n-1}(\mathbb{R}^n - \{0\}) = \mathbb{R}$$

La contradicción viene de haber supuesto la existencia de r. $\square$

Teorema 8.9 (Teorema punto fijo de Brouwer). *Toda función continua $f : D^n \to D^n$ tiene un punto fijo.*

Demostración. La prueba sigue paso a paso la prueba del teorema de punto fijo de Brouwer diferencial 7.2. $\square$

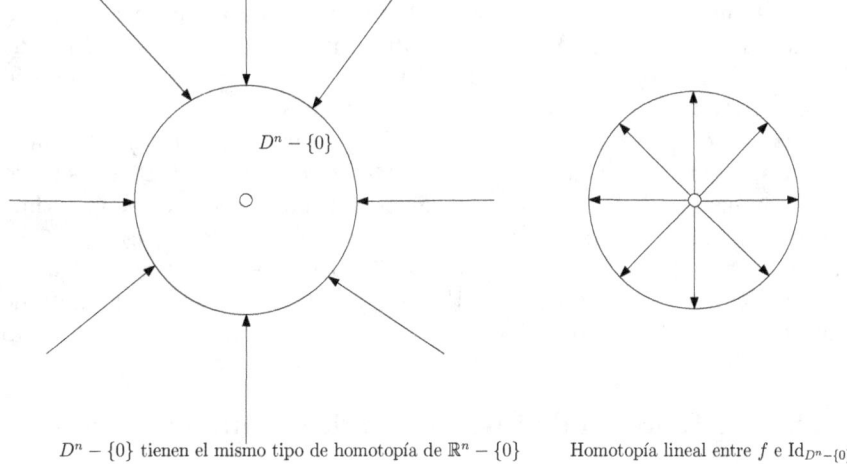

$D^n - \{0\}$ tienen el mismo tipo de homotopía de $\mathbb{R}^n - \{0\}$ Homotopía lineal entre f e $\mathrm{Id}_{D^n-\{0\}}$

Figura 8.2: Visualización de las homotopías del lema 8.7

8.4.2. El teorema de separación de Jordan

El teorema de separación de Jordan-Brouwer es un resultado que es muy intuitivo, pero cuya demostración es complicada. La prueba que daremos aquí se basa en los resultados de esta sección.

Teorema 8.10 (Teorema de separación de Jordan-Brouwer). *Si $\Sigma \subset \mathbb{R}^n$ con $n \geq 2$, es homeomorfo a S^{n-1} entonces*

1. *$\mathbb{R}^n - \Sigma$ tiene precisamente 2 componentes conexas, digamos U_1, U_2, donde una de ellas es acotada y la otra no lo es.*

2. *Σ es el conjunto de puntos frontera tanto de U_1 como de U_2.*

A la componente acotada de $\mathbb{R}^n - \Sigma$ la denominaremos el dominio interior a Σ y a la componente no acotada la denominaremos dominio exterior de Σ.

Demostración. Probemos (1). Como Σ es compacto, entonce Σ es cerrado en $\mathbb{R}^n$. Por el corolario 8.7 es suficiente probar que (1) vale para $\mathbb{R}^n - S^{n-1}$. Notemos que
$$\mathrm{int}\, D^n = \{x \in \mathbb{R}^n \mid ||x|| < 1\}$$
y
$$W = \{x \in \mathbb{R}^n \mid ||x|| > 1\}$$
son las componentes conexas de $\mathbb{R}^n - S^{n-1}$. Pongamos $r = \max_{x \in \Sigma} ||x||$. Entonces el conjunto
$$rW = \{x \in \mathbb{R}^n \mid ||x|| > r\}$$
está contenido en una de las dos componentes conexas. Esta componente se denomina la componente no acotada de Σ.

Probemos ahora (2). Sea $p \in \Sigma$ y sea V un entorno abierto de p en $\mathbb{R}$. El conjunto $A = \Sigma - (\Sigma \cap V)$ es homeomorfo a un subconjunto cerrado B de S^{n-1}. Como $\mathbb{R}^n - B$ es conexo, entonces por el corolario 8.7, $\mathbb{R}^n - A$ también es conexo. Para $p_1 \in U_1$ y $p_2 \in U_2$, podemos entonces encontrar una curva continua $\gamma : [a, b] \to \mathbb{R}^n - A$ con $\gamma(a) = p_1$ y $\gamma(b) = p_2$. Por (i) esta curva debe intersectar a Σ es decir $\gamma^{-1}(\Sigma) \neq \varnothing$. El conjunto $\gamma^{-1}(\Sigma)$ es cerrado y está contenido en $[a, b]$, por tanto tiene un primer elemento y un último elemento, digamos c_1 y c_2 en (a, b) tales que $\gamma(c_1) \in \Sigma \cap V$ y $\gamma(c_2) \in \Sigma \cap V$. Además $\gamma([a, c_1)) \subset U_1$ y $\gamma((c_1, b]) \subset U_2$. Así podemos encontrar $t_1 \in [a, c_1)$ y $t_2 \in (c_2, b]$ tales que $\gamma(t_1) \in U_1 \cap V$ y $\gamma(t_2) \in U_2 \cap V$. Luego p es punto de frontera tanto de U_1 como de U_2. $\square$

8.4.3. El Teorema de invariancia de dominio de Brouwer

Teorema 8.11. *Sean $U \subset \mathbb{R}^n$ un abierto arbitrario y $f : U \to \mathbb{R}^n$ una aplicación continua e inyectiva. Entonces la imagen $f(U)$ es abierta en $\mathbb{R}^n$ y $f : U \to f(U)$ es un homeomorfismo.*

Demostración. Notemos que es suficiente probar que $f(W)$ es abierto en $\mathbb{R}^n$, para cada W abierto contenido en U. Consideremos el disco cerrado D en $\mathbb{R}^n$ contenido en U. Entonces $D = \text{Int}\, D \cup \partial D$, donde ∂D es homeomorfo a S^{n-1}. Entonces para mostrar que $f(U)$ es abierto es suficiente mostrar que $f(\text{Int}\, D)$ es abierto. El caso $n = 1$ se sigue de los teoremas básicos de las funciones continuas de una variable real. Supongamos entonces que $n \geq 2$. Notemos que $\Sigma = f(\partial D)$ es homeomorfos S^{n-1}, ya que f es continua e inyectiva (no tiene auto intersecciones)

Por el teorema de separación de Jordan-Brouwer se tiene que $\mathbb{R}^n - \Sigma$ tiene dos componentes conexas, una acotada digamos U_1 y otra no acotada, digamos U_2. Por el corolario 8.8 resulta que $\mathbb{R}^n - f(D)$ es conexo. Como $\mathbb{R}^n - f(D)$ no intersecta a Σ, entonces debe estar contenido en U_1 o en U_2. Ya que $f(D)$ es compacto entonces $\mathbb{R}^n - f(D)$ es no acotado y resulta qque $\mathbb{R}^n - f(D) \subseteq U_2$. Así tenemos que

$$\Sigma \cup U_1 = \mathbb{R}^n - U_2 \subseteq f(D) = f(\text{Int}\, D) \cup \Sigma$$

luego $U_1 \subseteq d(\text{Int})D$. Como $\text{Int}\, D$ es conexo, entonces $f(\text{Int})D$ también es conexo. Ya que

$$f(\text{Int}\, D) \subseteq U_1 \cup U_2$$

entonces se debe tener que $f(\text{Int}\, D) = U_1$, luego $f(\text{Int}\, D)$ es abierto. Por último la aplicación $f : U \to f(U)$ es biyectiva y la continuidad de la función inversa f^{-1} es evidente ya que para cada abierto W de U se tiene que la imagen inversa de W a través de f^{-1} es $f(W)$ que resulta abierto. Luego $f : U \to f(U)$ es un homeomorfismo. $\square$

Problemas

Problema 8.4.1. *Suponga que $f, g : M \to S^n$ son dos aplicaciones continuas tales que $f(x)$ y $g(x)$ no son nunca antipodales. Mostrar que $f \approx g$. Mostrar además que toda aplicación continua $f : M \to S^n$ no sobreyectiva es homotópica a un punto.*

Problema 8.4.2. *Mostrar que S^{n-1} es homotópicamente equivalente a $\mathbb{R}-\{0\}$.*

Problema 8.4.3. *Mostrar que S^n no es contráctil.*

Problema 8.4.4. *Sea $A \subset \mathbb{R}^n$ homeomorfo a S^k, con $1 \leq k \leq n-2$. Mostrar que*

$$H^q(\mathbb{R}^n - A) = \begin{cases} \mathbb{R} & \text{para } , q = 0, n-k-1, n-1 \\ 0 & \text{en otro caso} \end{cases}$$

BIBLIOGRAFÍA

[1] BISHOP, R.L. Y CRITTENDEN, R.J. *Geometry of Manifolds* Academic Press, New York, 1964.

[2] BOOTHBY, W. *An Introduction to Differentiable Manifolds and Riemannianan Geometry.* Academic Press,1975.

[3] DUGUNDJI, J. *Topology* Allyn and Bacon, Boston Massachusetts, 1960.

[4] HIRSCH, M. *Differential Topology* Springer-Verlag, New York, 1976.

[5] KERWAIRE, M. *A manifolds which does not admit any differentiable structure.* Comm. Match. Helv. 35.

[6] KOBAYASHI, S. NOMIZU, K. *The Foundations of Differential Geometry Vols. I y II.* Wiley (Interscience), New York, 1963.

[7] LIMA, E. *Variedades Diferenciaveis* IMPA, Rio de Janeiro, 1973.

[8] MADSEN, I Y TORNEHAVE, J *From Calculus to Cohomology* Cambridge University Press, 1997.

[9] MATSUSHIMA, Y. *Differentiable Manifolds.* Marcel Dekker, New York, 1972.

[10] MILNOR, J. *On manifolds homeomorphic to the 7-sphere.* Annals of Math. 64, 1956, 399-405.

[11] MORSE, M. *The Calculus of Variations inthe Large.* American Mathematical Society Colloquium Publications, Vol. 18, New York 1934.

[12] NEWNS, N. Y WALKER, A. *Tangent planes to differentiable manifolds.* J. London Math. Soc. 31, 1956, 400-407

[13] SARD, A. *The measure of critical points of differentiable maps.* Bull. Amer. Math. Soc. 48, 1942, 883-890.

[14] SPIVAK, M *A Comprehensive Introduction to Differential Geometry. Vols. I y II.* Publish or Perish, Inc. Boston, Mass. 1970.

[15] STENNBERG, S. *Lectures on differential Geometry*. Prentice Hall, Englawoods Cliffs, New Jersey, 1964.

[16] THOM, R. *Quelques propriétés des variétés differentiables*. Comm. Math. Helv. 28, 1954, 17-86.

[17] WARNER, F. *Foundations of Differentiable Manifolds ans Lie Groups*. Scot, Foresman and Co. Glenview, Illinois, 1971.

[18] WHITNEY, H. *Differentiable Manifolds*. Ann Math. 37, 1936, 645-680.

ÍNDICE ALFABÉTICO

Aplicación
    Multilineal alternante, 155
    Multilineal antisimétrica, 155
    Alternación, 156
    Pull-back, 155
Atlas, 6
    Clase C^k, 13
    Estereográfico, 14
    Maximal, 16
    Orientado, 177

Borde
    Punto de, 181

Cadenas homotópicas, 199
Campo
    Tensorial contravariante, 150
    Tensorial covariante, 147
    Vectorial, 123, 150
Carta local, 4
Cohomología
    de De Rham, 201
Complejo
    Bordes de un, 195
    Ciclos de un, 195
    de Cadenas, 193
    de De Rham, 201
Covector, 139
Curva
    Kronecker, 84

Derivada exterior, 167
Difeomorfismo, 25
    Local, 27

Diferencial, 140
Diferencial exterior, 167

Espacio
    Contractil, 202
Espacio topológico
    σ-compacto, 9
    Cociente, 35
    Lindelöf, 9
    Localmente euclidiano, 3
    localmente finito, 10
    Paracompacto, 10
    Refinamiento, 10
Estructura diferenciable, 16

Fibrado
    Cotangente, 139
    Espacio base, 115
    Espacio total, 115
    Fibra, 115
    Funciones de transición, 118
    Localmente trivial, 115
    Restricción, 117
    Sección, 116
    Tangente, 123
    Tensorial contravariante, 150
    Tensorial covariante, 147
    Vectorial, 115
Fibrado vectorial
    Homomorfismo, 127
Forma
    Diferenciable, 164
    Cerrada, 195, 201
    Diferenciable, 139

Exacta, 195, 201
Función
    Representativa, 23
    Diferenciable, 23
    Inmersión, 75
    Punto crítico, 97
    Rango, 69, 70
    Soporte de la, 29
    Sumersión, 91
    Transversal, 106
    Valor crítico, 97
    Valor regular, 97

Homotopía
    Tipo de, 202
    de Cadenas, 199
    Diferenciable, 202
    Operador de, 203

Jacobi
    Identidad, 125

Lie
    Álgebra de, 126
    Corchete, 125
    Grupo de, 26

Orientación
    Espacio vectorial, 164

Partición de la unidad, 29
Producto
    Cuña, 158

Exterior, 158
Producto tensorial, 142, 143

Retracción
    Diferenciable, 188

Secuencia
    Exacta, 193
    Exacta corta, 193
Sistema de coordenadas, 4
Soporte
    de una Forma, 183
Subvariedad, 78
    Abierta, 17, 81
    Regular, 80

Tensor
    Contravariante, 144, 145
    Covariante, 142, 145
    Mixto, 145

Variedades
    Cociente, 94
    con Borde, 181
    de Stiefel, 20
    Diferenciable, 16
    Orientable, 177
    Paralelizables, 130
    Producto, 20
    Proyectiva real, 37
    Topológica, 6
Vector
    Tangente, 49

www.ingramcontent.com/pod-product-compliance
Lightning Source LLC
Chambersburg PA
CBHW081143180526
45170CB00006B/1916